U0260319

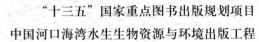

"十三五"国家重点图书出版规划项目

中国河口海湾水生生物资源与环境出版工程

庄 平 主编

国家出版基金项目
NATIONAL PUBLICATION FOUNDATION

中国沿海鱼类 第1卷

Fishes of Coastal China Seas (Volume Ⅰ)

庄平 张涛 杨刚 等 著

中国农业出版社

北 京

图书在版编目（CIP）数据

中国沿海鱼类．第1卷／庄平等著．— 北京 ：中国农业
出版社，2018.12
中国河口海湾水生生物资源与环境出版工程 ／ 庄平 主编
ISBN 978-7-109-24957-8

Ⅰ．①中…　Ⅱ．①庄…　Ⅲ．①海产鱼类－研究－中国
Ⅳ．① Q959.4

中国版本图书馆 CIP 数据核字 (2018) 第 273357 号

中国农业出版社出版

（北京市朝阳区麦子店街18号楼）

（邮政编码 100125）

策划编辑　郑珂　黄向阳

责任编辑　郑珂　肖邦

北京华联印刷有限公司印刷　　新华书店北京发行所发行

2018年12月第1版　　2018年12月北京第1次印刷

开本：787mm×1092mm　1/12　印张：$29\frac{1}{3}$

字数：736 千字

定价：280.00 元

（凡本版图书出现印刷、装订错误，请向出版社发行部调换）

内容简介

　　本书为《中国沿海鱼类》系列著作第 1 卷。作者在对海南岛以及南海诸岛邻近海域进行的科学考察中，共采集并鉴定了鱼类 153 种，隶属 2 纲、17 目、49 科、93 属。每种鱼均有原创的原色照片和手绘模式图，详细介绍了其主要形态特征、生物学特性、地理分布和资源现状等内容。书末附有每种鱼的形态检索图，便于读者快速查找和区分。本书图文并茂，通俗易懂，可以作为大专院校和科研机构的参考书籍，也可以作为渔业渔政管理人员的工具书，还可作为广大民众的科普读物。

丛书编委会

本书编写人员

▶ 著　者　庄　平　张　涛　杨　刚　赵　峰　刘鉴毅

　　　　　冯广朋　章龙珍　黄晓荣　王　妤　宋　超

　　　　　张婷婷　高　宇　王思凯　耿　智　邹　雄

　　　　　岳彦峰

▶ 绘　图　庄立早

丛书序

中国大陆海岸线长度居世界前列，约 18 000km，其间分布着众多具全球代表性的河口和海湾。河口和海湾蕴藏丰富的资源，地理位置优越，自然环境独特，是联系陆地和海洋的纽带，是地球生态系统的重要组成部分，在维系全球生态平衡和调节气候变化中有不可替代的作用。河口海湾也是人们认识海洋、利用海洋、保护海洋和管理海洋的前沿，是当今关注和研究的热点。

以河口海湾为核心构成的海岸带是我国重要的生态屏障，广袤的滩涂湿地生态系统既承担了"地球之肾"的角色，分解和转化了由陆地转移来的巨量污染物质，也起到了"缓冲器"的作用，抵御和消减了台风等自然灾害对内陆的影响。河口海湾还是我们建设海洋强国的前哨和起点，古代海上丝绸之路的重要节点均位于河口海湾，这里同样也是当今建设"21世纪海上丝绸之路"的战略要地。加强对河口海湾区域的研究是落实党中央提出的生态文明建设、海洋强国战略和实现中华民族伟大复兴的重要行动。

　　最近 20 多年是我国社会经济空前高速发展的时期，河口海湾的生物资源和生态环境发生了巨大的变化，亟待深入研究河口海湾生物资源与生态环境的现状，摸清家底，制定可持续发展对策。庄平研究员任主编的"中国河口海湾水生生物资源与环境出版工程"经过多年酝酿和专家论证，被遴选列入国家新闻出版广电总局"十三五"国家重点图书出版规划，并且获得国家出版基金资助，是我国河口海湾生物资源和生态环境研究进展的最新展示。

　　该出版工程组织了全国 20 余家大专院校和科研机构的一批长期从事河口海湾生物资源和生态环境研究的专家学者，编撰专著 28 部，系统总结了我国最近 20 多年来在河口海湾生物资源和生态环境领域的最新研究成果。北起辽河口，南至珠江口，选取了代表性强、生态价值高、对社会经济发展意义重大的 10 余个典型河口和海湾，论述了这些水域水生生物资源和生态环境的现状和面临的问题，总结了资源养护和环境修复的技术进展，提出了今后的发展方向。这些著作填补了河口海湾研究基础数据资料的一些空白，丰富了科学知识，促进了文化传承，将为科技工作者提供参考资料，为政府部门提供决策依据，为广大读者提供科普知识，具有学术和实用双重价值。

中国工程院院士

2018年12月

前　言

　　海洋鱼类是全球海洋生态系的重要组成部分，全球已有记载的鱼类超过 3.2 万种，其中海洋鱼类约为 1.9 万种。中国海洋鱼类超过 3 700 种，约占全球海洋鱼类的 20%，是世界海洋鱼类生物多样性最丰富的国家之一。我国海洋鱼类以浅海暖水性种类为主，暖温性种类次之，冷温性种类较少；鱼类种类的多样性呈现南高北低的趋势，南海区种类超过了 2 300 种，东海区约 1 750 种，黄海区和渤海区仅 320 余种。

　　我国是世界上研究和利用海洋鱼类最早的国家之一。据史料记载，在新石器时代，我国人民即能捕捞鳓、黑棘鲷、蓝点马鲛等多种海洋鱼类；夏朝时已"东狩于海，获大鱼"；秦汉以后，对鱼类资源有了一些保护措施，如"鱼不长尺不得取"；明朝屠本畯的《闽中海错疏》，对福建沿海 129 种鱼类的习性、渔汛期作了较详细的记述；清朝郝懿行的《记海错》和郭柏苍的《海错百一录》，记有海鱼的生长、繁殖和生态等方面的知识；中华人民共和国成立以后，对我国的海洋鱼类进行了大规模普查，先后出版了《黄渤海鱼类调查报告》《东海鱼类志》《南海鱼类志》等著作，并开展了对鱼类生理、生态和遗传等方面的研究。

近年来，作者承担了一系列有关中国沿海鱼类调查研究的科研任务，获得了大量沿海鱼类资源的新资料，并且拍摄了大量原色照片，计划将这些资料整理编撰为《中国沿海鱼类》，分为多卷出版。本书为《中国沿海鱼类》的第1卷，以南海调查资料为主。南海是我国鱼类种类最为丰富的海区，南海热带和亚热带水域常年的高温是孕育生物高度多样性的条件之一，而南海水文学和地形、地貌的复杂性则是增添高度多样性的重要因素。由于受热带季风、暖流和海底多山地形的影响，以及生物多样性丰富的珊瑚礁环境，形成了南海海域以印度—西太平洋为主体的鱼类区系特征。同时，南海海域鱼类种类繁多，生产季节较长，鱼类总年产量较高，是我国海洋鱼类区系的重要组成部分和重要的渔业资源宝库。

第1卷调查采样范围主要为海南岛沿岸海域、河口、红树林，以及西沙群岛、中沙群岛和东沙群岛海域，基本囊括了南海沿海地区的常见鱼类。书中每个物种均列出了其中文名、学名、英文名、别名（同物异名和地方名）及分类地位，其中，中文名主要参考《拉汉世界鱼类系统名典》（2017年），学名主要参考 Fishbase 和 Catalog of Fishes 数据库，分类系统主要参考 *Fishes of the World*（2006年第四版）。每种鱼都附有原创的活体或标本的原色照片和手绘模式图，配以文字，简明扼要地介绍了其主要形态特征、生物学特性、地理分布和资源状况。本书可以作为大专院校和科研机构的参考书籍，也可以作为渔业渔政管理人员的工具书，还可作为广大民众的科普读物。

2018年12月

目 录

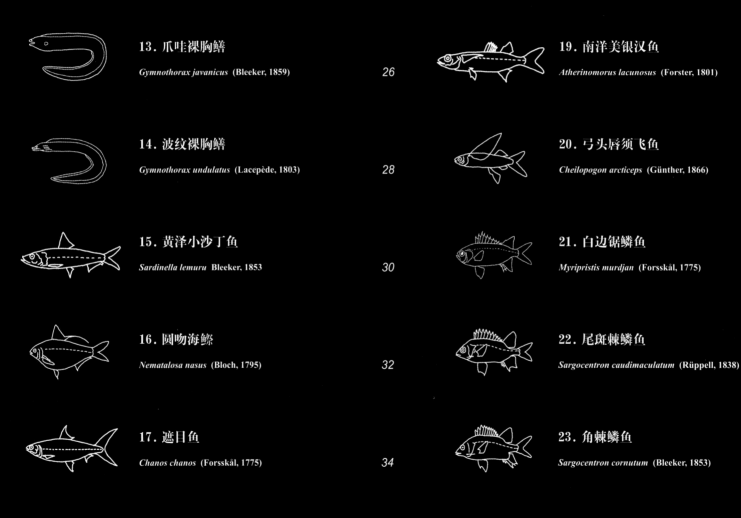

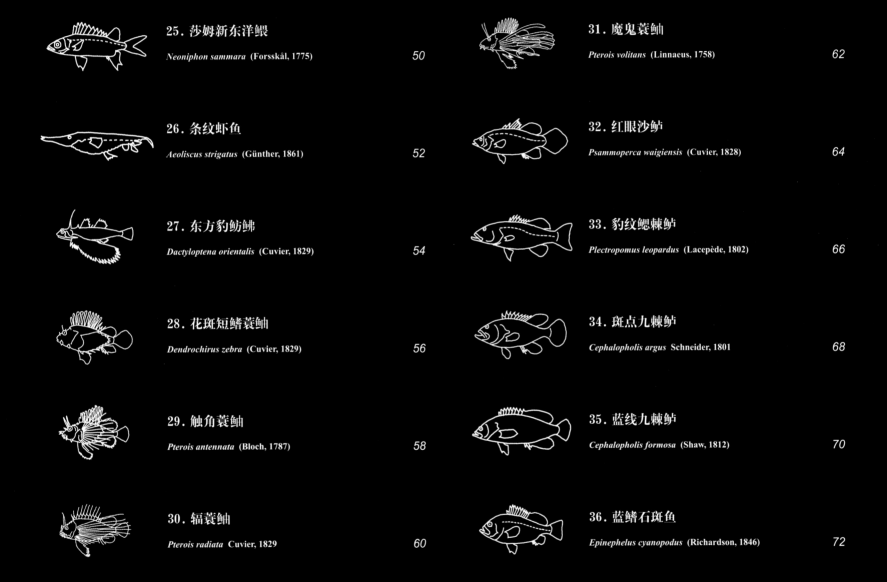

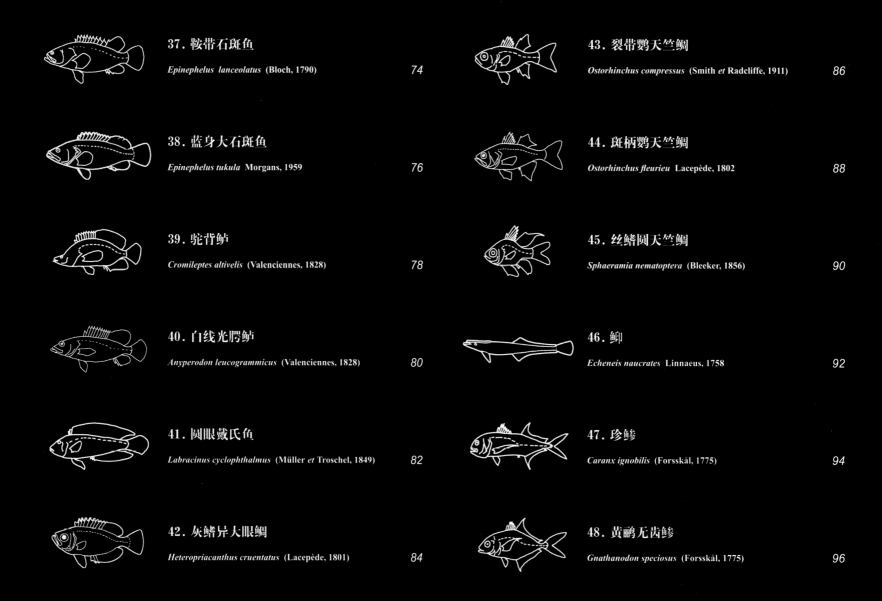

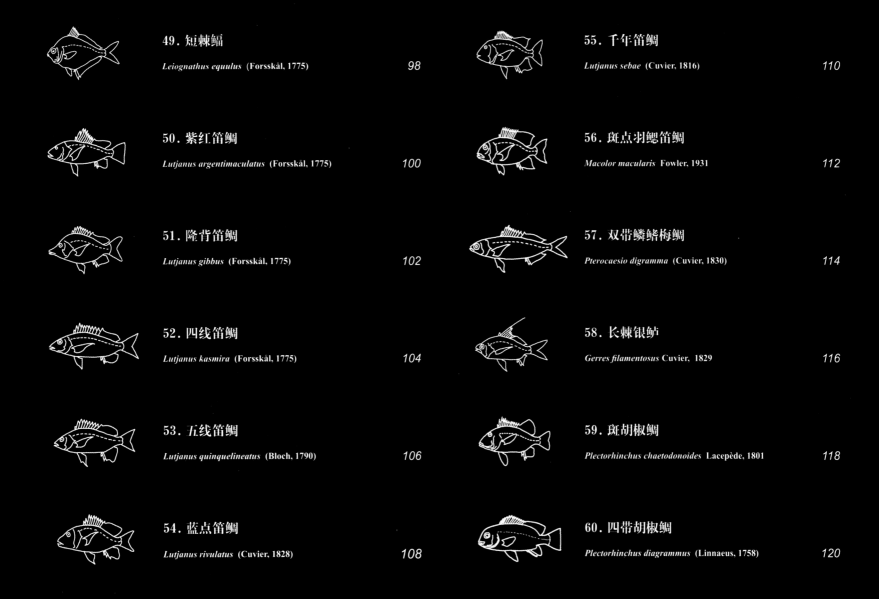

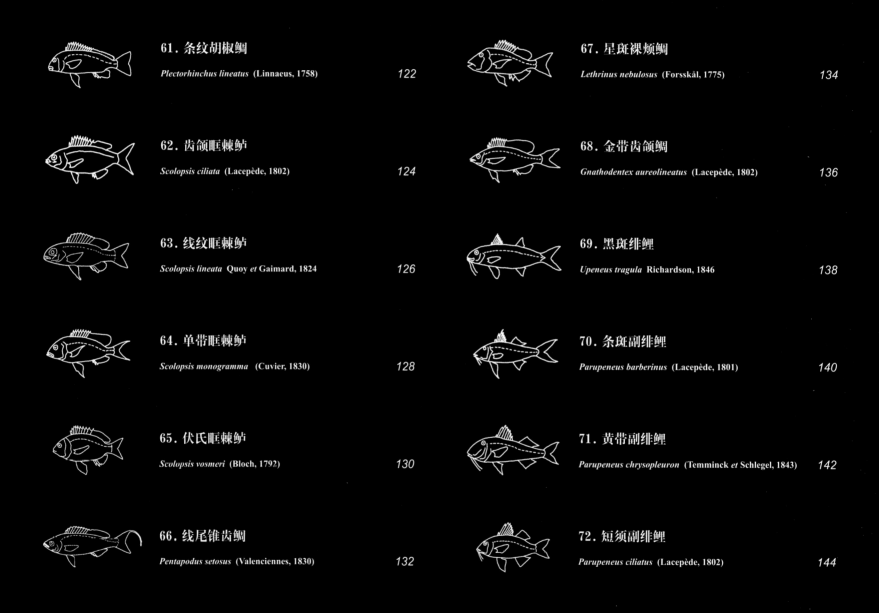

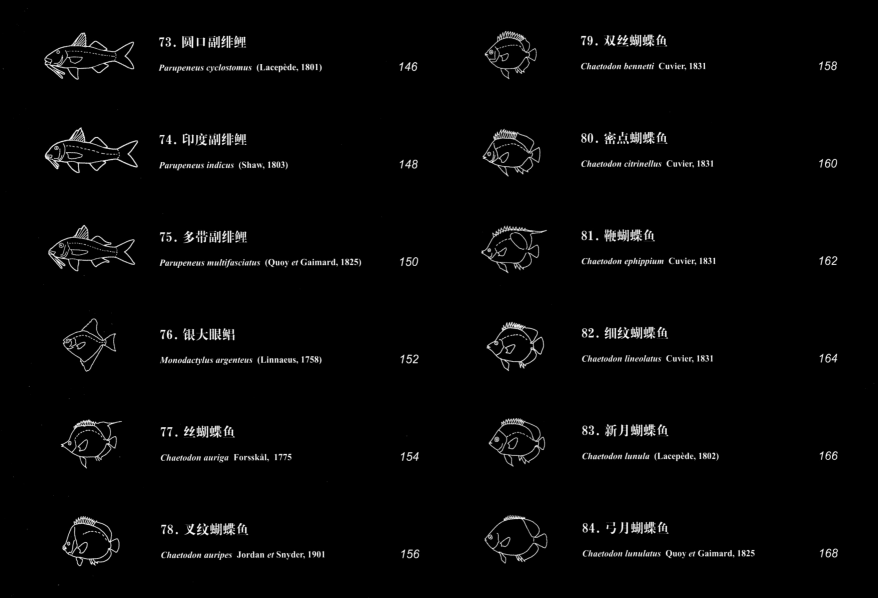

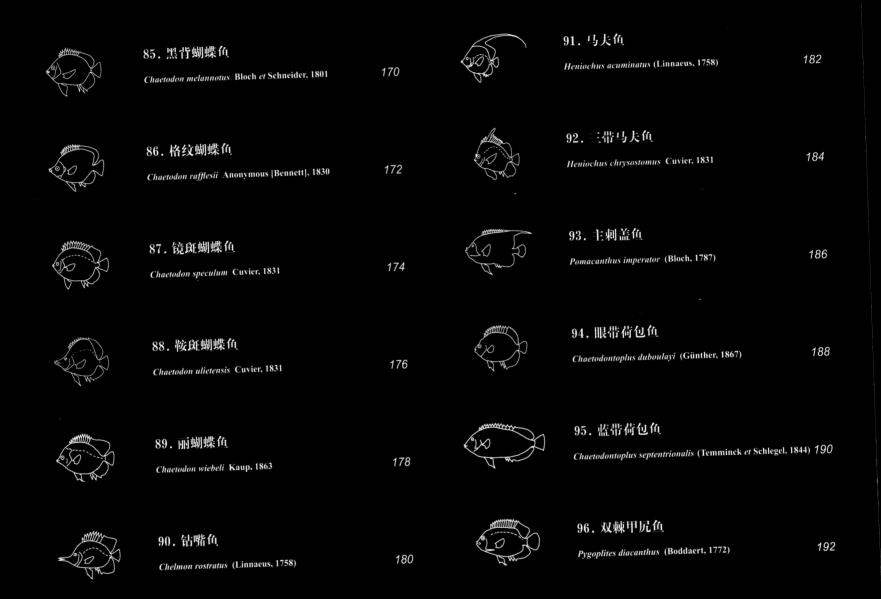

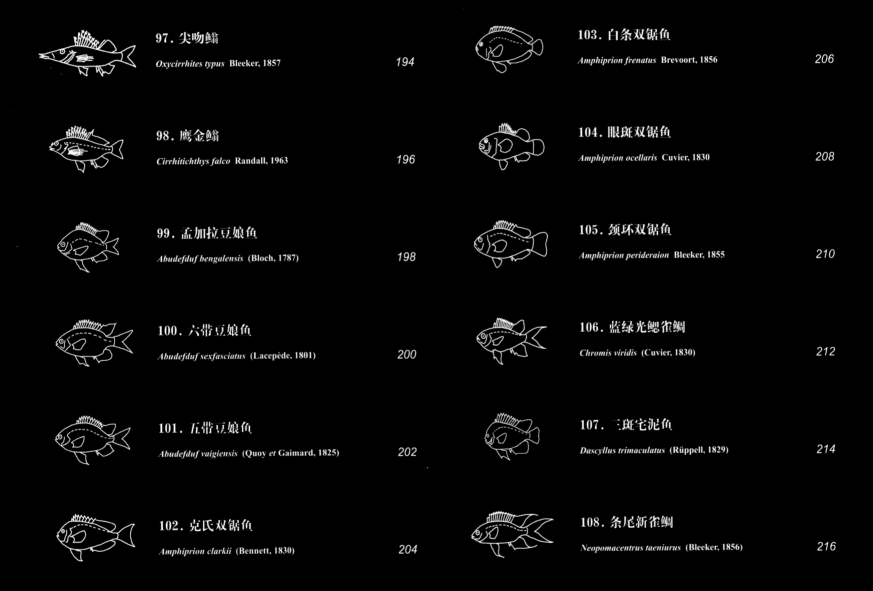

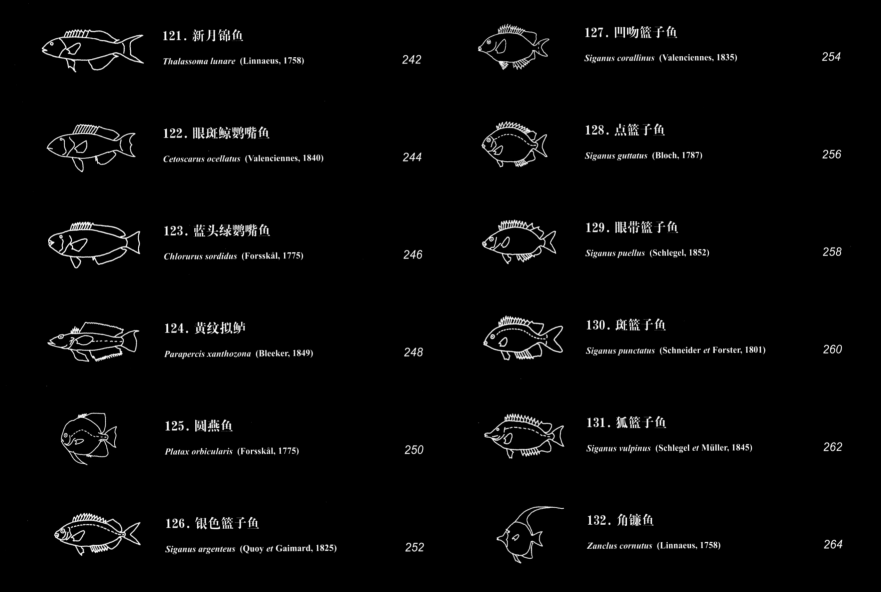

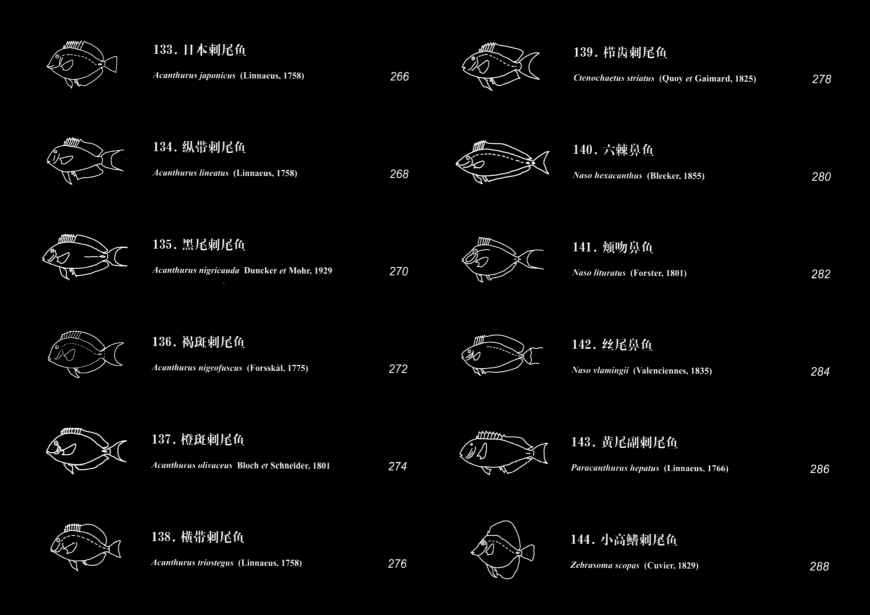

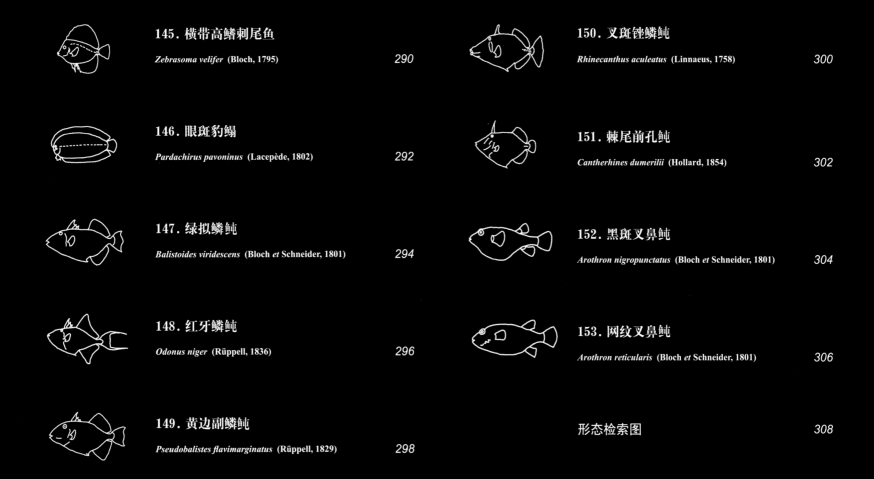

1.狭纹虎鲨 *Heterodontus zebra* (Gray, 1831)

【英文名】zebra bullhead shark

【别名】斑纹异齿鲨

【分类地位】虎鲨目Heterodontiformes
虎鲨科Heterodontidae

【主要形态特征】

体延长，前部粗大，后部渐细小，背部圆凸，腹面平坦。尾细长。头大，略呈方形。吻短宽而钝圆。眼侧上位，无瞬膜，眶上嵴突显著。鼻孔大，与口隅相通，形成鼻口沟。口裂宽大平横，位于眼前下方。上下颌齿同型，前部齿细小，三至五齿头型，后部齿宽扁，臼齿状。喷水孔小，圆形，位于眼后缘下方。鳃孔5个，斜列，第一鳃孔最宽。盾鳞粗厚，呈"十"字形。

背鳍2个，各具一硬棘；第一背鳍起点与胸鳍基底中部或后部相对，前缘圆凸，后缘深凹；第二背鳍与第一背鳍同形，但略小。尾鳍宽大，上叶发达，下叶较大，后部具一缺刻。臀鳍起点稍后于第二背鳍基底，臀鳍基与尾鳍基的距离为臀鳍基底长的2倍余。腹鳍起点稍后于第一背鳍下角后端。胸鳍大，可伸达腹鳍基底前部。

体呈淡黄色，腹面白色。体侧具20余条深褐色横纹，胸鳍背面具横纹3条。

【近似种】

本种与宽纹虎鲨（*H. japonicus*）相似，主要区别为：宽纹虎鲨横纹仅10余条，且横纹较宽，其尾柄较短，臀鳍基与尾鳍基的距离为臀鳍基底长的1.25~1.70倍。

【生物学特性】

暖水性近海底栖鱼类。喜栖息于礁区和近海沿岸，栖息深度在200m以内，行动缓慢。主要以底栖无脊椎动物为食，包括贝类和甲壳类等，也捕食小鱼。卵生，卵壳大，呈螺旋形，四角有短须状突起。成对产卵，繁殖季节可产卵6~12次。其2个背鳍鳍棘可分泌毒液，人被刺伤后会产生剧痛。常见个体全长60~80cm，最大全长可达125cm。

【地理分布】

分布于西太平洋区的亚热带海域，随暖流亦可至日本南部和朝鲜西南部沿海。我国主要分布于东海南部、南海及台湾北部海域。

【资源状况】

小型鲨类，为我国南海沿岸常见种，但是数量较少，天然产量不高。一般采用延绳钓、潜水、拖网等捕获。可食用，也偶见于大型水族馆展示，经济价值不高。

《世界自然保护联盟濒危物种红色名录》（以下简称IUCN红色名录）将其评估为无危（LC）等级，《中国物种红色名录》将其列为易危（VU）等级。

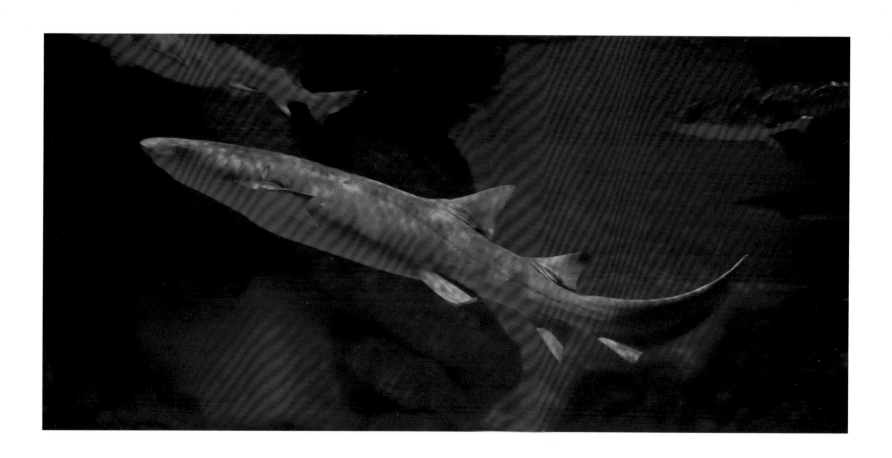

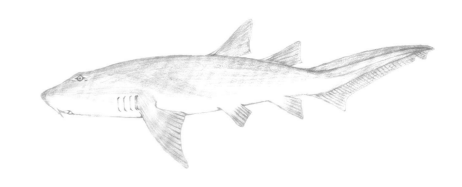

2. 长尾光鳞鲨 *Nebrius ferrugineus* (Lesson, 1831)

【英文名】tawny nurse shark

【别名】锈须鲨、锈色铰口鲨、褐色护士鲨

【分类地位】须鲨目Orectolobiformes

　　　　　　铰口鲨科Ginglymostomatidae

【主要形态特征】

　　体延长，呈纺锤形；前部宽扁，后部略呈圆筒形。尾较长，尾长略小于体长的一半，尾基上下方无凹洼，无侧隆脊。头平扁而宽大。吻短。眼甚小，椭圆形，侧上位，无瞬膜。鼻孔近口部，具鼻口沟；前鼻瓣前部具一尖长鼻须，末端不达下唇，后部为一狭扁皮褶；后鼻瓣前部半环形，后部薄褶沿鼻口沟外侧伸达口隅。口平横，唇褶肥厚。齿较小，侧扁卵圆形。具九至十一齿头，中央齿头稍延长，上颌齿每侧每行15枚，下颌齿每行13~14枚。喷水孔细小，斜裂。鳃孔5个，中大，最后2个鳃孔甚接近，几重叠，位于胸鳍基底上方。

　　背鳍2个，形状相同，两背鳍间距约等于第一背鳍基底长；第一背鳍较大，上下角钝尖，后缘平直，起点稍前于腹鳍起点；第二背鳍较小，位于臀鳍上方，起点在臀鳍起点之前，上下角钝尖。尾鳍较长，约为头长1.6倍，上叶不发达，仅见于尾端，下叶前部略突出，中部与后部间具一缺刻，后部为小三角形突出，与上叶相接处具一缺刻。臀鳍较大，起点后于第二背鳍，下角尖突。腹鳍近方形，后缘截形。胸鳍中大，近镰形，外角钝尖，里角广圆。

　　体背面和侧面锈褐色，腹面淡黄色，背侧色深，腹侧色淡，各鳍与体侧同色。

【生物学特性】

　　热带沿海暖水性底栖鱼类。喜栖息于潟湖底层、岩礁洞穴或沙滩外围水域，栖息深度自潮间带至70m，常栖息于5~30m水深海域。常昼伏夜出。具穴居习性，偏好礁石上的裂缝和洞穴。活动范围较大，且常数尾成小群活动。性情较为温顺，但存在非致命攻击记录。食性广泛，主要摄食各种底栖无脊椎动物，包括头足类、甲壳类和海胆等，也捕食各种鱼类。卵胎生，每个子宫至少4胎（有记载一次产8仔），初产仔鲨全长40~60cm。雄性成鱼全长通常250cm左右，雌性成鱼全长通常230~290cm，最大全长320cm。

【地理分布】

　　分布于印度—太平洋区，西至红海、东非，东至土阿莫土群岛，北至日本南部，南至澳大利亚。我国主要分布于南海及台湾海域。

【资源状况】

　　大型鲨类，为我国沿海偶见种，经济价值高，主要以底层刺网及延绳钓捕获。肉质上佳，可新鲜出售或制成各种肉制品；鳍可做鱼翅；皮可加工成皮革；肝可炼制鱼肝油；剩余物可制成鱼粉。印度、巴基斯坦、泰国等地主要食用，澳大利亚等地为游钓对象，也可见于大型水族馆。

　　IUCN红色名录将其评估为易危（VU）等级，《中国物种红色名录》也将其列为易危（VU）等级。

3. 鲸鲨 *Rhincodon typus* Smith, 1828

【英文名】whale shark

【别名】鲸鲛

【分类地位】须鲨目Orectolobiformes
　　　　　　鲸鲨科Rhincodontidae

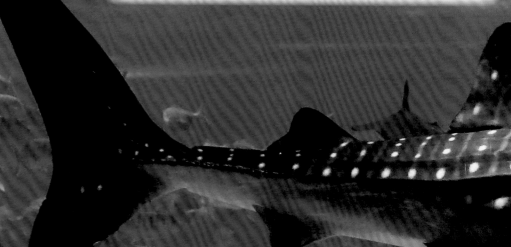

【主要形态特征】

　　体延长，庞大，前部平扁，背面微凸，腹面平坦。尾细小，尾基上方具一凹洼。头宽扁，圆钝。背面正中自头后至第一背鳍具一皮嵴；体侧具2皮嵴，上嵴自第一鳃孔延伸至第一背鳍处分为2支后延伸至第二背鳍下方，下嵴自鳃孔上方弧形下弯后伸至尾柄；**尾柄自臀鳍上方至尾鳍基具一显著侧突**。吻宽短，截状。眼小，圆形，无瞬膜。鼻孔宽大，前鼻瓣宽而呈四边形，伸达齿上，后鼻瓣与上唇褶接连。**口甚宽大，近端位**；上唇褶伸达鼻孔，下唇褶短小。齿多而细小，尖锥形，齿头向后，排列整齐。喷水孔椭圆形，比眼小。鳃孔5个，宽大。**鳃弓具角质鳃耙，分支，交叉结成海绵状过滤器**。盾鳞具3棘突3纵嵴。

　　背鳍2个，第一背鳍起点距吻端比距尾端远；第二背鳍甚小，起点稍前于臀鳍起点。**尾鳍叉形**，上尾叉长约为下尾叉长的2倍。臀鳍比第二背鳍小，基底与第二背鳍基底后半部相对。腹鳍与臀鳍同形，稍大，起点约与第一背鳍中部相对。胸鳍宽大，镰状，外角尖突。

　　体背灰褐色，散布许多白色或黄色斑点，头上者小而尤其密集。体侧自头后至尾柄具白色或黄色横纹约30条，被皮嵴隔断，横纹间各有斑点1行。尾鳍上下缘各有斑点1至数行。

【生物学特性】

　　全球巡游性鱼类。常独自或集群在大洋表层巡游，集群时可达百尾以上，有时也洄游至近海，进入潟湖或珊瑚礁区。鲸鲨巡游时通常伴有其他大洋性广布鱼类，如鲭科鱼类，体侧另常有鮣类吸附或其他小鱼伴随。其性情和善，无危害人类行为。经常在不同国家和海域间洄游，但每年均会返回同一地点。在我国沿海可能的洄游路线是5—6月自北部湾向粤东海区和东海北上，至11月到达黄海。鲸鲨常在日落后开始觅食，主要摄食浮游生物，也摄食小鱼、甲壳类、乌贼等游泳动物，当其主动摄食浮游动物时，口每分钟可开闭7~28次。卵胎生，卵壳呈椭圆形，每胎可产300余仔。为现存最大的鱼类，目前记录的最大个体全长达21 m，体重达42 t，常见个体全长为10 m左右，但我国台湾近年来的捕捞记录显示，目前多为5 m左右的未成熟幼鱼。

【地理分布】

　　广泛分布于印度洋、太平洋、大西洋区各热带和温带海域，55°N—48°S之间海域均有分布。我国主要分布于东海南部，南海和台湾海域。

【资源状况】

　　由于鲸鲨是全球分布的巡游性鱼类，因此目前对其种群规模及生活习性知之甚少。在我国偶尔被定置网、围网等兼捕，但国外部分国家采用鱼镖猎捕，致使其种群数量剧烈减少。鲸鲨具有较高的经济价值，肉可食用，鳍可制鱼翅，肝可炼制鱼肝油，骨可制保健品，皮可加工成皮革；亦具有一定的药用价值，其肝、肉、骨可作为中药；由于性情温顺，在生态旅游上有较好的前景。我国也见于大型水族馆。

　　IUCN红色名录将其评估为濒危（EN）等级，《中国物种红色名录》也将其列为濒危（EN）等级。

4.尖鳍柠檬鲨 *Negaprion acutidens* (Rüppell, 1837)

【英文名】sicklefin lemon shark

【别名】昆士兰柠檬鲨

【分类地位】真鲨目Carcharhiniformes
　　　　　　真鲨科Carcharhinidae

【主要形态特征】

　　体延长，躯干粗大。尾稍侧扁，尾基上下方各具一凹洼。头甚平扁，头宽远大于头高。吻稍短，前缘钝圆，侧视尖突。眼较小，略呈椭圆形，瞬膜发达。鼻孔宽大，斜列，外侧位，距口端较距吻端近，前鼻瓣具一三角形突起，后鼻瓣不分化。上下颌紧合，口闭时齿不暴露。唇褶不发达，只见于上颌口隅处，下唇褶短小。**齿边缘光滑，单齿头型；**基底无小齿头，上颌齿狭三角形，正中具一尖直小齿，下颌齿狭而尖直，正中具一小齿。喷水孔消失。鳃孔5个，宽大，最后2个鳃孔位于胸鳍基上方。

　　背鳍2个，第一背鳍较小，低平，起点后于胸鳍里角，基底长约为第二背鳍长的1.2倍，下角尖突，末端达腹鳍起点上方；第二背鳍稍大，起点稍前于臀鳍起点，下角尖突，基底长约为臀鳍长的1.4倍，**2个背鳍高度约相等。**尾鳍中大，上叶位于尾端近处，下叶前部三角形突出，中后部间具一缺刻，后部与上叶连接，尾端钝尖。臀鳍起点距尾鳍基距离大于距腹鳍基距离，外角钝圆，里角尖突。腹鳍起点在第一背鳍后角下方，长方形，大于臀鳍，外角和里角均钝圆。胸鳍宽大，稍呈镰形，外角钝尖，里角钝圆。

体呈柠檬黄色，出水后呈黄褐色，腹部色浅。尾端上下叶前部黑褐色，两背鳍上部及胸鳍背面色暗。

【生物学特性】

热带沿岸鱼类。栖息于沿岸潮间带至水深92m处的海湾、河口、珊瑚礁、潟湖及红树林等静水中，常在水体近表层活动，背鳍露出水面缓慢游动，有时至近底层栖息。性情凶猛，对人具潜在的攻击危险。主要捕食底栖鱼类，以及其他鲨类和魟类等。胎生，每胎可产1~13仔，初产仔鲨全长50~70cm。性成熟个体全长通常220~240cm，最大全长可达380cm。

【地理分布】

分布于印度—太平洋区，西至红海、南非，东至塔希提岛，北至日本南部，南至澳大利亚。我国主要分布于南海诸岛及台湾岛南部等海域。

【资源状况】

中大型鲨类，经济价值高，主要以流刺网及延绳钓捕获。肉质上佳，可加工成各种肉制品；鳍可制鱼翅；皮可加工成皮革；肝可炼制鱼肝油；其余部分可制鱼粉。可见于水族馆。

IUCN红色名录将其评估为易危（VU）等级。

5.灰三齿鲨 *Triaenodon obesus* (Rüppell, 1837)

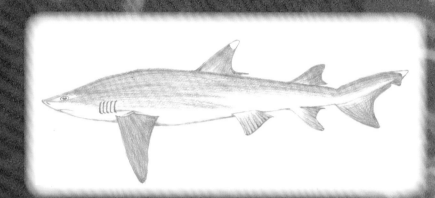

【英文名】whitetip reef shark

【别名】三齿鲨、三尖齿鲨、鲨鲛

【分类地位】真鲨目Carcharhiniformes
真鲨科Carcharhinidae

【主要形态特征】

体呈纺锤形。尾较长，尾基上下方各具一凹洼。头颇宽扁，自第一鳃孔上方至吻端直线斜下。吻短而平扁，背视圆形。眼小，近圆形，侧上位，近吻端。瞬膜发达。鼻孔斜列，外侧位，前鼻瓣后部具1对褶形突出，与中鼻瓣共同形成一小管道，即**前鼻瓣与中鼻瓣合成管状出水孔**。口宽呈弧形；口闭时不露齿，唇褶很短，仅上唇褶见于口隅处。上下颌齿同型，基底膨大，**三齿头型，具一中齿头，每侧各具一小齿头**。无喷水孔或颇微小。鳃孔5个，几等大，最后一个梢大，位于胸鳍基上方。

第一背鳍中大，距腹鳍比距胸鳍近，上角钝尖，下角尖突，伸越腹鳍起点上方；第二背鳍与第一背鳍同形，鳍高约为第一背鳍2/3，起点与臀鳍起点相对。尾鳍宽而延长，下叶后部三角形突出，与上叶相连，尾端钝尖，后缘凹入。臀鳍距尾鳍与腹鳍几相等，里角延长尖突。腹鳍稍大于第二背鳍，外角近直角，里角钝尖微突。胸鳍较大，呈镰形，鳍端接近第一背鳍起点。

体呈灰褐色，腹面白色。各鳍色深，**第一背鳍和尾鳍上叶尖端白色**。幼体第二背鳍、腹鳍和臀鳍等各鳍边缘色暗。

【生物学特性】

    热带沿岸底栖鱼类。栖息于水深1~330m（通常8~40m）的礁区或潟湖，白天成群栖息于珊瑚礁洞穴中，夜晚游动活跃。定栖性鱼类，迁移范围不大，一年内的迁移距离为0.3~3km。少有攻击人类的记录，但仍具潜在危险。主要捕食底栖动物，包括鱼类、头足类（章鱼）、虾类（龙虾）以及蟹类等。胎生，每胎产1~5仔，初产仔鲨全长通常52~60cm。雄性成鱼全长通常104~168cm，雌性成鱼全长通常105~158cm，最大全长可达213cm。

【地理分布】

    分布于印度—太平洋区，西至红海、东非，东至印度尼西亚及阿拉弗拉海，北至琉球群岛，南至澳大利亚及新喀里多尼亚；遍布密克罗尼西亚；东太平洋区分布在科隆群岛以及哥斯达黎加沿岸。我国主要分布于南海及台湾海域。

【资源状况】

    中小型常见鲨类，经济价值不高，主要以近岸刺网和延绳钓捕获。肉质尚可，可制成各种肉制品或鱼粉。有记录其肝脏具毒性。可见于大型水族馆，具有一定的观赏价值。

    IUCN红色名录将其评估为近危（NT）等级。

6.圆犁头鳐 *Rhina ancylostoma* **Bloch** *et* **Schneider, 1801**

【英文名】bowmouth guitarfish

【别名】波口鲎头鳐

【分类地位】鳐目Rhinopristiformes
　　　　　　圆犁头鳐科Rhinidae

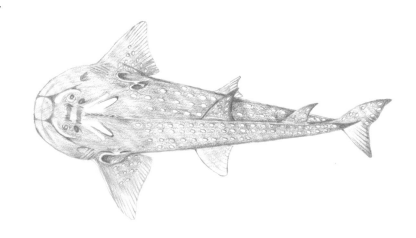

【主要形态特征】

　　体扁平延长。体盘长约为全长的1/3，体盘宽大于体盘长。尾平扁，渐狭小，每侧具一皮褶。吻宽短，背视呈半圆形。眼圆形，瞬褶不发达，眼间隔约与吻长相等或稍大。喷水孔大，椭圆形。鼻孔狭长，几横列，前鼻瓣中部具一圆形突出，后鼻瓣外侧具一扁狭薄膜，内侧具一袜状突出，转入鼻腔中。口中大，比鼻间隔宽，前部稍呈弧形。齿细小，铺石状排列，齿面波曲。鳃孔狭小，斜列于胸鳍基底。体盘具粗大结刺多行，每侧在眼上方至头后1纵行，眼前1短行，体盘正中脊椎线上1纵行；肩区里外2纵行，里行有时与眼上纵行连接。

　　背鳍2个，中大，上下角钝尖；第一背鳍起点位于腹鳍起点稍前方，第二背鳍稍小。尾鳍短宽，略呈叉形；上叶延长，下叶前部三角形突出，后缘宽而凹入。腹鳍较小，距胸鳍比距第二背鳍近，外角钝尖，里角钝圆。胸鳍中大，基底前延，几可伸达下颌角隅的水平线，外角和里角均钝圆。

　　体呈蓝灰色至褐色，体侧及各鳍散布白色斑点。头和体背常具暗色横纹，胸鳍基底常具1~2行条纹。性成熟的较大个体一般灰褐色，头体及各鳍斑纹模糊。

【生物学特性】

　　暖水性近海底栖鱼类。喜栖息于近岸的珊瑚礁上，或沙泥底质的海域底层。行动缓慢。栖息深度3~90m。主要摄食底栖甲壳动物和软体动物。卵胎生，每胎可产4仔，初产仔鱼全长46~48cm。性成熟雄鱼全长通常150~175cm，雌鱼全长通常180cm左右，最大全长可达300cm；有记录的最大体重为135kg。

【地理分布】

　　分布于印度—太平洋区，西至红海、东非，东至巴布亚新几内亚，北至日本，南至澳大利亚东南部。我国主要分布于东海、南海以及台湾沿岸海域。

【资源状况】

　　大型鱼类，偶尔由底拖网或延绳钓捕获，可新鲜或腌制食用，经济价值不高。常见于水族馆，具有一定的观赏价值。

　　IUCN红色名录将其评估为易危（VU）等级。

7. 豹纹窄尾魟 *Himantura leoparda* Manjaji-Matsumoto *et* Last, 2008

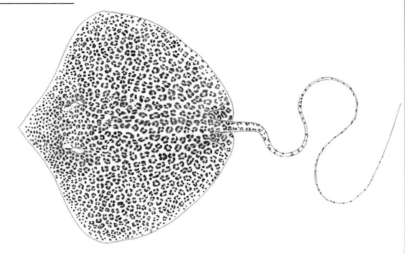

【英文名】leopard stingray

【别名】花点魟、豹纹土魟、鞭尾魟、花点窄尾魟、黄线窄尾魟、
狮色窄尾魟

【分类地位】鲼目Myliobatiformes
魟科Dasyatidae

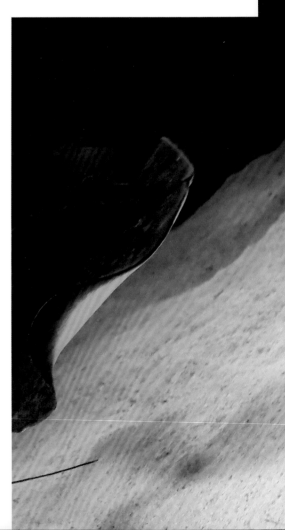

【主要形态特征】

体盘呈亚圆形，前缘凹入，与吻端约成60°。体盘宽为体盘长1.1~1.2倍，最宽部约在体盘中部或稍后。尾甚长，鞭状，为体盘长的3倍以上，上下方皮膜均消失。尾刺具毒腺，位于尾后部。吻颇尖，相当突出，吻长为体盘长约1/4。眼颇小，眼径比喷水孔稍小，眼间隔平坦或凹入。前鼻瓣连合为口盖，伸达上颌，后缘微凹或平直，浅裂或几完整。口小，波曲，口底具乳突4~7个，靠近中部的2个最明显，外侧、内侧及正中的细小或消失。齿细小，平扁，具横突。鳃孔颇狭。

腹鳍颇狭长，里缘与后缘连合，外角圆钝，里角消失；鳍脚平扁，后端颇尖。

头部和背部密被平扁鳞片，排列成一宽大鳞群，脊椎线上具10余个大型心状平扁结鳞，肩板上的一个最大。尾部在尾刺前具一平扁鳞片狭带，尾刺后密被尖细鳞片。

体背赤褐色或沙黄色，幼体密具黑褐色多边形斑点，成体具黑褐色不规则环纹（通常不完整），环纹中心淡黄色。尾刺前尾部背侧具黑褐色点状或环状斑纹，尾刺后尾部具黑色横纹。腹面白色。

【近似种】

本种常被误鉴为花点窄尾魟（*H. uarnak*），后者体背密具黑褐色圆形或多边形斑块，本种为黑褐色不规则环纹。

【生物学特性】

暖水性近岸底栖鱼类。栖息于沿岸水深70m以内的沙质底海域，常随潮汐进入河口浅水处和潟湖，甚至进入淡水水域，也常见于珊瑚礁区的沙质底海域。常将身体埋入沙中，露出眼睛和呼吸孔，伺机捕食猎物。主要捕食小鱼、贝类、虾、蟹、蠕虫及水母等。卵胎生，尾部具毒

刺，对人具有危险性。初产幼仔体盘宽20cm左右。性成熟个体体盘宽通常
70~80cm，最大个体体盘宽140cm（全长410cm）。

【地理分布】

分布于印度—西太平洋区，西至波斯湾、红海、南非，东至法属波利尼
西亚，北至中国东海，南至澳大利亚西北部。中国主要分布于东海南部、南
海以及台湾沿岸海域。

【资源状况】

大型虹类，主要以底拖网、延绳钓及围网捕获。食用价值不高，肉可食
用但味道不佳；皮可加工制成皮革；尾可加工做装饰品。具有一定的药用价
值，可作为中药药材。在垂钓渔业中具有较高的价值，极受欢迎。另外，观
赏价值高，常见于大型水族馆。

IUCN红色名录将其评估为易危（VU）等级。

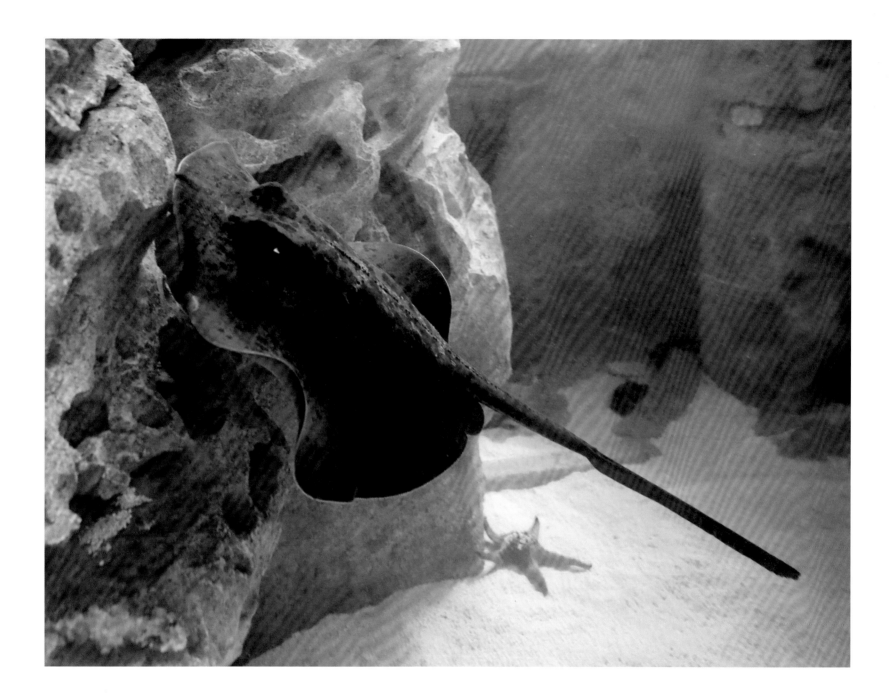

8. 迈氏拟条尾魟 *Taeniurops meyeni* (Müller *et* Henle, 1841)

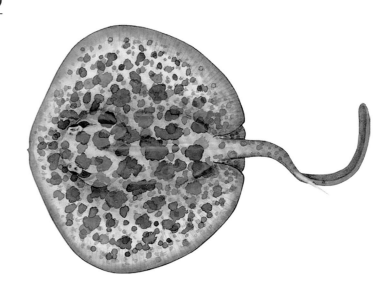

【英文名】round ribbontail ray

【别名】迈氏条尾魟、黑斑条尾魟

【分类地位】鲼目Myliobatiformes

魟科Dasyatidae

【主要形态特征】

体盘呈圆形，前缘广圆，与吻端约成80°。尾中长，略长于体盘长，背面中部具一尾刺，后部侧扁，尾刺下方至尾端具一低平皮膜，形成无鳍条的尾鳍下叶。吻端微突，吻长约等于体盘宽2/11。眼颇大，眼径小于喷水孔，眼间隔比吻长稍小。前鼻瓣连合为口盖，后缘微凹，细裂，伸达口前，后鼻瓣不分化。口小，平横，口底具细弱乳突3~5个，上下唇具细小密集乳头状突起。齿细小而尖，铺石状排列。喷水孔甚大，直径约为眼间隔的1/2或稍大。鳃孔小。

腹鳍略呈长方形，前缘、里缘平直，后缘圆突，鳍端伸越胸鳍后端；鳍脚宽扁，后缘圆钝。尾刺边缘具小锯齿，侧褶明显。

幼体光滑。成体头后脊椎线上具柱状鳞片一纵行，尾部和胸鳍外侧粗糙。

体背暗褐色，具许多不规则暗褐色圆斑，尾和皮膜黑色。

【生物学特性】

暖水性底栖鱼类。栖息生境广泛，自浅水潟湖至礁区外坡均可见分布。单独或集群游泳，常有鲹类和军曹鱼伴游。栖息深度1~500m，通常栖息于20~60m沿岸水域。尾部具毒刺，具有危险性。主要摄食底栖鱼类、贝类及甲壳类。卵胎生。常见个体体盘宽可达1m左右，最大体盘宽可达3.3m；现有记录最大体重150kg。

【地理分布】

分布于印度—西太平洋区，自波斯湾、红海、东非到密克罗尼西亚，自日本南部到澳大利亚。我国主要分布于东海、南海及台湾海域。

【资源状况】

中小型魟类，常由底拖网、刺网或延绳钓捕获。下等食用鱼类，其肉和软骨可食用，但食用价值较低。具有一定的观赏价值，常见于水族馆。

IUCN红色名录将其评估为易危（VU）等级。

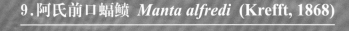

9. 阿氏前口蝠鲼 *Manta alfredi* (Krefft, 1868)

【英文名】Alfred manta

【别名】飞鲂仔、鹰鲂、鬼蝠魟

【分类地位】鲼目Myliobatiformes

鲼科Myliobatidae

【主要形态特征】

体盘呈菱形，休盘宽为体盘长的2.2~2.4倍；前缘圆凸，后缘凹入，里缘圆凸；前角尖而下弯，后角钝圆突出。头颅宽大，稍突起，前缘扁薄，平切。**头鳍侧扁，大而呈长方形，长为宽2倍余，前端圆形，犬舌状突出于眼前，能自由摇动，并能从下向外转卷成管状。**眼侧位，微向腹面里侧倾斜，眼球甚大。喷水孔小，横椭圆形，露出于背面上，外端延续为一浅沟，伸至体盘外侧。鼻孔亚前位，位于上颌隅角前方；鼻间隔几与鼻孔宽相等。**口前位，甚宽大，下颌突出。上颌无齿，下颌具一细狭齿带，分布较窄，6~8排，每排140~180枚。**鳃孔甚宽，前后距离约相等。

腹鳍小而呈长方形，约与胸鳍后角在同一水平线上。背鳍1个，小型，起点约与腹鳍起点相对。尾细而短，约为体盘长1.2倍；尾刺1个；无侧褶，上下皮褶短弱。

背面浅青灰色，**上下颌及口裂周边为白色至淡灰色，**头的前部自前囟至喷水孔以及头鳍里面之上下缘均黑褐色，胸鳍外缘灰褐色，尾后部黑褐色；腹面淡白色，胸鳍外部和后部以及腹鳍青灰色，泄殖孔周围黑色；**第五鳃孔仅在鳃裂末端具1对小黑斑；腹部及鳃部具不规则灰黑色斑点。大型个体背面深青褐色，头侧至肩区具1对上缘往体盘中央线陡降而与口裂不平行且类似水滴状的灰白色大斑。**

【近似种】

本种常被误鉴为双吻前口蝠鲼（*M. birostris*），两者主要区别为：①本种下颌齿分布较窄，后者齿带分布宽广，几乎布满下颌，纵列100枚以上，前面的齿疏散不整齐，后面的齿比较整齐和紧密；②本种头侧至肩区具1对上缘往体盘中央线陡降而与口裂不平行且类似水滴状的灰白色大斑，后者头侧至肩区具1对上缘与口裂平行而类似袜状的灰白色大斑；③本种上下颌及口裂周边为白色至淡灰色，后者为暗灰色至黑色；④本种第五鳃孔处仅在鳃裂末端具1对小型黑斑，后者具完全沿鳃裂往下的大型三角形至半月形黑斑；⑤本种腹部及鳃部具不规则灰黑色斑点，后者仅在腹部中区具8~9个不规则灰黑色斑点；⑥本种尾部无突起，后者尾部近背鳍处具三角形突起。

【生物学特性】

暖水性中上层鱼类。行动敏捷，喜成群游泳，有时上升至水体表层或跳跃出水面。以筛板状鳃耙过滤水中浮游生物及集群小型鱼类为食。卵胎生，妊娠期达12~13个月，繁殖周期2~3年，每胎产1仔，初产仔鱼体盘宽1.3~1.5m。雄性成鱼体盘宽通常2.7~3.0m，雌性成鱼体盘宽通常3.7~3.9m，最大体盘宽达5.5m。

【地理分布】

分布于印度—西太平洋区温带、热带海域，西至南非，东至新几内亚岛，北至日本列岛，南至澳大利亚东部。我国南海和台湾海域均有分布。

【资源状况】

大型鲼类，较罕见，主要以流刺网等捕获。肉质佳，鳍制鱼翅，皮可制革，鱼肝油可入药。其鳃耙（又称膨鱼鳃）可入药，具清热透疹、解毒化瘀功效。

IUCN红色名录将其评估为易危（VU）等级。

10. 爪哇牛鼻鲼 *Rhinoptera javanica* **Müller** *et* **Henle, 1841**

【英文名】flapnose ray

【别名】叉头燕𫚉、飞𫚉仔、鹰𫚉、乌𫚉

【分类地位】鲼目Myliobatiformes

鲼科Myliobatidae

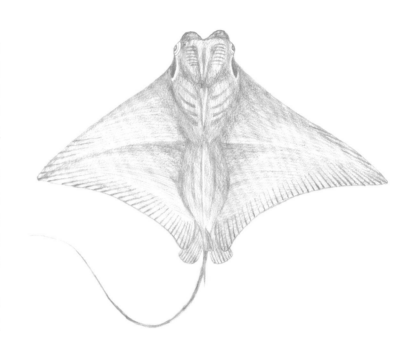

【主要形态特征】

体盘呈菱形，体盘宽为体盘长的1.8~2.0倍，前缘微凸，后缘凹入；前角尖而下弯，后角钝圆。尾细长如鞭，尾刺1个，颇细弱，具锯齿，无侧褶，上下皮褶均消失。头部明显，吻鳍与胸鳍分离。吻鳍中间凹入，前部分为两瓣，突出于头前端腹面上；在头侧，吻鳍与头之间形成明显的水平纵沟。头宽大，后部厚，前部渐扁薄。眼圆形，侧位，近前端，眼径为喷水孔的1/3~1/2，眼间隔宽而平坦。鼻孔平横，只露出1个小的椭圆形入水孔；前鼻瓣连合为一扁宽口盖，后缘平横，具1行坚硬细须；后鼻瓣中部和后部转入鼻口沟。口宽大，平横，口宽大于口前吻长。腭膜宽大，膜上具皱褶，皱褶呈粒状和条状突起；口底在咽头前方具一平横低膜，边缘细裂，无乳突；上唇和下唇皱成条状或粒状突起。齿平扁，上下颌齿各7纵行，正中齿最宽，侧面齿依次狭小。喷水孔大，紧位于眼后。鳃孔狭小，距离约相等。

背鳍1个，颇大，三角形，前角钝圆，后角尖突；起点与腹鳍基部终点相对。腹鳍狭长，稍伸出于胸鳍里角之后，外角圆形，里角略呈直角，鳍脚前部宽扁，后部钝尖。胸鳍呈翅膀状，外角尖突。

体光滑。具很小的星状细鳞，散布于头部及背部，中央部较密集，胸鳍前有零星分布；鳞棘细弱，多埋于皮下。背面黑褐色带蓝色，胸鳍前缘蓝色。腹面白色，头部及胸鳍前腹面散布不规则蓝色斑块，胸鳍外侧及腹鳍呈灰黑带蓝色。

【近似种】

本种与海南牛鼻鲼（*R. hainanica*）相似，主要区别为：海南牛鼻鲼上下颌齿各9行，且仅分布于我国南海。

【生物学特性】

暖水性底层鱼类。出现在近海珊瑚礁区及河口、海湾海域，喜栖息于沙泥底质的水域。常集群游弋在中上层水体。主要摄食底栖软体动物、甲壳动物和鱼类。卵胎生，初产仔鱼体盘宽60cm左右。最大体盘宽可达150cm，体重可达4.5kg。

【地理分布】

分布于印度—西太平洋区的热带和温带沿海。我国主要分布于南海、东海南部及台湾沿岸海域。

【资源状况】

中大型鲼类，偶见于底拖网、底层刺网和延绳钓渔获物中，较罕见。具有一定的食用价值。大型水族馆中可见，具有一定的观赏价值。

IUCN红色名录将其评估为易危（VU）等级，《中国物种红色名录》将其列为濒危（EN）等级。

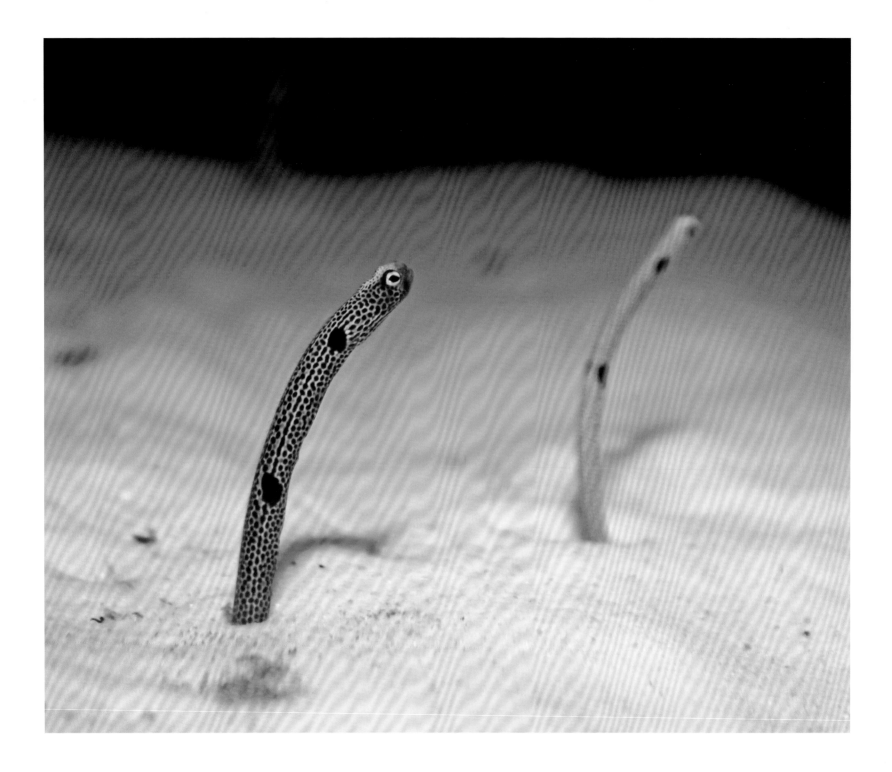

11.哈氏异康吉鳗 *Heteroconger hassi* (Klausewitz *et* Eibl-Eibesfeldt, 1959)

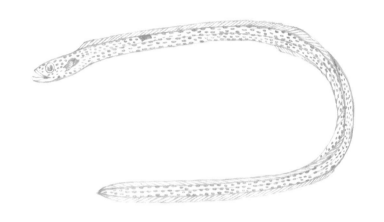

【英文名】spotted garden eel

【别名】哈氏异糯鳗、圆鳗、糯米鳗、穴子鳗

【分类地位】鳗鲡目Anguilliformes

　　　　　康吉鳗科Congridae

【主要形态特征】

　　体极延长，呈细圆柱状。尾延长，其长度为头和躯干合长的1.5~1.8倍。头短，长方形，为全长的4.4%~5.7%。吻端短，呈圆钝状，口裂上倾，末端约位于眼睛前缘下方，下颌略长于上颌，吻长小于眼径。眼大。口小。唇发达，上唇左、右游离缘相连。前鼻孔短管状，嵌于上唇前端，后鼻孔圆孔状。上眼窝具4个感觉孔，下眼窝具5个感觉孔，颞骨接合处具5个感觉孔。鳃孔小。肛门约位于全长前1/3处。

　　背鳍起点略前于胸鳍基部，背鳍、臀鳍几乎透明，鳍条不分节。尾端较硬，不易弯折，末端鳍条退化，几不可见。胸鳍极小，不发达，退化为暗色小圆斑。

　　体呈灰白色或淡褐色，布满暗褐色细小斑点，胸鳍、体中部及肛门周边具3个大而明显的暗斑。

【生物学特性】

　　暖水性底层鱼类。独居性鱼类，常营群体生活，种群规模可达数百个个体。喜栖息于珊瑚礁区沙质底海域，栖息水深常在10~15m。利用尖硬的尾部打洞，将大部分身体埋在沙洞中，露出头部及部分身体随水流摇曳，露出洞外的部分通常仅为全长的1/3左右。主要摄食小型浮游生物。常见个体全长30~40cm。

【地理分布】

　　分布于印度—太平洋区，西至红海、东非，东至社会群岛，北至琉球群岛，南至澳大利亚西北部和新喀里多尼亚；遍布密克罗尼西亚。我国主要分布于南海及台湾南部海域。

【资源状况】

　　数量较少，常与横带圆鳗（*Gorgasia preclara*）混杂分布在同一片海底区域，潜水观光过程中可见。常见于水族馆，具有较高的观赏价值。

12.魔斑裸胸鳝 *Gymnothorax isingteena* (Richardson, 1845)

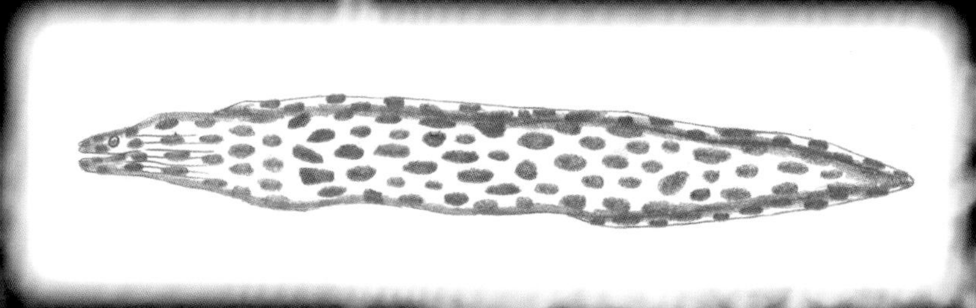

【英文名】 spotted moray

【别名】 黑点裸胸鳝、黑斑裸胸鲹

【分类地位】 鳗鲡目Anguilliformes
海鳝科Muraenidae

【主要形态特征】

体延长，稍侧扁。头中等大，略呈锥状。吻较长。眼小，圆形，侧上位。鼻孔每侧2个，分离；前鼻孔短管状，位于近吻端；后鼻孔圆孔状，位于眼前缘上方。口大，水平状。**上下颌齿各1行；**上颌齿细小，向后方倾斜，前方内侧有2枚可倒性大犬齿；犁骨齿1行，细小，约有6枚齿；下颌齿细小，也向后倾斜，每侧15枚。头部感觉孔7个。鳃孔裂缝状，近直立。肛门位于体中央稍前方。

体完全裸露，光滑无鳞。侧线孔不明显。

背鳍、臀鳍和尾鳍相连，发达。背鳍始于鳃孔的稍前方。臀鳍始于肛门紧后方。无胸鳍。体呈白色、灰白色或灰褐色，**体表具许多圆点黑斑，斑点的直径随着鱼体成长并不显著增大，而斑点数量增加，渐细密。**斑点间隔随地点、体型及种群等因素差异较大。头部斑点密度较高，背鳍、臀鳍、尾鳍上均具斑点。

【生物学特性】

近海暖水性鱼类。喜栖息于近海珊瑚礁或岩礁的洞穴、缝隙中。性情凶猛，独居，具有领域性，通常仅将头部露出洞穴。昼伏夜出，嗅觉敏锐但视觉不佳，游泳能力不强，常潜伏在洞穴中以伺机捕食。大型个体洞穴附近常有"清洁性"动物共生。肉食性，以鱼类、甲壳类等为食。最大个体全长可达180cm。

【地理分布】

分布于印度—西太平洋区，西至东非，东至印度、土阿莫土群岛沿岸海域。我国主要分布于南海和东海海域。

【资源状况】

中大型鳗类，常以延绳钓、笼壶等捕获，具有一定的食用价值。可作为观赏鱼，大型个体常见于水族馆，具有较高的观赏价值。

13. 爪哇裸胸鳝 *Gymnothorax javanicus* (Bleeker, 1859)

【英文名】giant moray

【别名】钱鳗、虎鳗

【分类地位】鳗鲡目Anguilliformes

海鳝科Muraenidae

【主要形态特征】

体延长，稍侧扁；尾部长稍大于头与躯干部合长。体长为体高的14~18倍，为头长的7.5~7.8倍。头中大，侧扁，锥形；躯干长为头长的2.2~2.4倍；头长为吻长的6.0~6.3倍，为眼径的11~12倍。吻短钝，吻长为眼径的1.9~2.1倍。眼小而圆，侧上位。眼间隔稍宽，微隆起。鼻孔每侧2个，分离；前鼻孔短管状，近吻端；后鼻孔无皮瓣或短管。口大，平裂，前位。口裂伸达眼的远后下方，头长为口裂长的2.3~2.5倍。上下颌约等长。齿尖锥状，稍侧扁，**上下颌齿各1行，犁骨齿1~2行**。鳃孔小，裂孔状，近水平状，位于头侧中下方。肛门位于腹侧中央前方。**脊椎骨140~143。**

体光滑无鳞。侧线孔甚小，不明显。

背鳍起点位于鳃孔的稍前方。臀鳍起点位于肛门后方。无胸鳍和腹鳍。背鳍、臀鳍和尾鳍发达、相连，被较厚皮膜。

体呈棕褐色，头上半部有许多黑色碎斑点，**体侧有3~4纵行黑色大斑，中间隔以浅褐色网状条纹，**随生长其大斑中心产生许多小斑；**鳃孔及其周围黑色。**

【生物学特性】

近海暖水性底层鱼类。栖息于浅海珊瑚礁、岩礁的洞穴及缝隙中。主要以鱼类为食，偶食甲壳类。最大全长可达3m。

【地理分布】

分布于印度—太平洋区，西至红海和东非，东至皮特凯恩群岛，北至琉球群岛和夏威夷群岛，南至新喀里多尼亚和土布艾群岛。我国南海和台湾海域均有分布。

【资源状况】

大型鳗类，可供食用，但肉和内脏因食物链积累而含珊瑚礁鱼类毒素。常作为海洋水族馆观赏鱼。

《中国物种红色名录》将其列为易危（VU）等级。

14. 波纹裸胸鳝 *Gymnothorax undulatus* (Lacepède, 1803)

【英文名】undulated moray

【别名】疏斑裸胸鳝

【分类地位】鳗鲡目Anguilliformes
海鳝科Muraenidae

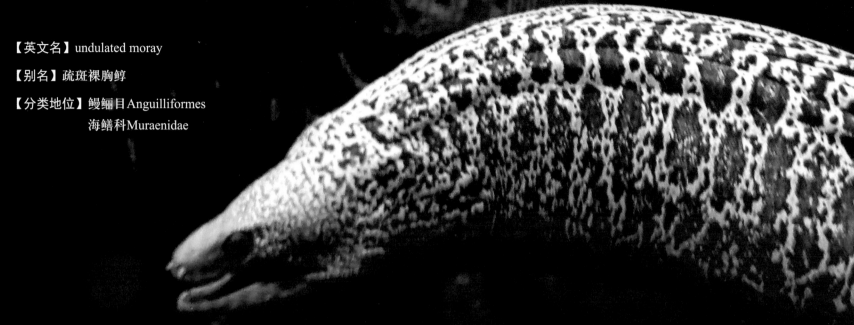

【主要形态特征】

体延长，较侧扁。头中等大。吻较钝。眼小，圆形，侧位而高，外被一层半透明膜。眼间隔等于或稍大于眼径。鼻孔每侧2个，分离；前鼻孔短管状，位于近吻端，后鼻孔圆孔状，位于眼前部上方。口大，水平状。**上下颌齿各1行，**上颌中央具2~3枚较大的可倒性齿；犁骨齿1行，细小；下颌齿除前方2齿较大外，其余均为向后倾斜小齿。头部感觉孔6个。鳃孔裂孔状，位于头侧中部。肛门位于体中央稍前方。

体完全裸露，光滑无鳞。侧线不明显。

背鳍、臀鳍和尾鳍相连，发达，均被厚皮膜。背鳍始于鳃孔的前上方。臀鳍始于肛门紧后方。无胸鳍。

体呈灰褐色，**布满较粗的黄白色网状纹或波状纹，波纹较粗且不规则，延伸到背鳍、臀鳍和尾鳍。**头部、背部及腹部斑纹细小。吻与颊部暗褐色，口腔黑色。

【生物学特性】

暖水性底层鱼类。喜栖息于潟湖或浅海珊瑚礁、岩礁的洞穴和缝隙中。常隐藏在洞穴内，在夜间觅食。主要捕食鱼类、章鱼及甲壳类动物。具有侵略性和领域性，攻击性强，具伤人记录。最长个体全长可达150cm。

【地理分布】

分布于印度—太平洋区，西至红海、东非，东至法属波利尼西亚，北至日本南部和夏威夷群岛，南至大堡礁南部；东太平洋区分布在哥斯达黎加和巴拿马沿岸海域。我国自台湾基隆至南海诸岛沿岸均有分布。

【资源状况】

　　我国沿海地区习见鱼类，常以延绳钓、笼壶等捕获。可供食用，经济价值不高。可用作中药，具有一定的药用价值。

　　《中国物种红色名录》将其列为濒危（EN）等级。

15. 黄泽小沙丁鱼 *Sardinella lemuru* Bleeker, 1853

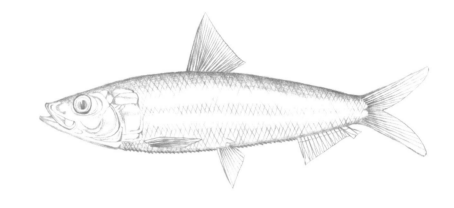

【英文名】Bali sardinella

【别名】中华小沙丁鱼、中华青鳞鱼、神仙青鳞鱼

【分类地位】鲱形目Clupeiformes

鲱科Clupeidae

【主要形态特征】

背鳍17~19；臀鳍17~21；胸鳍14~16；腹鳍8。纵列鳞42~46。

体呈椭圆形，甚侧扁，背缘稍宽，腹缘具锯齿状棱鳞。头短，侧扁。吻长与眼径约相等。眼侧上位，脂眼睑发达，完全覆盖眼。眼间隔宽。鼻孔小。口前位。口裂短，下颌微凸出。上颌骨末端后伸至眼径中央前下方。两颌、腭骨、翼骨和舌上均有细齿。鳃孔宽大，假鳃发达。鳃盖膜不与峡部相连。鳃盖条6。鳃耙细长而密，第一鳃弓下鳃耙60~65。肛门位于臀鳍前。

体被薄圆鳞，不易脱落。鳞片上有4~6条横沟线，其中1~2条中间不连续，鳞片后部小孔较多。腹缘棱鳞17~18+12~13，不锐利。背鳍和臀鳍基部具鳞鞘。尾鳍基部被细小鳞。

背鳍始于体中央后上方。臀鳍起点距尾鳍基较距腹鳍起点近，最后2鳍条略扩大。胸鳍位于体侧下方。腹鳍起点位于背鳍起点稍后下方。尾鳍深叉形。

体背部青绿色，体侧与腹部银白色，沿体侧下方具一金黄色纵带。背鳍、尾鳍淡黄色，其他各鳍白色。鳃盖后上角常有一黑斑。

【近似种】

本种与锤氏小沙丁鱼（*S. zunasi*）相似，主要区别为：锤氏小沙丁鱼腹缘棱鳞锐利，第一鳃弓下鳃耙42~56。

【生物学特性】

近岸暖水性中上层鱼类。栖息于近海及河口水域。活动性强，常集群游泳，具强烈的趋光习性。杂食性，主要以硅藻及小型浮游动物为食。春夏季繁殖。个体较小，常见个体体长8~12cm，最大体长达23cm。

【地理分布】

分布于印度—西太平洋区，西至东印度洋，东至菲律宾，北至日本南部，南至澳大利亚西部。我国主要分布于东海南部、南海及台湾海域。

【资源状况】

小型鱼类，天然产量较高，具有较高的经济价值，为广东、福建等地浅海捕捞的重要经济鱼类，是定置网主要捕捞对象。福建沿海全年可捕，但以春季产量较高。可供食用，或制作鱼粉。另外，肉可入药，具有一定的药用价值。

16.圆吻海鰶 *Nematalosa nasus* (Bloch, 1795)

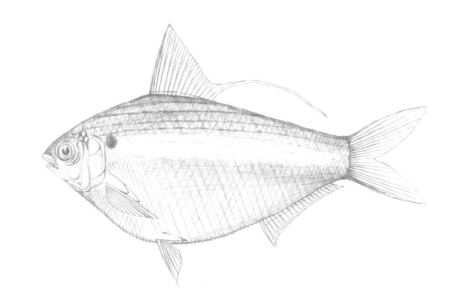

【英文名】Bloch's gizzard shad

【别名】高鼻海鰶、黄鱼、鲁达、油鱼、黄肠鱼

【分类地位】鲱形目Clupeiformes

　　　　　　鲱科Clupeidae

【主要形态特征】

背鳍15~16；臀鳍20~24；胸鳍16~17；腹鳍8。纵列鳞45~50。

体近卵圆形，侧扁而高，腹缘具棱鳞。头短。吻钝。眼大，侧中位。脂眼睑发达。眼间隔较宽。鼻孔距吻端较距眼前缘近。口小，横裂。口裂短，仅达眼前缘下方。上颌微突出，下颌齿骨缘显著向外褶卷。口无齿。鳃孔中大，鳃盖光滑，前鳃盖骨下支的外上方被第三眶下骨遮盖。假鳃发达。鳃耙细而多，长度短于鳃丝。鳃耙197+168。鳃盖膜不与峡部相连。鳃盖条6。尾柄短。肛门约位于腹鳍起点与臀鳍基末端的正中间。

体被圆鳞。鳞片上有一条横沟线，部分鳞片前部有几条短辐射线。头背光滑。腹部棱鳞17~18+14~15。背鳍、臀鳍基具鳞鞘。胸鳍、腹鳍基部具短的腋鳞。

背鳍始于体中部，位于吻端和最后椎骨之间，最后背鳍条呈丝状延长，向后几伸达尾鳍基。臀鳍基与头长相等。胸鳍位于体侧下方。腹鳍位于背鳍下方。尾鳍深叉形。

体背青绿色，腹部银白色。沿体侧上方具许多青绿色小点，排列为6~7纵行。鳃盖后上角的后方具一黑色圆斑。背鳍、尾鳍淡黄绿色，边缘黑色。胸鳍、臀鳍淡黄色。腹鳍白色。

【生物学特性】

近海暖水性鱼类。栖息于近海及河口水域，有时也随潮汐作用上溯至淡水水域。具集群洄游习性以及强烈的趋光性。杂食性，主要以硅藻及小型浮游动物为食。春夏季节产卵，分批产卵，产卵后分散索饵。常见个体体长15cm左右，最大体长达22cm。

【地理分布】

分布于印度—西太平洋区，西至亚丁湾、波斯湾，东至安达曼海、中国南海以及菲律宾沿海，北至韩国南部；南非也有分布记录。中国主要分布于南海、东海南部以及台湾西南部海域。

【资源状况】

中小型鱼类，天然产量不高，主要以流刺网、围网及拖网兼捕。可供食用，也可制成鱼丸或罐头。

17.遮目鱼 *Chanos chanos* (Forsskål, 1775)

【英文名】milkfish

【别名】虱目鱼、细鳞仔鱼、包鳃鱼、安平鱼、麻虱目

【分类地位】鼠鱚目Gonorynchiformes

遮目鱼科Chanidae

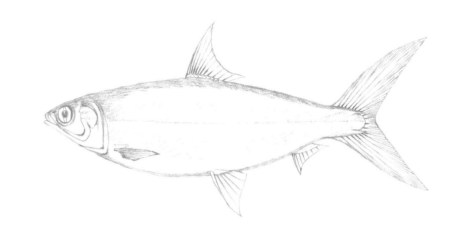

【主要形态特征】

背鳍14；臀鳍11；胸鳍15；腹鳍12。侧线鳞85。

体呈纺锤形，侧扁，背部、腹部隆起度相近。头锥形，中等大。吻钝圆。眼大，侧中位。脂眼睑发达，完全遮盖眼。眼间隔窄。鼻孔小，相距稍远，前鼻孔具鼻瓣，鼻孔距眼较距吻端近。口小，前位。口裂短，上颌前缘由前颌骨组成。上颌中间具一凹刻，下颌缝合处具一向上凸起。口无齿。鳃孔中等大。具假鳃。鳃耙细密。鳃盖膜相连，但不与峡部相连。鳃盖条4。尾柄短。肛门紧位于臀鳍前方。

体被细小圆鳞，不易脱落，头部裸露。鳞片前缘中间具显著凹刻，后部具许多纵沟线，环心线细。背鳍、臀鳍基部具发达鳞鞘。胸鳍、腹鳍基部具宽大腋鳞。尾鳍基部具2片尖长大鳞。侧线发达，近平直。

背鳍始于吻端和尾鳍基之间，后缘弧形凹入。臀鳍较小，起点距尾鳍基较距腹鳍基近。胸鳍短小，位低。腹鳍短，位于背鳍基近中央下方。尾鳍长，深叉形，上叶较长。

体背部青绿色，体侧和腹部银白色。

【生物学特性】

暖水性降海产卵洄游鱼类。具有集群习性。在水深20~30m的沙质或珊瑚质底的近海产卵，仔鱼在近岸低盐水域索饵生长，然后溯河至淡水生长育肥，之后返回海中完成性腺发育成熟过程。杂食性，幼鱼主要以底栖硅藻、蓝藻、绿藻、有孔虫及软体动物等为食，成鱼以硅藻、瓣鳃类及鱼卵等为食。雄鱼6~8龄、雌鱼8~9龄性成熟。怀卵量200万~700万粒，浮性卵，无油球。常见个体体长100cm左右，最大体长达180cm，最大体重达14kg。

【地理分布】

广泛分布于印度—太平洋区热带和亚热带海域，西至红海、南非，东至夏威夷群岛、马克萨斯群岛，北至日本，南至澳大利亚；东太平洋区分布在加利福尼亚州沿岸至科隆群岛。我国主要分布于东海南部、南海及台湾南部海域。

【资源状况】

肉味鲜美，常以新鲜、腌制、烟熏、冰冻出售，也可制成鱼丸、罐头等。本种为我国南方沿海重要的捕捞和养殖对象，具有较高的经济价值。目前，我国台湾的单位面积养殖产量居世界第一。

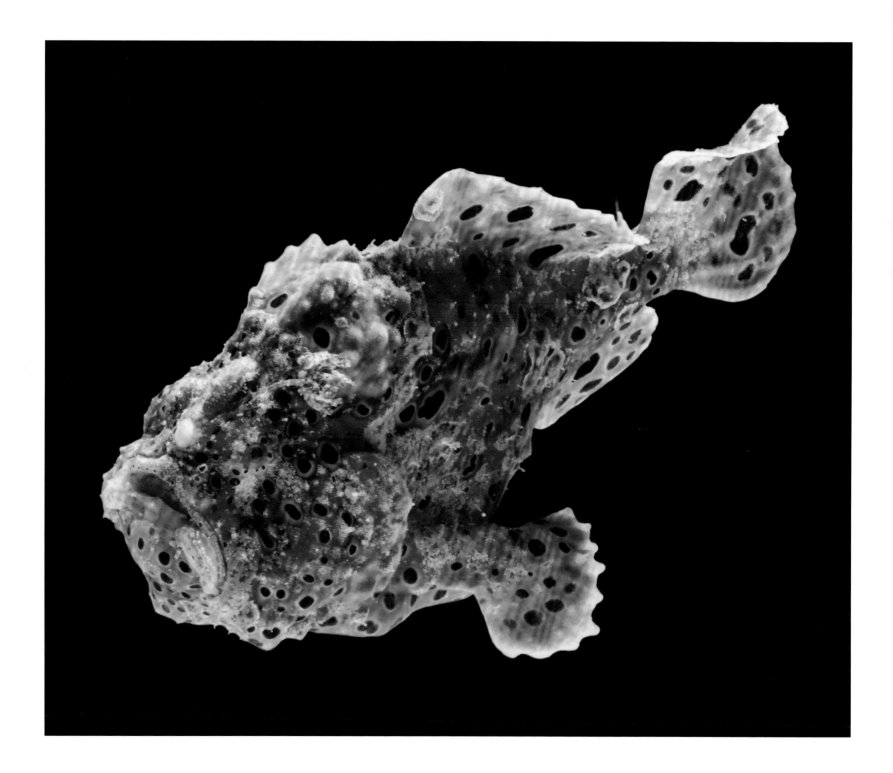

18. 白斑躄鱼 *Antennarius pictus* (Shaw, 1794)

【英文名】painted frogfish

【别名】黑斑躄鱼、五脚虎

【分类地位】鮟鱇目Lophiiformes

躄鱼科Antennariidae

【主要形态特征】

背鳍Ⅲ，12；臀鳍7；胸鳍9~11；腹鳍Ⅰ-5。

体侧扁，呈卵圆形，腹部膨大，尾柄明显。头较高大，头背缘陡斜。吻短。眼小。鼻孔每侧2个。口裂大，上位，下颌突出。上下颌、犁骨及腭骨均具细齿。鳃孔小，圆孔状，位于胸鳍基底下方。

体表粗糙，裸露无鳞，头、体密被双叉形皮刺。

背鳍2个，第一背鳍具3鳍棘，第一鳍棘特化为吻触手，其长约为第二鳍棘的2倍，基底位于上颌缝合部后方，末端具拟饵体，呈叶形皮瓣，上有许多细丝状突起；第二鳍棘较短，具鳍膜与头背连接，末端尖细且向后弯斜；第三鳍棘高大，向后稍弯曲；第二背鳍较长。臀鳍与第二背鳍相对，起点位于第二背鳍后部下方。胸鳍宽大，假臂构造发达，均为不分支鳍条。腹鳍喉位。尾鳍圆形。

体色艳丽多变，浅橘红色至黑色皆有，体侧具许多褐色圆斑。第二背鳍、腹部、尾鳍及臀鳍基部常具有多个黑色眼斑。

【近似种】

本种与康氏躄鱼（*A. commerson*）相似，主要区别为：康氏躄鱼臀鳍鳍条8，第二背鳍鳍条13。

【生物学特性】

暖水性底层鱼类。栖息水深为0~75m，通常栖息于水深16m以内的浅滩礁区。常利用保护色隐藏在沙滩或礁石上，配合特化的吻触手及拟饵体迷惑吸引其他小鱼前来觅食，然后瞬间吞食猎物。主要以诱捕其他小鱼为食。卵包裹在大量胶状黏液团中，可漂浮。最大全长达30cm。

【地理分布】

分布于印度—太平洋区，西至红海、东非，东至夏威夷群岛及社会群岛。我国主要分布于南海、东海及台湾海域。

【资源状况】

小型鱼类，不具食用价值。主要用于学术研究，也可作为观赏鱼。

19. 南洋美银汉鱼 *Atherinomorus lacunosus* (Forster, 1801)

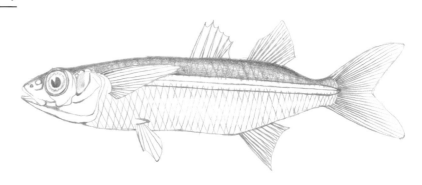

【英文名】wide-banded hardyhead silverside

【别名】福氏银汉鱼、南洋近银汉鱼、蓝美银汉鱼

【分类地位】银汉鱼目Atheriniformes

银汉鱼科Atherinidae

【主要形态特征】

背鳍Ⅳ~Ⅵ，Ⅰ-8~11；臀鳍Ⅰ~Ⅱ-11~13；胸鳍Ⅰ-14~17；腹鳍Ⅰ-5。纵列鳞39~44。

体呈长纺锤形，稍侧扁。头长大于体高。吻钝尖，不突出。眼大，眼间隔宽，脂眼睑不发达。鼻孔位于眼前吻侧。口裂斜，达眼下方。前颌骨上升突起宽短，短于瞳孔。齿骨冠状突不高且伸向后方，齿骨后下叉钝尖。前鳃盖骨后缘有一凹刻。上下颌、犁骨和腭骨具细弱绒毛状齿群。鳃孔大。鳃膜游离。鳃耙细长。

头体被大圆鳞，体侧中部及喉胸部有特大鳞，两背鳍间鳞6~9个，腹鳍基有一长腋鳞。无侧线。

　　背鳍2个，分离，均位于肛门后上方；第一背鳍起点位于腹鳍末端后上方，距尾鳍基较距吻端近；第二背鳍起点位于第六至第七臀鳍鳍条上方。臀鳍起点距肛门约8个鳞片。胸鳍侧上位。腹鳍腹位，末端略伸过肛门。尾鳍深叉形。

　　体呈银白色，背部青绿色。体侧具一银白色纵带。背鳍、胸鳍上部及尾鳍边缘具黑色小点，腹鳍和臀鳍白色。

【生物学特性】

　　暖水性上层鱼类。主要栖息于沙泥质底的近岸海域和礁区边缘。夜间活动，行动缓慢，常集群游动以迷惑捕食者。常有鲨类、金枪鱼、鲕等伴游在鱼群周围伺机捕食，是海洋中极为重要的饵料鱼类。另外，还被燕鸥、塘鹅、海鸥、苍鹭等鸟类捕食。主要以浮游动物等小型无脊椎动物为食。常集群至岸边产卵。最大体长达15cm。

【地理分布】

　　分布于印度—太平洋区，西至红海、东非，东至汤加，北至日本南部，南至澳大利亚北部及新喀里多尼亚。我国主要分布于南海、东海南部及台湾沿岸海域。

【资源状况】

　　小型鱼类，为我国东南沿海习见经济鱼类，虽然个体较小，但天然产量较高，主要以流刺网或定置网捕获。可供食用，常新鲜或腌干出售。

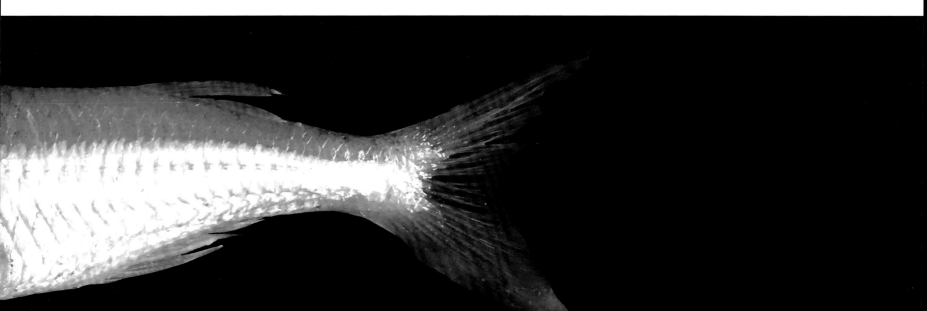

20. 弓头唇须飞鱼 *Cheilopogon arcticeps* (Günther, 1866)

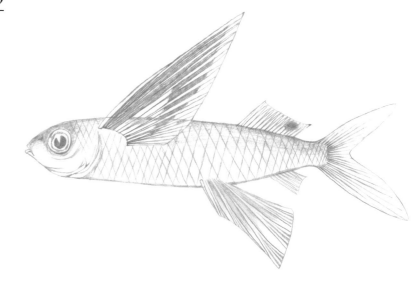

【英文名】Indonesian flyingfish

【别名】弓头燕鳐鱼、黄斑燕鳐、飞鱼

【分类地位】颌针鱼目 Beloniformes

飞鱼科 Exocoetidae

【主要形态特征】

背鳍12~14；臀鳍9~11；胸鳍14~15；腹鳍6；尾鳍15。背鳍前鳞23~26，侧线鳞43~47。

体呈长梭形，横断面近长方形。头锥形，额部稍宽，鳃峡部较窄，头长约与腹鳍等长。吻短钝。眼大，圆形，侧上位。鼻孔每侧1个，椭圆形，位于眼前上方。口端位，下颌略突出于上颌。上下颌齿带明显，单尖齿，圆锥状与小细齿混合型齿型。鳃盖膜不与峡部相连。幼鱼下颌具2条颏须。鳃耙发达，外侧排列呈栉状，后缘具棘刺，内侧呈丘状，具棘刺。肛门位于臀鳍稍前。

体被圆鳞，薄而易脱落。侧线连续，低位，近腹部下缘。

背鳍起点与肛门稍前相对，最长鳍条小于体长的1/10。臀鳍短小，起点位于背鳍第六至第七鳍条基部下方。胸鳍长大，呈翅状，侧上位，起点在鳃孔后上方，向后超过背鳍后端，几达尾鳍基。腹鳍略小，起点位于眼后缘至臀鳍基的中间。尾鳍深分叉，下叶显著长于上叶。

背部蓝黑色，腹部银白色。胸鳍近下缘1/3处具一明显的斜三角形透明带，腹鳍和尾鳍灰褐色。

【生物学特性】

近海暖水性中上层鱼类。喜栖息于近岸浅海表层水体，未见于开放海域。可跃出水面并利用其特化的胸鳍在空中进行长距离滑翔。主要摄食浮游动物。最大体长达18cm。

【地理分布】

分布于西太平洋区，包括中国南部、越南、泰国、印度尼西亚、菲律宾以及澳大利亚北部沿岸海域。中国主要分布于南海、东海南部及台湾沿岸海域。

【资源状况】

肉质鲜美，为食用经济鱼类，常以流刺网捕获。

21.白边锯鳞鱼 *Myripristis murdjan* (Forsskål, 1775)

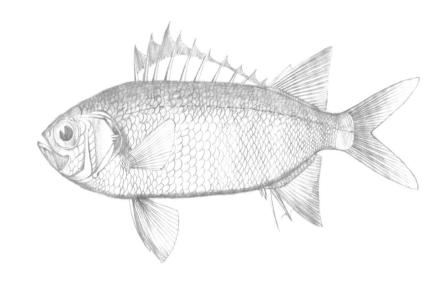

【英文名】pinecone soldierfish

【别名】锯鳞鱼、赤锯鳞鱼、厚壳仔、铁线婆

【分类地位】金眼鲷目Beryciformes

　　　　　　鳂科Holocentridae

【主要形态特征】

　　背鳍Ⅹ，Ⅰ-13~15；臀鳍Ⅳ-12~14；胸鳍14~16；腹鳍Ⅰ-7。侧线鳞27~29。

　　体呈长椭圆形。头侧扁，具黏液囊，外露骨缘多具锯齿。吻短钝。鼻孔位于眼前缘附近；前鼻孔小，后鼻孔大，中间具一皮膜突起。眼大，侧上位。眼间隔微凸，有4条钝骨嵴，嵴后端分叉成小棘。口前位。上颌骨后端达眼后缘下方。上下颌、犁骨、腭骨均有绒毛状齿群。舌游离，三角形。前鳃盖骨后下角无强棘，鳃盖骨边缘具锯齿，有一稍大扁棘。鳃孔大。鳃盖膜游离。鳃耙发达。假鳃发达。肛门位于臀鳍前方。

　　体被强栉鳞，鳞大，颊部与鳃盖具鳞。侧线完全，侧上位。

　　背鳍鳍棘部第三、第四鳍棘较长，鳍条部第二鳍条最长。臀鳍起点位于背鳍鳍条部下方，第三鳍棘最粗壮。胸鳍侧位，稍低。腹鳍起点位于胸鳍基后下方。尾鳍深叉形。

　　体背部红色，腹部淡红色。鳃盖骨后上缘皮膜黑色横斑状，胸鳍基部及附近紫红色。虹膜金黄色或红色，瞳孔上部具一黑红色斑。鳍均红色，背鳍鳍棘基部近白色，背鳍鳍条部、臀鳍、腹鳍与尾鳍前缘白色。口腔白色。

【生物学特性】

　　暖水性珊瑚礁鱼类。喜栖息于珊瑚礁区底层的裂缝或洞穴中。夜行性，白天休息，夜间觅食。幼鱼常在浅海或潮池活动，成鱼则在较深海域底层活动。主要摄食大型浮游动物及小型底栖甲壳类，且胃中常杂有大量泥沙。常见个体体长18cm左右，最大全长达60cm。

【地理分布】

　　分布于印度—太平洋区，西至红海、东非，东至中美洲西岸，北至琉球群岛，南至澳大利亚北部。我国主要分布于南海及台湾海域。

【资源状况】

　　天然产量低，食用价值较低，但具有一定的观赏价值，偶见于水族馆。

22. 尾斑棘鳞鱼 *Sargocentron caudimaculatum* (Rüppell, 1838)

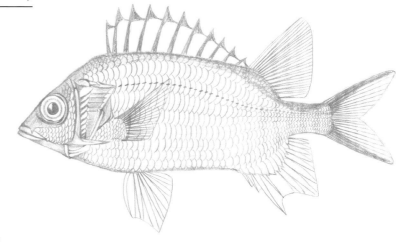

【英文名】silverspot squirrelfish

【别名】斑尾鳂、金鳞甲

【分类地位】金眼鲷目Beryciformes

鳂科Holocentridae

【主要形态特征】

背鳍XI，13~15；臀鳍IV-9；胸鳍13~14；腹鳍 I -7。侧线鳞40~43。

体呈椭圆形。头部具黏液囊，头高大于头长，外露骨缘多具锯齿。吻稍尖，背面纵凹窝达眼间隔。鼻骨前端叉棘状。鼻孔位于眼前方，前鼻孔小，后鼻孔大，鼻窝常具1~2个小棘。眼大，眼间隔中央浅纵凹状。口前位，上下颌约等长。上下颌、犁骨及腭骨均有绒毛状齿群。舌尖，游离。眶下骨上缘不具侧突小棘，各鳃盖骨后缘具锯齿。前鳃盖骨后下角具一强棘，可伸达胸鳍基附近，长约等于眼径。鳃孔大。鳃盖膜游离。假鳃发达。肛门位于臀鳍稍前方。

体被强栉鳞，鳞大。颊部具鳞7行，鳃盖骨具鳞1行。侧线完全，侧上位。

背鳍鳍棘发达，第三、第四鳍棘较长，第十一鳍棘最短；鳍条部第三鳍条最长。臀鳍位于背鳍鳍条部下方，第三鳍棘最粗壮。胸鳍侧位，稍低。腹鳍起点位于胸鳍基稍后下方。尾鳍深叉形。

体呈红色，腹部色淡。鳃盖骨上缘具一乳白色短纵纹；尾柄背侧具一银白色大斑；胸鳍基具一深红色斑，内侧白色。各鳍淡红色，背鳍鳍棘部上缘、鳍条部前缘及尾鳍上下缘深红色。

【生物学特性】

暖水性中下层鱼类。喜栖息于外围礁石区、潟湖及峭壁区等海域。夜行性，白天常集成小群在洞穴或缝隙中游动，夜间外出觅食。肉食性，主要捕食底栖虾蟹及其他甲壳类。常见个体体长18cm左右，最大全长达25cm。

【地理分布】

分布于印度—太平洋区，西至红海、东非，东至马绍尔群岛和法属波利尼西亚，北至日本，南至澳大利亚。我国主要分布于南海及台湾海域。

【资源状况】

我国近海习见鱼类，个体较小，食用价值不高，但偶见于水族馆，具有一定的观赏价值。

23.角棘鳞鱼 *Sargocentron cornutum* (Bleeker, 1853)

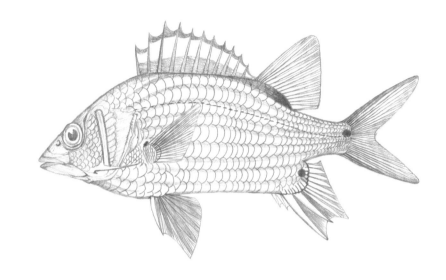

【英文名】threespot squirrelfish

【别名】角鳂、点鳍棘鳞鱼、角鳍棘鳞鱼

【分类地位】金眼鲷目Beryciformes

鳂科Holocentridae

【主要形态特征】

背鳍XI，12~13；臀鳍IV-9；胸鳍13~14；腹鳍 I -7。侧线鳞32~36。

体呈长椭圆形，尾柄细短。头部具黏液囊，粗糙，外露骨缘多具锯齿。吻稍尖，背面纵凹窝达眼间隔。鼻骨前缘末端侧角具一短棘。鼻孔位于眼前方，前鼻孔小，后鼻孔大，鼻窝常具2~3小棘。眼大，侧上位。口前位，上颌略突出。上下颌、犁骨及腭骨均有绒毛状齿群。舌尖，游离。眶下骨上缘具一侧突小棘。前鳃盖骨后下角具一强棘，可伸达鳃孔，长约等于眼径的1/2。鳃孔大。鳃盖膜游离。假鳃发达。肛门位于臀鳍稍前方。

体被强栉鳞，鳞大。颊部具鳞7行，鳃盖骨具鳞1行。侧线完全，侧上位。

背鳍鳍棘发达，第十一鳍棘最短；鳍条部第三鳍条最长。臀鳍位于背鳍鳍条部下方，第三鳍棘最粗壮。胸鳍侧位，稍低。腹鳍起点位于胸鳍基稍后下方。尾鳍深叉形。

体呈红色，腹部色淡。体侧具宽深红色与窄银白色纵纹交互排列。背鳍鳍条部基底、臀鳍基及尾鳍基各具一黑褐色斑，斑块大小常随个体或环境发生变化。背鳍鳍棘部红色，臀鳍、腹鳍、尾鳍前缘红色，其余黄色，胸鳍基内侧黑斑状。

【生物学特性】

暖水性底层鱼类。喜栖息于外围礁石区斜坡与峭壁区，栖息深度可达40m。白天躲藏在洞穴中，夜间外出觅食。肉食性，主要捕食底栖虾蟹。最大全长达27cm。

【地理分布】

分布于西太平洋区，印度尼西亚、菲律宾、所罗门群岛、澳大利亚大堡礁等海域均有分布，马来西亚、中国南部、日本土佐湾以及越南沿岸亦有分布记录。中国主要分布于南海及台湾东部和北部沿岸海域。

【资源状况】

小型鱼类，常以延绳钓捕获，食用价值不高，偶见于水族馆，具有一定的观赏价值。

24. 点带棘鳞鱼 *Sargocentron rubrum* (Forsskål, 1775)

【英文名】redcoat

【别名】红鳂、黑带棘鳞鱼

【分类地位】金眼鲷目Beryciformes
　　　　　　鳂科Holocentridae

【主要形态特征】

背鳍XI，12~14；臀鳍IV-8~10；胸鳍13~15；腹鳍 I -7。侧线鳞33~36。

体呈长椭圆形。头部具黏液囊，头背缘在眼前部微凸，外露骨缘多具锯齿。吻短钝，背面纵凹窝达眼间隔。鼻骨前缘末端具一小棘。鼻孔位于眼前方，前鼻孔小，后鼻孔大，无小棘刺。眼大，眼间隔中央纵凹沟状。口前位，下颌短于上颌。上下颌、犁骨及腭骨均有绒毛状齿群。眶下骨和各鳃盖骨后缘均具锯齿。前鳃盖骨后下角具一强棘，可伸达胸鳍基附近，棘长小于眼径。鳃孔大。鳃盖膜游离。假鳃发达。肛门位于臀鳍稍前方。

体被强栉鳞，鳞大。颊部具鳞6~7行，鳃盖骨具鳞1行。侧线完全，侧上位。

背鳍鳍棘发达，第三、第四鳍棘较长，第十一鳍棘最短；鳍条部第二、第三鳍条较长。臀鳍位于背鳍鳍条部下方，第三鳍棘最粗壮。胸鳍侧位，稍低。腹鳍起点位于胸鳍基后端稍后下方。尾鳍深叉形。

体呈鲜红色。体侧具8~9条有金属光泽的淡色纵纹，与红褐色纵纹交互排列。背鳍鳍棘部鳍膜暗红色，中央具白色大斑纹；背鳍鳍条部、尾鳍前缘及臀鳍鳍条部为深红色；腹鳍鳍膜深红色。

【生物学特性】

暖水性近底层鱼类。喜栖息于岸礁、海湾、潟湖、港口等浅海岩礁区。常集群游动于珊瑚间。白天藏匿在洞穴和岩缝中，夜间在洞穴附近活动及觅食。肉食性，主要摄食底栖虾蟹，也捕食小鱼。常见个体体长27cm左右，最大全长达32cm。

【地理分布】

分布于印度—西太平洋区，西至红海，东至汤加、瓦努阿图，北至日本南部，南至新喀里多尼亚和澳大利亚新南威尔士。我国主要分布于南海及台湾海域。

【资源状况】

小型鱼类，常以延绳钓捕获，食用价值不高，常见于水族馆，具有一定的观赏价值。

25.莎姆新东洋鳂 *Neoniphon sammara* (Forsskål, 1775)

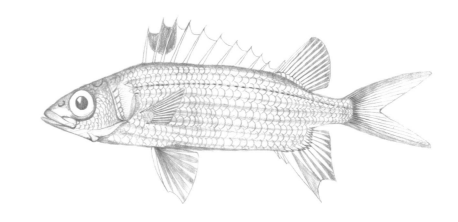

【英文名】Sammara squirrelfish

【别名】条鳂、莎姆新东洋金鳞鱼、条新东洋

【分类地位】金眼鲷目Beryciformes

鳂科Holocentridae

【主要形态特征】

背鳍X，Ⅰ-11~12；臀鳍Ⅳ-7~8；胸鳍12~14；腹鳍Ⅰ-7。侧线鳞39~43。

体呈长纺锤形，体中部稍前最高。头部具黏液囊，长大于高，外露骨缘多具锯齿。吻尖，呈三角形，背面纵凹窝达眼间隔中部。鼻孔位于眼前方，前鼻孔小，后鼻孔大，凹窝状。眼大，侧位，眼间隔宽，稍小于眼径。口前位，下颌略突出。上下颌、犁骨及腭骨均有绒毛状齿群。舌尖长，游离。眶下骨具小锯齿，各鳃盖骨后缘具锯齿。前鳃盖骨后下角具一强棘，长约等于瞳孔的一半。鳃孔大。鳃盖膜游离。假鳃发达。肛门位于臀鳍稍前方。

体被强栉鳞，鳞大。颊部具鳞7行，鳃盖骨具鳞1行。侧线完全，侧上位。

背鳍鳍棘发达，第三鳍棘最长，第十鳍棘最短；鳍条部第三鳍条最长。臀鳍位于背鳍鳍条部下方，第三鳍棘最粗壮。胸鳍侧位，稍低。腹鳍起点位于胸鳍基稍后下方。尾鳍深叉形。

体呈银色，背部色深略灰暗，腹部色浅呈银白色。颊部及体侧鳞片具暗红色至黑褐色的斑点，常呈11条纵斑纹。背鳍鳍棘部上下缘灰白色，中部紫红色，第一至第四鳍棘间具一大黑斑。背鳍鳍条部、尾鳍及臀鳍黄色，前缘紫红色，胸鳍、腹鳍淡粉红色。

【生物学特性】

暖水性中上层鱼类。喜栖息于礁区的海草床或硬底海域，自礁滩至水深46m的礁湖和向海礁石区域。夜行性，白天栖息于珊瑚的枝丫中，夜间在附近水域觅食。肉食性，主要捕食小鱼及小型虾蟹。常见个体全长23cm左右，最大全长达32cm。

【地理分布】

分布于印度—太平洋区，西至红海、东非，东至马克萨斯群岛，北至日本南部、小笠原诸岛以及夏威夷群岛，南至澳大利亚。我国主要分布于南海及台湾海域。

【资源状况】

小型鱼类，常以延绳钓捕获，食用价值不高，但偶见于水族馆，具有一定的观赏价值。

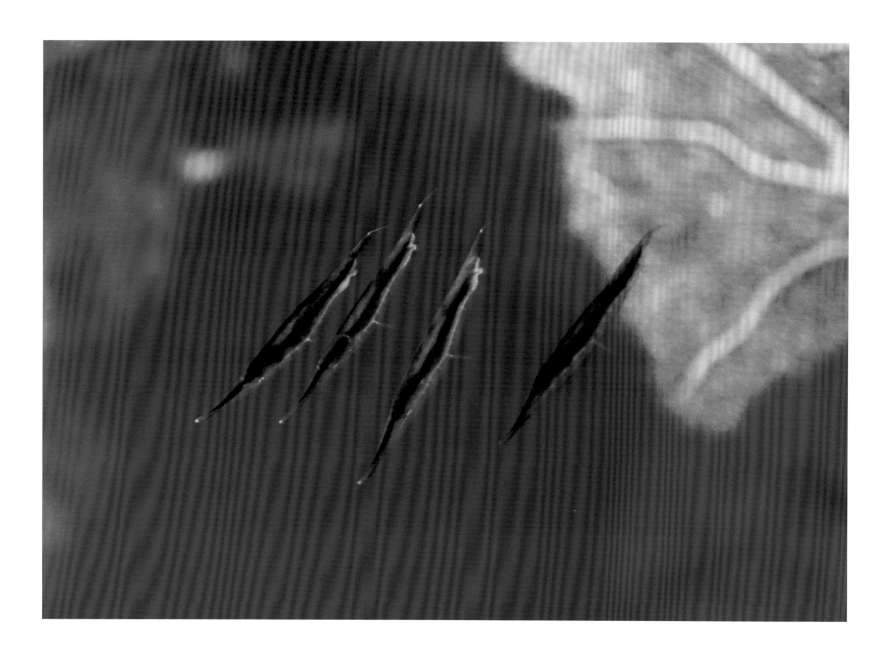

26. 条纹虾鱼 *Aeoliscus strigatus* (Günther, 1861)

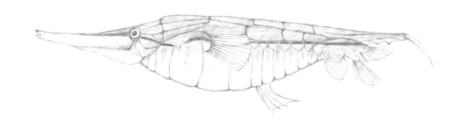

【**英文名**】razorfish

【**别名**】甲香鱼、玻璃鱼、刀片鱼

【**分类地位**】刺鱼目Gasterosteiformes

　　　　　　玻甲鱼科Centriscidae

【主要形态特征】

背鳍Ⅲ，9~10；臀鳍12；胸鳍10~12；腹鳍3~5。

体延长而极侧扁，体侧下部极薄。头大。吻突出，呈长管状。眼小，圆形，侧上位。眼间隔隆起，无纵沟。鼻孔每侧2个，位于眼稍前方。口端位，甚小。无齿。鳃孔宽大。鳃盖卵圆形，长大于高。具假鳃。肛门位于臀鳍前方。

体无鳞，全身包于透明薄骨甲内。躯干部前方具一长形骨甲，自头后部至躯干后部，骨甲下方与4块长方形间甲相连。体侧下方各具11块透明薄甲。无侧线。

第一背鳍第一鳍棘长而粗壮，位于体末缘，与躯干最后骨板间形成可活动关节，其余鳍棘较细弱。第二背鳍与第一背鳍分离，位于后者下方，前缘鳍条较长。臀鳍扇形，位于肛门后方。胸鳍发达，侧中位。腹鳍短小。尾鳍后缘圆形。第二背鳍、尾鳍及臀鳍均弯向下方。

体无色透明或色浅，体侧具一显著的黑色纵带。

【近似种】

本种与玻甲鱼（*Centriscus scutatus*）相似，主要区别为：玻甲鱼躯干最后骨板与第一背鳍第一鳍棘间不形成关节；眼间隔凹入；体侧无显著黑色纵带。

【生物学特性】

暖水性底层鱼类。栖息于珊瑚礁区，常集群躲避在珊瑚枝丫中。游泳姿势特异，常倒立在水中，即头部向后下，腹缘向前上，以胸鳍和尾鳍作为主要动力，进行垂直方向游泳。遇到危险时，也可以水平方式迅速游动。主要以小型浮游甲壳动物为食。最大全长达15cm。

【地理分布】

分布于印度—西太平洋区，西至东非坦桑尼亚和塞舌尔沿岸，东至瓦努阿图，北至日本南部，南至澳大利亚新南威尔士。我国主要分布于南海、东海及台湾海域。

【资源状况】

小型鱼类，天然产量低，无食用价值，但具有一定的学术研究价值。另外，由于其独特的体形，可作为观赏鱼饲养，具有一定的观赏价值，常见于水族馆。

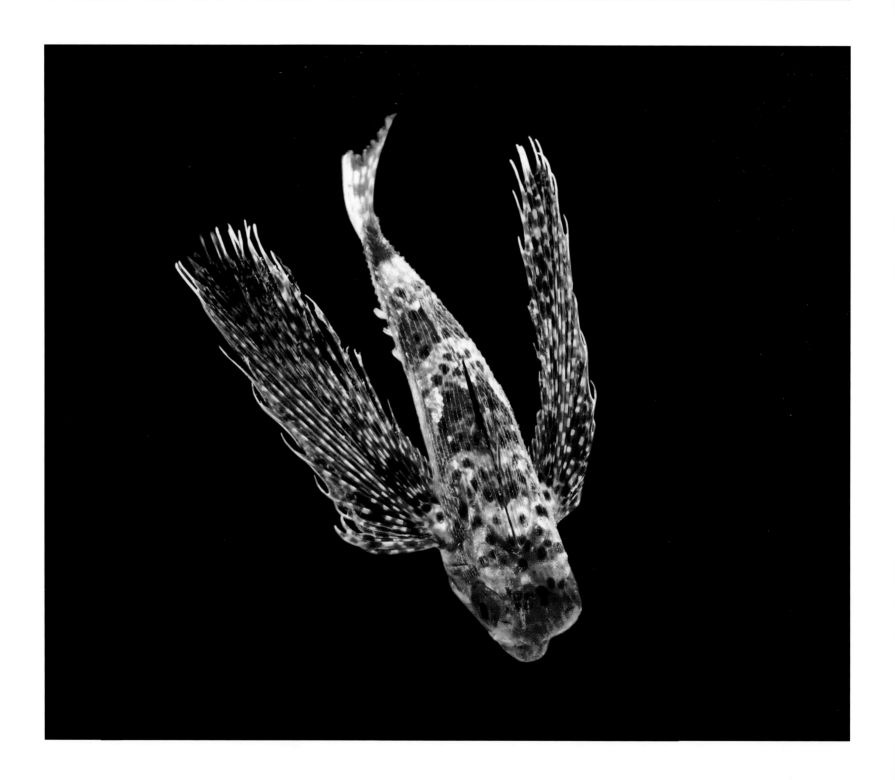

27.东方豹鲂鮄 *Dactyloptena orientalis* (Cuvier, 1829)

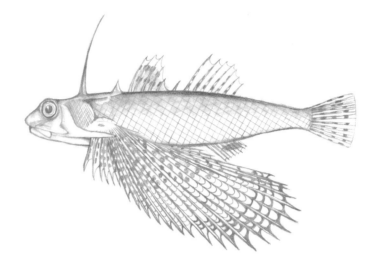

【英文名】 oriental flying gurnard

【别名】 东方飞角鱼、盖苏文、飞虎、蜻蜓角

【分类地位】 鲉形目Scorpaeniformes

豹鲂鮄科Dactylopteridae

【主要形态特征】

背鳍Ⅰ，Ⅰ，Ⅴ，Ⅰ，8；臀鳍7；胸鳍33；腹鳍Ⅰ-4。纵列鳞47~48。

体较长，粗大，呈四棱形，向后渐狭小；躯干前半部稍高，腹鳍基部处体最高；尾柄较长。头宽短，稍平扁，近方形。吻稍长，圆钝，头长为吻长的2.9~3.3倍。鼻孔2个，前鼻孔圆形，后鼻孔狭长。眼大，圆形。眼间隔宽而深凹，头长为眼间隔的1.9~2.1倍。口中大，下端位，口裂低斜。唇肥厚。上下颌具绒毛状齿群，犁骨及腭骨无齿。舌尖而厚。鳃孔中大。鳃盖膜分离。鳃耙短小。假鳃发达。

鼻骨愈合，无鼻棘。头背及两侧密列细棱。颈后案骨后缘相交呈尖角形。前鳃盖骨后角具一长棘，可伸达腹鳍基底。

体被中大栉鳞，每鳞具一尖长鳞棘。尾柄下侧有2~3鳞的鳞棘长大，尾鳍基部上下各具一翼状鳞。侧线侧上位，前部明显，后部渐弱或消失。

背鳍起点位于鳃盖骨后缘稍前上方，第一鳍棘最长，强大，游离；第二鳍棘短小，游离；第三至第七鳍棘相连；第八鳍棘短小，游离，不能活动；第二背鳍鳍条后端不伸达尾鳍基底。臀鳍起点于第二背鳍第三、第四鳍条下方，基底长小于第二背鳍。胸鳍长大，可伸达尾鳍前半部，基底呈S形。腹鳍狭长，亚胸位。尾鳍后缘凹入。

体色多变，通常体背侧黄褐色，腹侧浅褐色。背鳍及尾鳍具黄绿色斑点；胸鳍黄绿色，具深绿色斑点；臀鳍及腹鳍无斑点。

【近似种】

本种与吉氏豹鲂鮄（*D. gilberti*）相似，主要区别为：吉氏豹鲂鮄吻较短，头长为吻长的3.9~4.0倍；头长为眼间隔宽的1.2~1.5倍；颈部案骨后缘相交呈宽弧形。

【生物学特性】

暖水性底层鱼类。喜栖息于近海底层的沙质底海域。独居，善于伪装，行动缓慢。胸鳍前部鳍条短小突出，可在水底行动，后部鳍条长大，可在水中滑翔。肉食性，主要捕食底栖甲壳类及小鱼等。常见个体体长20cm左右，最大全长达40cm。

【地理分布】

分布于印度—太平洋区，西至红海、东非，东至夏威夷群岛、马克萨斯群岛以及土阿莫土群岛，北至日本南部及小笠原诸岛，南至澳大利亚及新西兰。我国主要分布于南海、东海南部及台湾沿岸海域。

【资源状况】

中小型鱼类，数量少，偶尔以底拖网捕获，无经济价值。

28. 花斑短鳍蓑鲉 *Dendrochirus zebra* (Cuvier, 1829)

【英文名】zebra turkeyfish

【别名】花斑叉指鲉、花斑短蓑鲉、斑马短鳍蓑鲉、狮子鱼

【分类地位】鲉形目Scorpaeniformes

　　　　　鲉科Scorpaenidae

【主要形态特征】

背鳍XIII-10~11；臀鳍III-6；胸鳍17；腹鳍 I -5。侧线鳞24~27。

体中长，侧扁；躯干前半部稍高，腹鳍基部处体最高；尾柄稍短。头颇大。吻中长，圆钝。鼻孔2个，前鼻孔后缘具一尖长皮须。眼颇大，圆形，侧上位，眼间隔稍狭窄且凹入。口中大，端位。上颌前端凹入，下颌略长于上颌，下方具3~4黏液孔，下颌下侧无锯齿状缘。唇肥厚。上下颌及犁骨具齿，腭骨无齿。舌小，游离。鳃孔宽大。鳃盖膜分离。鳃耙短粗，上端具细刺。假鳃发达。

鼻棘1个，小而尖。眶前骨外侧具3~4棱棘；上缘低平，下缘第三叶具2小棘。前鳃盖骨具3~4小棘。鳃盖骨具一短扁软棘，隐于皮下。头部棘棱无锯齿。吻缘具2对丝状皮须；眶前骨下缘具2皮瓣，前者条状，后者片状；眼上棘具一尖长皮瓣；前鳃盖骨具2较大羽状皮瓣。

体被弱栉鳞。侧线完全，侧上位。

背鳍长大，第四至第六鳍棘较长，约等于头长，约为最长鳍条的2倍；鳍棘膜深裂几至基底。臀鳍起点位于背鳍第一鳍条下方，鳍条后端伸达尾鳍前半部。胸鳍宽大，侧下位，伸越臀鳍后端，不达尾鳍基部。腹鳍胸位。尾鳍后缘圆形。

体呈淡红色。体侧具11条宽狭相间的横纹；眼周具3条辐射状纹。眼上棘皮瓣前缘具黑白相间节斑，鳃盖骨下部具一大黑斑。背鳍、臀鳍、尾鳍及胸鳍均具多列节斑，腹鳍基部具2黄点。

【近似种】

本种与美丽短鳍蓑鲉（*D. bellus*）相似，主要区别为：后者背鳍XIII-8~9、臀鳍III-5及头部棘棱具锯齿。

【生物学特性】

暖水性近海底层鱼类。喜栖息于珊瑚、碎石或岩石质底的礁石平台，以及潮间带至外围礁石区的洞穴或石缝中。有时会集成小群活动。活动范围不大，无远距离洄游习性。主要捕食甲壳动物等。属刺毒鱼类，背鳍棘基部具毒腺，人被刺伤后可产生剧烈疼痛及红肿等症状，具有一定的危险。常见个体体长15cm左右，最大体长达25cm。

【地理分布】

分布于印度—西太平洋区，西至红海、东非，东至萨摩亚群岛，北至日本南部及小笠原诸岛，南至澳大利亚及豪勋爵岛。我国主要分布于南海及台湾海域。

【资源状况】

中小型鱼类，数量少，常为拖网兼捕。无食用价值，但作为观赏鱼极受欢迎，在水族行业具有较高的商业价值。

29. 触角蓑鲉 *Pterois antennata* (Bloch, 1787)

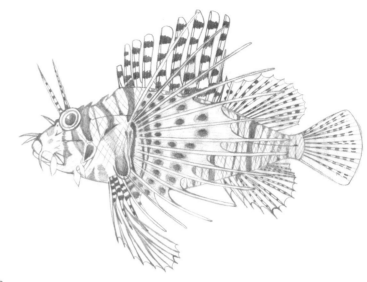

【英文名】broadbarred firefish

【别名】触须蓑鲉、狮子鱼、长狮

【分类地位】鲉形目Scorpaeniformes

鲉科Scorpaenidae

【主要形态特征】

背鳍XII-11~12；臀鳍III-6~7；胸鳍16~17；腹鳍 I -5。侧线鳞23~26。

体中长，侧扁；躯干前半部稍高，腹鳍基部处体最高。头颇大。吻中大，狭长。眼中大，圆形，侧上位，眼间隔狭而凹入，略小于眼径。鼻孔2个，前鼻孔后缘具一皮瓣。口中大，端位。上下颌约等长。上颌前端凹入，上颌骨伸达眼前部下方，下颌前端具一向下骨突。唇肥厚。上下颌及犁骨具细齿，腭骨无齿。舌小，游离。鳃孔宽大。鳃盖膜分离。鳃耙短粗，上端具细刺。具假鳃。

鼻棘1个，小而尖。眶前骨外侧具数个小棘；上缘具一骨突，下缘后叶宽圆，具数个小棘。前鳃盖骨具2~3个短小棘。鳃盖骨具一扁棘。吻端具1对小须，吻侧具1~2皮须或消失；眼上棘具一尖长皮瓣，长约为眼径的1.5倍；前鳃盖骨边缘具小皮瓣。

体被较大栉鳞，胸部鳞细小。侧线完全，侧上位。

背鳍起点位于鳃孔上角上方，鳍棘尖长，鳍棘膜深裂至近基部；第六至第九鳍棘较长。臀鳍起点约位于背鳍第十鳍棘下方。胸鳍甚长，可伸达或伸越尾鳍后缘，鳍膜深裂，鳍条均不分支。腹鳍胸位。尾鳍后缘圆形。

体呈红色，体侧具24条宽狭相间、深浅交替的横纹。头部具数条褐色横纹。背鳍、臀鳍和尾鳍具多条点列横纹，胸鳍散布带褐色白边的圆斑，腹鳍具斑纹。眼上棘皮瓣具4~5暗斑。

【生物学特性】

暖水性底层鱼类。喜栖息于热带岩礁和珊瑚礁中。活动范围小，无远距离洄游习性。胸鳍宽大延长，舒展如翼，可在水中翔游。主要以甲壳动物等无脊椎动物为食。属猛毒性刺毒鱼类，人被刺伤后会剧烈疼痛、肢体麻痹、组织腐败，伴有呼吸、心血管和神经系统的全身性症状，具有较高的危险。常见个体体长20cm左右。

【地理分布】

分布于印度—太平洋区，西至东非，东至马克萨斯群岛，北至日本南部，南至澳大利亚昆士兰和土布艾群岛。我国主要分布于南海及台湾沿岸海域。

【资源状况】

中小型鱼类，常为拖网兼捕。其毒液为外毒素，可被加热及胃酸破坏，不妨碍食用，但食用价值不高。由于色彩艳丽，游泳姿态优美，具有较高的观赏价值，在水族行业具有较高的商业价值。

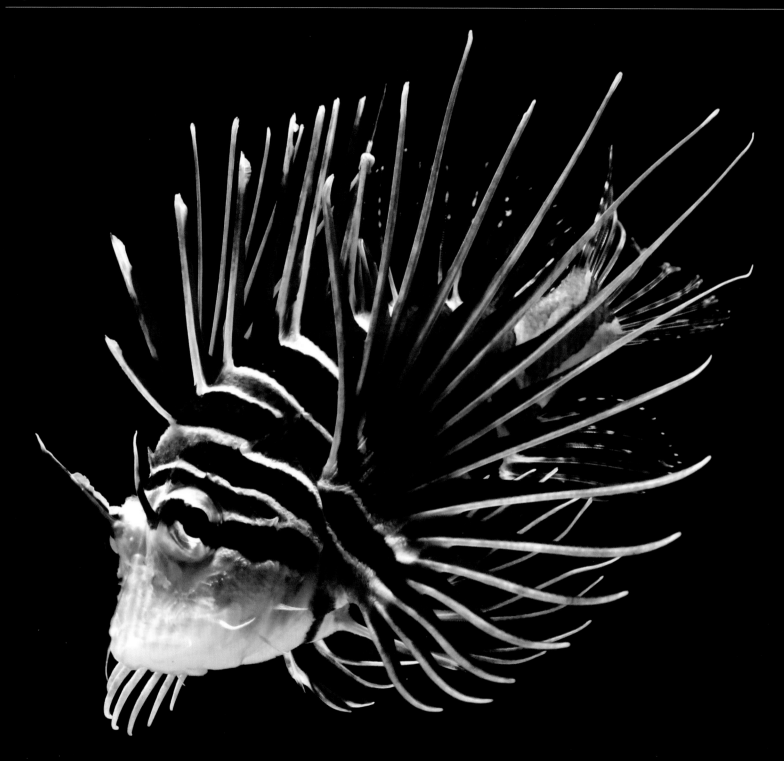

30. 辐蓑鲉 *Pterois radiata* Cuvier, 1829

【英文名】radial firefish

【别名】辐纹蓑鲉、狮子鱼、长狮

【分类地位】鲉形目Scorpaeniformes
　　　　　　鲉科Scorpaenidae

【主要形态特征】

背鳍XII-11；臀鳍III-6；胸鳍16；腹鳍I-5。侧线鳞26~27。

体中长，侧扁；躯干前半部稍高，腹鳍基部处体最高；尾柄低长。头颇大。吻中长，圆钝。眼中大，圆形，侧上位，眼间隔凹入，略小于眼径。鼻孔2个，前鼻孔具一短尖皮瓣。口中大，斜裂。上下颌等长，下颌无锯齿状缘。上下颌及犁骨具绒毛状细齿，腭骨无齿。鳃孔宽大。鳃盖膜分离。鳃耙短粗。假鳃发达。

鼻棘1个，小而尖。眶前骨外侧具棘；上缘具一骨突，下缘后叶宽钝突出。眶下棱低狭。前鳃盖骨具3短小棘。鳃盖骨具一扁棘。吻端具1对细尖皮须；眶前骨下缘具2细尖皮须；眼上棘具一尖长皮须，长约为眼径的2倍；前鳃盖骨边缘具2细长皮须。

体被弱栉鳞，中大，头部、胸部和腹部鳞细小。侧线完全，侧上位。

背鳍起点位于鳃孔上角上方，鳍棘尖长，鳍棘膜深裂至近基部；第七至第八鳍棘较长。臀鳍起点位于背鳍鳍条部下方。胸鳍长大，向后可伸越尾鳍后缘，鳍条均不分支，鳍膜深裂至鳍条上半部。腹鳍胸位。尾鳍后缘圆形。

体呈红色，体侧具5条褐色白边的宽大横纹，侧线上方横纹白边分叉呈Y形，尾柄具3条褐色宽大纵纹。眼后具褐色宽纹。背鳍红色，鳍棘及末端白色；胸鳍及腹鳍为红色或红褐色，鳍条白色；背鳍鳍条部、臀鳍及尾鳍淡红色。

【生物学特性】

暖水性底层鱼类。喜栖息于岩礁和珊瑚礁水域。活动范围小，无远距离洄游习性。胸鳍长大如翼，可舒展各鳍在水中翔游。主要摄食甲壳动物。属刺毒鱼类，背鳍棘基部具毒腺，毒性猛烈，对人具危险性。常见个体体长10cm左右，最大全长达24cm。

【地理分布】

分布于印度—太平洋区，西至红海、南非，东至社会群岛，北至琉球群岛，南至新喀里多尼亚。我国主要分布于南海及台湾海域。

【资源状况】

小型鱼类，常为拖网兼捕，无食用价值。由于体色艳丽，游泳姿态优美，具有较高的观赏价值，在水族行业具有较高的商业价值。

31. 魔鬼蓑鲉 *Pterois volitans* (Linnaeus, 1758)

【英文名】red lionfish

【别名】斑鳍蓑鲉、翱翔蓑鲉、印度洋蓑鲉、长须狮子鱼

【分类地位】鲉形目Scorpaeniformes

　　　　　　鲉科Scorpaenidae

【主要形态特征】

背鳍XIII-10~12；臀鳍III-6~8；胸鳍14~16；腹鳍Ｉ-5。侧线鳞27~30。

体中长，侧扁；躯干前半部稍高，腹鳍基部处体最高；尾柄低长。头中大。吻较狭长。眼小，圆形，侧上位，眼间隔深凹。鼻孔2个，前鼻孔圆形，具一短小皮瓣，后鼻孔椭圆形。口中大，端位。上下颌约等长。上颌前端凹入，上颌骨伸达眼前部下方。唇肥厚。上下颌及犁骨具细齿，腭骨无齿。舌小，游离。鳃孔宽大。鳃盖膜分离。鳃耙较短粗。

鼻棘1个，小而尖。眶前骨外侧无棘；上缘具一骨突，下缘后叶具2不明显小棘。眶下棱显著。前鳃盖骨2~4棘。鳃盖骨具一扁棘。吻端具1对小须；眶前骨下缘具2皮瓣，前者尖长，后者宽大；眼上棘具一尖长黑色皮瓣，长于眼径；前鳃盖骨边缘具3羽状皮瓣。

体被小圆鳞，头部、胸部和腹部鳞更细小，颈部、吻部及头腹面无鳞。侧线完全，侧上位。

背鳍起点位于鳃孔上角后上方，鳍棘尖长，大于体高；鳍棘膜深裂，仅基底相连；第六至第八鳍棘较长。臀鳍起点位于背鳍鳍条部下方。胸鳍宽长，可伸达或伸越尾鳍后缘，鳍膜深裂，鳍条均不分支。腹鳍胸位。尾鳍后缘圆形。

体呈红色，体侧具25条宽狭相间、深浅交替的横纹。头侧具10余条横纹，眼下方具辐射纹。背鳍鳍棘部、胸鳍和腹鳍红色，具深浅相间的节斑；背鳍鳍条部、臀鳍和尾鳍色淡，散布黑褐色斑点。

【生物学特性】

暖水性底层鱼类。喜栖息于珊瑚礁或岩礁附近水域。活动范围小，不作远距离洄游。胸鳍宽长如翼，可在水中缓慢翔游。白天缓慢游动，夜间觅食。肉食性，主要以甲壳动物为食。属刺毒鱼类，背鳍棘基部具毒腺，毒性猛烈，具危险。常见个体体长12~37cm。

【地理分布】

分布于印度—西太平洋区，西至东印度洋，东至马克萨斯群岛及皮特凯恩群岛，北至朝鲜半岛及日本南部，南至豪勋爵岛、新西兰北部以及土布艾群岛。我国主要分布于南海及台湾海域。

【资源状况】

中小型鱼类，常为拖网兼捕，食用价值不高。由于体色艳丽，游泳姿态优美，具有较高的观赏价值，在水族行业具有较高的商业价值。

32.红眼沙鲈 *Psammoperca waigiensis* (Cuvier, 1828)

【英文名】Waigieu seaperch

【别名】沙鲈、红眼鲈、红目鲈、红目

【分类地位】鲈形目Perciformes
尖吻鲈科Latidae

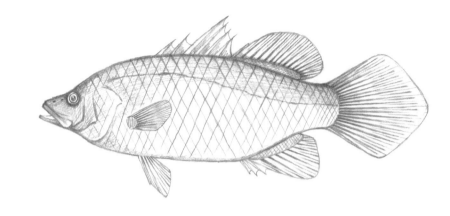

【主要形态特征】

背鳍Ⅶ，Ⅰ-13；臀鳍Ⅲ-8；胸鳍15；腹鳍Ⅰ-5。侧线鳞46~49。

体较延长，侧扁；背腹缘钝圆，背部吻端至眼间隔微凹。头尖，稍呈圆锥形。吻钝圆。眼中大，侧上位，眼间隔宽。鼻孔2个，分离，距离约与瞳孔等长。前鼻孔小，具瓣膜，后鼻孔较大。口中大，稍倾斜，上下颌等长。上颌骨后端可达瞳孔下方。眶前骨狭小，下缘平滑。上下颌、犁骨及腭骨均具绒毛状细齿。舌上具绒毛状齿。前鳃盖骨后缘锯齿状，具一强棘；下缘平滑无棘。鳃盖骨后缘具一扁平棘，埋于皮下，不明显。鳃耙强大。

体被弱栉鳞。背鳍与臀鳍基底具鳞鞘。颊部与鳃盖被鳞。侧线完全。

背鳍2个，稍分离，中间具深缺刻。第一背鳍鳍棘强大，起点位于吻端和第二背鳍基底末端中点；第二背鳍边缘圆形。臀鳍起点位于第二背鳍第三鳍条下方。胸鳍中大，边缘圆形。腹鳍位于胸鳍基底下方。尾鳍圆形。

体呈银白色，体背侧灰褐色至蓝灰色。各鳍灰黑色或色淡。眼具红色虹彩。

【近似种】

本种与尖吻鲈（*Lates calcarifer*）相似，主要区别为：尖吻鲈舌上无细齿、前鳃盖骨下缘具棘、两鼻孔紧邻、上颌骨后端伸达眼后下方。

【生物学特性】

暖水性近海底层鱼类。喜栖息于岩礁、珊瑚礁或海藻丛生的浅海水域，也可进入河口水域。白天通常藏匿在洞穴或石缝中，夜间外出觅食。主要捕食鱼类及甲壳类等。常见个体全长25cm左右，最大全长达47cm。

【地理分布】

分布于印度—西太平洋区，自孟加拉湾至澳大利亚北部沿线岛群沿岸均有分布，向北至菲律宾、中国及日本，湄公河三角洲亦有记录。中国主要分布于南海及台湾南部海域。

【资源状况】

中小型鱼类，常以流刺网或延绳钓等捕获，可新鲜出售，具有一定的食用价值。

33. 豹纹鳃棘鲈 *Plectropomus leopardus* (Lacepède, 1802)

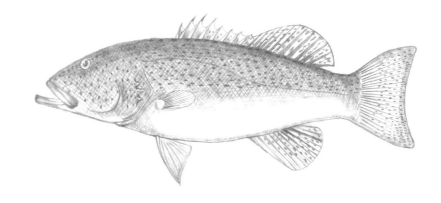

【英文名】leopard coralgrouper

【别名】鳃棘鲈、花斑刺鳃鲐、豹纹鲙、过鱼、东星斑

【分类地位】鲈形目Perciformes

鮨科Serranidae

【主要形态特征】

背鳍Ⅷ-10~12；臀鳍Ⅲ-8；胸鳍16；腹鳍Ⅰ-5。侧线鳞89~99。

体呈长椭圆形，侧扁。头中大。眼中大，侧上位。口大，口裂倾斜。上颌骨末端伸达眼中部下方。上下颌齿细小，前端具1对强大犬齿，下颌两侧各具3枚大犬齿；犁骨齿呈三角形窄带状；腭骨齿窄带状。舌上无齿。前鳃盖骨边缘下方具向前的倒棘。鳃盖骨具3扁棘，埋于皮下。鳃耙粗短。

体被弱栉鳞。侧线完全。

背鳍鳍棘部与鳍条部相连，无缺刻，第一鳍棘略短。臀鳍与背鳍鳍条部相对，鳍棘细小，第二至第三鳍棘包于皮下。胸鳍圆形。腹鳍稍小，末端不达肛门。尾鳍内凹。

体呈深褐色至红褐色，体侧散布蓝色小圆斑点，尾部具圆点。胸鳍色浅，其余各鳍褐色。

【生物学特性】

暖水性近海底层鱼类。喜栖息于珊瑚礁海域，常见于珊瑚丛生的潟湖、面海礁区及外围礁石区斜坡。性凶猛，极贪食，主要捕食各种小型珊瑚礁鱼类，偶尔也捕食虾蟹等甲壳类。通常独居，繁殖期间会短距离洄游并聚集产卵。常见个体体长35cm左右，最大体长达120cm，最大体重达23.6kg。

【地理分布】

分布于西太平洋区，西至澳大利亚西部，东至加罗林群岛以及斐济，北至日本南部，南至澳大利亚昆士兰；汤加亦有分布记录。我国主要分布于南海及台湾海域。

【资源状况】

常见于南海诸岛海域的珊瑚礁区。具有一定的天然产量，但不易捕捞，主要以钩钓或笼壶等捕获。其肉质细嫩，味道鲜美，营养价值高，为名贵食用鱼类，具有较高的经济价值。其体色鲜艳，具有一定的观赏价值。

IUCN红色名录将其评估为近危（NT）等级。

34. 斑点九棘鲈 *Cephalopholis argus* Schneider, 1801

【英文名】peacock hind

【别名】斑点九刺鲙、眼斑鲙、过鱼、石斑

【分类地位】鲈形目Perciformes

鲙科Serranidae

【主要形态特征】

背鳍IX-16；臀鳍III-9；胸鳍15~17；腹鳍I-5。侧线鳞（孔）46~51。

体呈长椭圆形，侧扁。头中大。眼中大，侧上位。口大，略倾斜。上颌骨末端伸达眼后下方。上下颌齿细小，前端各具小犬齿1~2对；犁骨齿呈三角形窄带状；腭骨齿窄带状。舌上无齿。前鳃盖骨具极细弱的锯齿。鳃盖骨具3扁棘。鳃耙疏短。

体被细栉鳞。侧线完全。

背鳍鳍棘部和鳍条部相连，无缺刻，第一鳍棘短，其余鳍棘约等长。臀鳍与背鳍鳍条部相对，第二鳍棘较粗壮。胸鳍圆形。腹鳍尖细，末端不达肛门。尾鳍圆形。

体呈褐色，头体侧及各鳍均密布小于瞳孔的具黑边的蓝色小圆点，体后半部具深色横纹。背鳍鳍棘部鳍膜末端橙黄色。背鳍鳍条部、臀鳍鳍条部、胸鳍和尾鳍边缘白色。

【生物学特性】

暖水性近海底层鱼类。喜栖息于珊瑚礁水域，自潮间带至40m水深的礁石区水域均有分布。体色可变。主要在清晨及午后摄食，其余时间穴居休息。主要捕食其他小型珊瑚礁鱼类，偶尔捕食甲壳动物。常见个体全长40cm左右，最大全长达60cm。

【地理分布】

分布于印度—太平洋区，西至红海及南非沿岸，东至法属波利尼西亚和皮特凯恩群岛，北至琉球群岛和小笠原诸岛，南至澳大利亚及豪勋爵岛。我国主要分布于南海及台湾海域。

【资源状况】

中小型鱼类，常见于南海诸岛的珊瑚礁区，具有一定的天然产量，主要以钩钓、潜水和笼壶等捕获。其肉质细嫩，味道鲜美，属上等食用鱼类。也可作为观赏鱼出售。

35.蓝线九棘鲈 *Cephalopholis formosa* (Shaw, 1812)

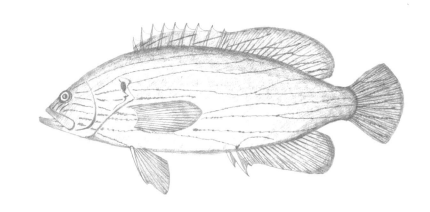

【英文名】bluelined hind

【别名】台湾九刺鮨、蓝纹鲙、过鱼

【分类地位】鲈形目Perciformes

鮨科Serranidae

【主要形态特征】

背鳍Ⅸ-15~17；臀鳍Ⅲ-7~8；胸鳍15；腹鳍Ⅰ-5。侧线鳞（孔）47~51。

体呈长椭圆形，侧扁，背腹缘皆钝圆。头中大。眼中大，侧上位，眼间隔小于眼径，前方有一凹陷。口大，倾斜。上颌骨末端伸达眼后缘下方。上下颌齿细小，上颌前端具1对圆锥状小犬齿，下颌前端无犬齿；犁骨齿及腭骨齿绒毛状，犁骨齿呈三角形块状；腭骨齿带状。前鳃盖骨后缘锯齿细弱，下缘平滑。鳃盖骨具3扁棘。鳃耙疏短。

体被细小栉鳞。侧线完全。

背鳍鳍棘部和鳍条部相连，无缺刻，第一鳍棘短，其余鳍棘约等长。臀鳍与背鳍鳍条部相对，第二鳍棘较粗壮。胸鳍宽大，圆形。腹鳍尖细，位于胸鳍基下方，末端不达肛门。尾鳍圆形。

体呈暗褐色至黄褐色，头部、体侧及各鳍具许多不规则的蓝色波状纵纹。吻部、唇部、头部腹面以及颊部具许多蓝色小斑点。鳃盖后上方具一黑斑。

【生物学特性】

暖水性近海底层鱼类。通常栖息于水深1~15m的海域。生态习性与横纹九棘鲈类似，但本种更喜欢栖息于浅海已死亡的珊瑚礁区。主要以小鱼及甲壳类为食。最大个体全长达34cm。

【地理分布】

分布于印度—西太平洋区的热带、亚热带海域，西至印度西部，东至菲律宾，北至日本南部，南至澳大利亚北部。我国主要分布于南海及台湾海域。

【资源状况】

中小型鱼类，具有一定的天然产量，常以钩钓、拖网捕获。其肉味鲜美，具有一定的食用价值，但并非主要经济物种。

《中国物种红色名录》将其列为易危（VU）等级。

36.蓝鳍石斑鱼 *Epinephelus cyanopodus* (Richardson, 1846)

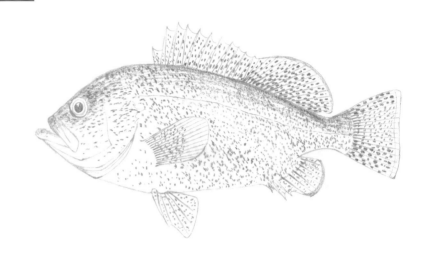

【英文名】speckled blue grouper

【别名】细点石斑鱼、高体石斑鱼、石斑

【分类地位】鲈形目Perciformes

鮨科Serranidae

【主要形态特征】

背鳍XI-16~17；臀鳍III-8；胸鳍17~19；腹鳍 I -5。侧线鳞128~147。

体呈长椭圆形，侧扁而高，头长小于体高。头中大。眼稍小，侧前上位。口裂较大，倾斜。上颌骨末端扩大，伸达眼中部下方。上下颌齿细小，为不规则绒毛状窄齿带，前端各具小犬齿2~3枚，下颌齿2行；犁骨齿绒毛状，呈三角形窄带状；腭骨齿绒毛状呈窄带。舌上无齿。前鳃盖骨边缘具弱锯齿。鳃盖骨后缘具3扁棘，不明显。鳃耙长而疏松。

体被细弱栉鳞。侧线完全。

背鳍鳍棘部与鳍条部相连，无缺刻，第三鳍棘最长。臀鳍与背鳍鳍条部相对，第三鳍棘最长。胸鳍位低，后缘圆形。腹鳍尖长，末端伸达肛门。尾鳍截形或浅凹形。

体呈蓝灰色，背侧色深，腹侧色浅。头体及各鳍密布紫黑色小斑点。幼体体侧及各鳍密布紫色小斑点，成体体侧及各鳍散布不规则、大小不等的紫黑色斑块及斑点。除胸鳍外，各鳍具或宽或窄黑缘。

【生物学特性】

暖水性底层鱼类。喜栖息于潟湖及海湾的孤立岩礁周围，也常见于外围礁石区斜坡水域。主要捕食鱼类及甲壳类。常见个体体长61~70cm，最大全长达122cm，最大体重达17.3kg。

【地理分布】

分布于西太平洋区，西至马来西亚，东至斐济和密克罗尼西亚，北至日本南部，南至澳大利亚昆士兰南部海域。我国主要分布于南海及台湾海域。

【资源状况】

中型鱼类，我国沿海习见经济鱼类之一，个体大，数量较多，为南海海域常见食用鱼类，常以延绳钓及钩钓捕获。另外，具有一定的观赏价值，常见于大型水族馆。

37.鞍带石斑鱼 *Epinephelus lanceolatus* (Bloch, 1790)

【英文名】giant grouper

【别名】龙胆石斑、龙趸、枪头石斑鱼、鸳鸯鲙、斑王

【分类地位】鲈形目Perciformes
　　　　　　鮨科Serranidae

【主要形态特征】

　　背鳍Ⅺ-14~16；臀鳍Ⅲ-8，胸鳍16~18，腹鳍Ⅰ-5。侧线鳞95~105。

　　体呈长椭圆形，**侧扁，体粗壮。**头中大，头背斜直。眼小，侧前上位，眼间隔平坦或微凹。口大，口裂倾斜。上颌骨末端扩大，伸越眼后缘下方。上下颌齿细小，为不规则多行，前端各具小犬齿或无，两侧齿尖细，幼体下颌齿2~3行，成体可多达15~16行。舌上无齿。前鳃盖骨边缘具细锯齿。鳃盖骨后缘具3扁棘，中央棘较大。

　　体被细弱栉鳞。侧线完全。

　　背鳍鳍棘部与鳍条部相连，无缺刻，第三至第四鳍棘较长，鳍棘部基底长于鳍条部基底。臀鳍起点位于背鳍鳍条部下方。胸鳍宽大，长于腹鳍，后缘圆形。腹鳍尖长，末端不伸达肛门。**尾鳍圆形。**

　　幼鱼体呈黄色，具3块不规则黑斑，随着个体成长，黑斑内散布不规则的白色或黄色斑点，各鳍分布黑色斑点；大型成鱼体呈暗褐色，各鳍色更深。

【生物学特性】

暖水性底层鱼类。主要栖息于沿岸浅水礁区，常在岩礁洞穴和沉船中发现，也出现于河口水域。幼鱼常躲藏在珊瑚礁中，极少发现。捕食龙虾和鱼类，包括小型鲨类和蝠鲼等，以及海龟幼体和其他甲壳类。为石斑鱼类中体型最大的种类，也是珊瑚礁鱼类中最大的硬骨鱼类。常见个体全长190cm左右，最大全长达270cm，最大体重达400kg。

【地理分布】

分布于印度—太平洋区，西至红海、南非，东至夏威夷群岛和皮特凯恩群岛，北至日本南部，南至澳大利亚。我国主要分布于南海及台湾海域。

【资源状况】

大型鱼类，常以延绳钓、钩钓等捕获，具有极高的经济价值。肉中蛋白质含量高，脂肪含量低，营养物质丰富，属上等食用鱼类。也常见于大型水族馆，具有一定的观赏价值。由于高强度捕捞，在部分水域已难觅踪迹。目前已实现人工繁殖。IUCN红色名录将其评估为易危（VU）等级。

38.蓝身大石斑鱼 *Epinephelus tukula* Morgans, 1959

【英文名】potato grouper

【别名】蓝身大斑石斑鱼、金钱斑、石斑

【分类地位】鲈形目Perciformes

鮨科Serranidae

【主要形态特征】

背鳍Ⅺ-14~15；臀鳍Ⅲ-8；胸鳍16~17；腹鳍Ⅰ~5。侧线鳞113~130。

体呈长椭圆形，侧扁而粗壮。头中大，头背斜直。眼小，侧前上位，眼间隔微凹。口大，口裂倾斜。上颌骨末端扩大，伸越眼后缘下方。上下颌齿细小，为不规则多行，前端各具小犬齿或无，两侧齿尖细；犁骨齿绒毛状，呈三角形窄带状；腭骨齿绒毛状呈窄带。舌上无齿。前鳃盖骨边缘具细锯齿。鳃盖骨后缘具3扁棘，中央棘较大。

体被细弱栉鳞。侧线完全。

背鳍鳍棘部与鳍条部相连，无缺刻，第三至第四鳍棘较长，鳍棘部基底长于鳍条部基底。臀鳍起点位于背鳍鳍条部下方，第二鳍棘强大。胸鳍宽大，后缘圆形。腹鳍尖细，末端不伸达肛门。尾鳍圆形。

体呈浅灰色至浅褐色，体侧散布不规则、大小不等的黑斑，头部密布黑色小斑点及不规则窄纹。各鳍均散布黑褐色斑点或斑纹。

【生物学特性】

暖水性底层鱼类。喜栖息于海底礁沟和海山附近，栖息水深10~400m。捕食珊瑚礁鱼类、鳐类、蟹类及龙虾等。独居，具有强烈的领域性。不惧怕人类，常与潜水者近距离接触，对缺乏经验的潜水者具有潜在危险。最大全长达200cm，最大体重达110kg。

【地理分布】

分布于印度—西太平洋区，西至红海和东非，东至巴布亚新几内亚，北至日本南部，南至澳大利亚。我国主要分布于南海及台湾海域。

【资源状况】

中大型鱼类，肉质鲜嫩，具有较高的食用价值。由于不惧怕人类，因此常被潜水者捕获，在市场上鲜活出售。个体较大，具有一定的观赏价值，常见于大型水族馆。本种抗病性强，生长速度快，具有良好的养殖前景。

39.驼背鲈 *Cromileptes altivelis* (Valenciennes, 1828)

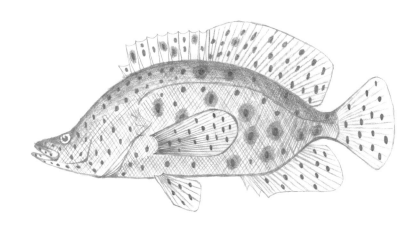

【英文名】 humpback grouper

【别名】 老鼠斑、尖嘴鲙仔、观音鲙

【分类地位】 鲈形目Perciformes

　　　　　　鮨科Serranidae

【主要形态特征】

　　背鳍Ⅹ-17~19；臀鳍Ⅲ-9~10；胸鳍17~18；腹鳍Ⅰ-5。侧线鳞（孔）54~62。

　　体侧扁，头背部强烈凹陷，后颈部陡直，背鳍起点处体最高。背缘大弧状弯曲，腹缘近水平状。尾柄侧扁而短。头小而长。吻短尖。眼小，侧前上位，眼间隔平滑。鼻孔2个，前鼻孔圆形，具瓣膜，后鼻孔大，呈垂直长裂孔。口大，下颌稍突出于上颌。上颌骨不被于眶前骨，后端扩大至眼中部下方。上下颌齿尖细呈绒毛状，无犬齿；犁骨及腭骨齿亦呈绒毛状，犁骨齿呈三角形，腭骨齿呈带状。舌上无齿。前鳃盖骨边缘具细锯齿。鳃盖骨具3扁棘。鳃盖膜分离。具假鳃。鳃耙甚短。

　　体被细小栉鳞。侧线完全，连续，与背缘并行。

　　背鳍鳍棘部与鳍条部相连，无缺刻，第一、第二鳍棘较短，其余各棘约等长；背鳍起点位于鳃盖骨后上方。臀鳍起点位于背鳍鳍条部下方。胸鳍位低，后缘圆形，基底上方具一皮瓣。腹鳍位于胸鳍基后下方，后端几达肛门。尾鳍圆形。

　　体呈乳白色至暗褐色，通常褐色。体侧具数个从无色至深褐色可变色的不规则大斑块。头体及各鳍密布大小不等的黑色斑点。幼鱼体色一般呈乳白色且无褐色斑块，黑色斑点相对大而疏，随个体生长，黑点逐渐小而密。

【生物学特性】

　　暖水性底层鱼类。喜栖息于珊瑚丛生水域及潟湖，幼鱼常见于潮池区，成鱼见于深水区。体侧斑点具有迷惑捕食者的保护功能。性凶猛，机警，具领域性。肉食性，主要捕食小鱼及小型底栖无脊椎动物。常见个体体长30~40cm，最大全长达70cm。

【地理分布】

　　分布于西太平洋区，西至印度尼西亚，东至新喀里多尼亚，北至日本南部，南至澳大利亚昆士兰南部海域；东印度洋亦有分布，自尼科巴群岛至澳大利亚西岸的布鲁姆。我国主要分布于南海及台湾海域。

【资源状况】

　　中小型鱼类，常见于沿海珊瑚礁区，主要以钩钓、潜水等捕获。其肉质上佳，为名贵食用鱼类，具有较高的经济价值，而且是极受欢迎的观赏鱼，常见于水族馆及观赏鱼市场。易养殖，目前用于贸易的多为人工养殖个体。

　　IUCN红色名录将其评估为易危（VU）等级，《中国物种红色名录》将其列为易危（VU）等级。

40.白线光腭鲈 *Anyperodon leucogrammicus* (Valenciennes, 1828)

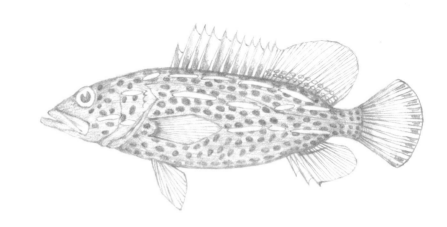

【英文名】slender grouper

【别名】白线鮨、过鱼、石斑

【分类地位】鲈形目Perciformes

鮨科Serranidae

【主要形态特征】

背鳍XI-14~16；臀鳍Ⅲ-8~9；胸鳍17；腹鳍Ⅰ-5。侧线鳞94~106。

体延长，侧扁。头尖长，头长大于体高，头背部几斜直。眼大，侧前上位，眼间隔平或微凹。口大，口裂稍倾斜。吻尖。上颌骨末端扩大，伸达眼后缘下方。上下颌齿为不规则多行，前端不具犬状齿，下颌向后渐为2~3行细齿；犁骨齿呈三角形；腭骨无齿。舌上无齿。前鳃盖骨后缘具细锯齿。鳃盖骨具3扁棘，埋于皮下。鳃耙疏且扁长。

体被细栉鳞。侧线完全，与背缘并行。

背鳍鳍棘部与鳍条部相连，无缺刻，第四鳍棘最长。臀鳍与背鳍鳍条部相对，第二鳍棘最粗壮。胸鳍短小，末端不达臀鳍起点。腹鳍尖细，末端不达肛门。尾鳍圆形。

成鱼体呈深绿色至灰褐色，头部、体侧、背鳍及尾鳍基部散布橘红色斑点，体侧具3~5条不连续的白色纵带。幼鱼体呈棕褐色至橘红色，具多条淡蓝色或浅灰色纵带，背鳍鳍条部基底和尾鳍基部具黑斑。

【生物学特性】

暖水性底层鱼类。喜栖息于珊瑚丛生、水质清澈的沿岸礁湖及礁区海域。性凶猛，独居。主要捕食小鱼，也摄食甲壳类。幼鱼的体色主要是模仿隆头鱼科紫色海猪鱼（*Halichoeres purpurescens*），使其能欺骗并轻易接近猎物。最大全长达65cm。

【地理分布】

分布于印度—太平洋区，西至红海及莫桑比克沿线，东至菲尼克斯群岛，北至日本，南至澳大利亚。我国主要分布于南海及台湾海域。

【资源状况】

中小型鱼类，常以延绳钓、潜水和笼捕捕获，可食用，具有一定的食用价值和观赏价值。常活体出售，也见于水族馆。

41. 圆眼戴氏鱼 *Labracinus cyclophthalmus* (Müller *et* Troschel, 1849)

【英文名】fire-tail devil

【别名】黑线戴氏鱼、黑线丹波鱼、红娘仔、红新娘

【分类地位】鲈形目Perciformes
　　　　　　拟雀鲷科Pseudochromidae

【主要形态特征】

背鳍Ⅱ-24~26；臀鳍Ⅲ-14~15；胸鳍18~19；腹鳍Ⅰ-5。侧线鳞（孔）48~62+18~22。

体呈长圆形，侧扁。背腹缘较平直。尾柄短而高，甚侧扁。头短钝。吻短。眼小，位高，眼间隔凸。鼻孔小，每侧2个，圆形，前鼻孔周围具薄膜。口大，倾斜。上颌后端达眼中部下方。上下颌外侧均具犬齿，内侧齿细小；犁骨齿呈半月形；腭骨与舌无齿。鳃孔大，前鳃盖骨完整，鳃盖骨光滑无锯齿。鳃盖膜分离。假鳃明显。鳃耙短。

体被弱栉鳞，背鳍基和臀鳍基亦被小鳞。侧线断为上下两段，上侧线自鳃盖后斜向背部，后与背缘并行；下侧线始于臀鳍起点后上方的体侧中部，呈直线延伸至尾鳍基。

背鳍始于胸鳍基稍前上方，基底甚长。臀鳍始于背鳍基中部下方，与背鳍同形。胸鳍宽圆，稍短于头长。腹鳍胸位，位于胸鳍基下方。尾鳍圆形。

体色与条纹甚艳丽，头部及肩颈深橄榄色，具灰色斑点及数条蓝色斜纹，背部红褐色，腹部红色。雄鱼体侧具9~10条明显的蓝黑色纵带，纵带有时不连续，雌鱼体侧纵带仅模糊可见，不明显；雄鱼背鳍基底具一深蓝色条纹，奇鳍颜色鲜红且边缘蓝黑色，雌鱼背鳍基底无条纹，背鳍上具有许多明显暗色斑点和纵纹，奇鳍橄榄色至深绿色，边缘蓝色。

【生物学特性】

暖水性底层鱼类。主要栖息于珊瑚礁区或岩礁附近水域，栖息水深2~20m，自潮滩至外围礁石区斜坡均可见。肉食性，主要以小鱼或甲壳类为食。具有强烈的领域性，繁殖季节，雄鱼具有护卵行为，会对入侵者表现出攻击性。最大全长达23.5cm。

【地理分布】

分布于西太平洋区，广泛分布于整个印度—马来西亚群岛海域，北至日本南部，南至澳大利亚西北沿岸海域，东至巴布亚新几内亚新爱尔兰岛。我国主要分布于南海及台湾海域。

【资源状况】

小型鱼类，无食用价值。其体色十分艳丽，且雌雄体色及条纹具有明显差异，是极受欢迎的观赏鱼，常见于观赏鱼市场，但因其领域性，同一水族箱内同种会发生激烈争斗。

雄鱼　　　　雌鱼

42. 灰鳍异大眼鲷 *Heteropriacanthus cruentatus* (Lacepède, 1801)

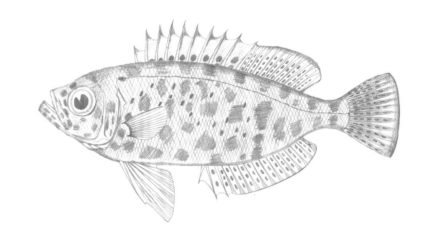

【英文名】glasseye

【别名】斑鳍大眼鲷、血斑异大眼鲷、红目鲢

【分类地位】鲈形目Perciformes

大眼鲷科Priacanthidae

【主要形态特征】

背鳍X-12~13；臀鳍III-13~14；胸鳍18；腹鳍I-5。侧线鳞62~67。

体呈长椭圆形，较侧扁。头中大。眼巨大，眼径大于头长1/3。鼻孔2个，前鼻孔小，具瓣膜，后鼻孔长圆形。口裂大，倾斜。上下颌齿绒毛状，上颌前端具小圆锥齿。犁骨及腭骨具绒毛状齿。舌上无齿。前鳃盖骨边缘具细锯齿，隅角处具强扁平棘。鳃盖骨无棘。鳃耙疏松。

体被细小且粗糙的栉鳞，坚固不易脱落。侧线完全。

背鳍鳍棘部与鳍条部相连，无缺刻，鳍棘平卧时可收于背部浅沟中。臀鳍与背鳍同形，第三鳍棘最长。胸鳍宽短。腹鳍位于胸鳍基下方稍前。尾鳍截形。

体呈鲜红色或淡灰褐色，体侧散布不规则大型红褐色斑块。背鳍鳍条部、臀鳍和尾鳍密布深褐色小斑点，尾鳍末端具黑缘。

【生物学特性】

暖水性底层鱼类。喜栖息于潟湖和向海礁区，以及岛屿周围，栖息水深3~300m，通常在35m以内。具集群性，随季节变化集群巡游。典型的夜行性鱼类，白天常单独出现或小群聚集，夜间成群离礁外出觅食。肉食性，主要捕食小鱼、虾类及软体动物。常见个体体长20cm左右，最大全长达50.7cm，最大体重达2.7kg。

【地理分布】

广泛分布于印度洋区、太平洋区、大西洋区各热带和亚热带海域，33°N—32°S海域均有分布。我国主要见于南海、东海及台湾海域。

【资源状况】

中小型鱼类，资源丰富，常以底拖网、延绳钓等捕获，经济价值较高。其肉质细嫩，可供食用，也常作为观赏鱼见于水族馆。

43. 裂带鹦天竺鲷 *Ostorhinchus compressus* (Smith *et* Radcliffe, 1911)

【英文名】ochre-striped cardinalfish

【别名】裂带天竺鲷、大目侧仔

【分类地位】鲈形目Perciformes
　　　　　　天竺鲷科Apogonidae

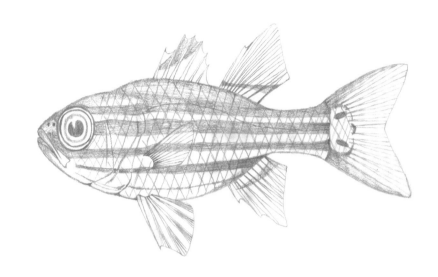

【主要形态特征】

背鳍Ⅶ，Ⅰ-9；臀鳍Ⅱ-9；胸鳍13~14；腹鳍Ⅰ-5。侧线鳞25。

体呈长椭圆形，甚侧扁。头大。吻长，稍钝。眼大，侧上位，眼间隔宽平。鼻孔2个，前鼻孔短。口裂大，上颌骨后端伸达眼后缘。上下颌齿细小呈绒毛带状，犁骨及腭骨亦呈绒毛状。前鳃盖骨边缘具细锯齿。

体被薄栉鳞，鳞大且整齐，较不易脱落。侧线完全。

背鳍2个，分离，第一背鳍鳍棘较强，第四鳍棘最长；第二背鳍与臀鳍相对。臀鳍起点于第二背鳍起点稍后下方，第一鳍棘短小。胸鳍位低。腹鳍位于胸鳍基底下方。尾鳍浅叉形。

体呈灰褐色。体侧具5~6条红褐色纵带，尾柄具数条褐色短带或数个褐色斑点。各鳍色浅，无显著斑纹。

【生物学特性】

暖水性中下层鱼类。喜栖息于珊瑚枝丫间或附近，常集成小群。夜行性，主要在夜间活动。主要以多毛类或其他底栖无脊椎动物为食。求偶和产卵期间成对出现。常见个体体长8.5cm左右，最大全长达12cm。

【地理分布】

分布于印度—西太平洋区，西至马来西亚，东至密克罗尼西亚及所罗门群岛，北至琉球群岛，南至澳大利亚大堡礁海域。我国主要分布于南海及台湾海域。

【资源状况】

小型鱼类，通常被兼捕渔获，作为杂鱼处理，无食用价值和经济价值。可见于观赏鱼市场。

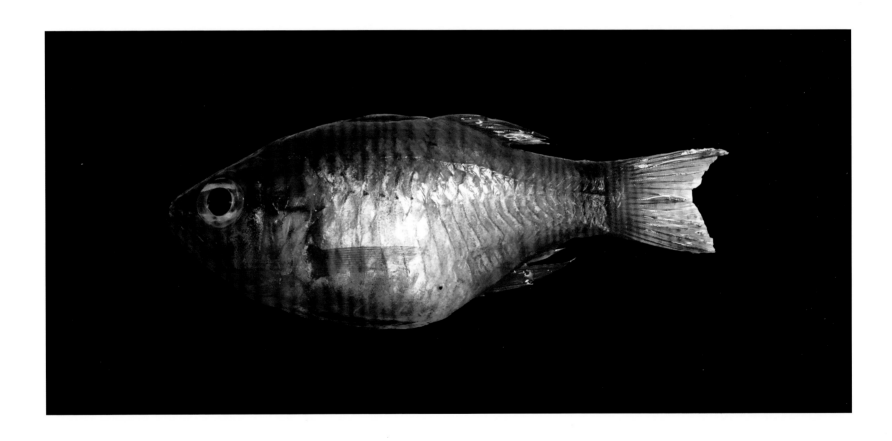

44.斑柄鹦天竺鲷 *Ostorhinchus fleurieu* Lacepède, 1802

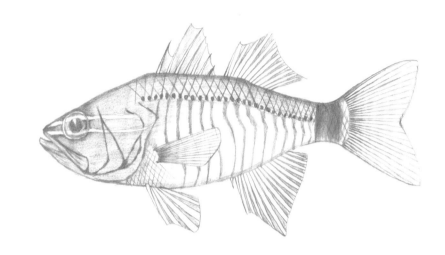

【英文名】flower cardinalfish

【别名】斑柄天竺鲷、大目侧仔

【分类地位】鲈形目Perciformes
　　　　　　天竺鲷科Apogonidae

【主要形态特征】

　　背鳍Ⅶ，Ⅰ-9；臀鳍Ⅱ-8；胸鳍13；腹鳍Ⅰ-5。侧线鳞26。

　　体呈长椭圆形，侧扁。头大。眼大，侧上位，眼间隔宽平。鼻孔2个，前鼻孔圆形，具瓣膜，后鼻孔小，椭圆形。口大，倾斜，上颌骨后端伸达瞳孔后下方。上下颌齿细小呈绒毛带状，犁骨及腭骨齿亦呈绒毛状。舌上无齿。前鳃盖骨边缘具细锯齿。鳃耙长扁。

　　体被薄栉鳞，鳞大且整齐，较不易脱落。侧线完全，较平直。

　　背鳍2个，分离，第一背鳍鳍棘较强，第四鳍棘最长；第二背鳍与臀鳍相对。臀鳍起点于第二背鳍起点稍后下方，第一鳍棘短小。胸鳍位低。腹鳍位于胸鳍基底下方。尾鳍浅叉形。

　　体呈黄褐色，背部色深，腹部色浅。头部具2条蓝白色细纵带，贯穿眼部。尾柄基部具一大黑斑。

【生物学特性】

　　暖水性中下层鱼类。喜栖息于近岸浅水礁区，也随潮汐出现在河口水域。主要以多毛类和其他底栖无脊椎动物为食。常集成小群，求偶和产卵期间成对出现。常见个体体长8~12cm。

【地理分布】

　　分布于印度—西太平洋区，西至波斯湾及红海、东非，东至斐济，北至日本南部，南至澳大利亚。我国主要分布于南海及台湾海域。

【资源状况】

　　小型鱼类，通常被兼捕渔获，作为杂鱼处理，无食用价值和经济价值。

45.丝鳍圆天竺鲷 *Sphaeramia nematoptera* (Bleeker, 1856)

【英文名】Pajama cardinalfish

【别名】丝鳍圆竺鲷、大目侧仔

【分类地位】鲈形目Perciformes

　　　　　天竺鲷科Apogonidae

【主要形态特征】

　　背鳍Ⅶ，Ⅰ-9；臀鳍Ⅱ-9；胸鳍13~14；腹鳍Ⅰ-5。侧线鳞26~27。

　　体呈长椭圆形，侧扁而高。头大。眼特大，侧上位，眼间隔宽平。鼻孔2个。口裂大，上颌骨后端伸达瞳孔中部下方。上下颌齿细小呈绒毛带状，犁骨及腭骨齿细小。前鳃盖骨下缘具细锯齿。

　　体被薄栉鳞，鳞大，不易脱落。侧线完全。

　　背鳍2个，分离，第一背鳍鳍棘较强，第二背鳍与臀鳍相对，成鱼第二背鳍鳍条呈丝状延长。臀鳍起点位于第二背鳍起点下方，第一鳍棘短小。胸鳍位低。腹鳍位于胸鳍基底稍前下方。尾鳍浅叉形。

　　体呈银褐色，头部黄色，眼眶红色。体侧具一宽于眼径的黑色横带，自第一背鳍延伸至腹鳍，横带后方体侧散布红褐色圆斑。

【生物学特性】

　　暖水性中下层鱼类。喜栖息于海湾或潟湖内的珊瑚礁水域。群居，常集群出现，而夜间分散在底层觅食。主要以浮游动物或其他底栖无脊椎动物为食。求偶和产卵期间成对出现。最大全长达8.5cm。

【地理分布】

　　分布于印度—太平洋区，西至印度尼西亚爪哇岛，东至斐济，北至琉球群岛，南至澳大利亚大堡礁；汤加亦有分布记录。我国主要分布于南海及台湾海域。

【资源状况】

　　小型鱼类，渔业生产中兼捕，常作为杂鱼处理，无食用价值。具有观赏价值，是极受欢迎的观赏鱼。由于其集群特性，常成群见于水族馆。《中国物种红色名录》将其列为易危（VU）等级。

46.䲟 *Echeneis naucrates* **Linnaeus, 1758**

【英文名】live sharksucker

【别名】吸盘鱼

【分类地位】鲈形目Perciformes

　　　　　䲟科Echeneidae

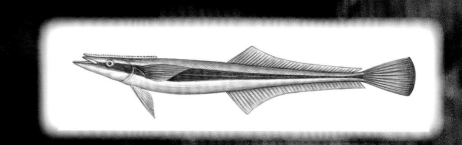

【主要形态特征】

　　背鳍XXI～XXⅡ-31~40；臀鳍31~38；胸鳍21~22；腹鳍Ⅰ-5；尾鳍15。鳃耙3~5+13~16。

　　体细长，前端稍平扁，向后渐成圆柱状，尾柄细，前端圆柱状，后端渐侧扁。头稍短，平扁，在头及体前部的背面有一个由第一背鳍变形而成的长椭圆形吸盘。吻甚平扁，略尖，背面大部被吸盘占据。眼小，侧中位，距鳃孔较距吻端近。眼间隔甚宽扁，亦被吸盘占据。鼻孔每侧2个，紧邻，位于口角上方。口大，前位，深弧形，微向前上方倾斜。下颌突出，长于上颌，前端具三角形皮质膜状突起。上下颌、犁骨及腭骨均具绒毛状齿群，下颌齿群外露。舌窄薄，圆形，游离，其间有绒毛状齿群。鳃孔大，侧位，略低于胸鳍的上端，下端伸达口角下方附近。左右鳃膜稍愈合，不与峡部相连。鳃盖条9。鳃4个，第四鳃后有一大裂孔。无假鳃。鳃耙长扁形，长为鳃丝的2/5~3/5。

体被小圆鳞，微小，长圆形，除头部及吸盘外，全身均被鳞。侧线完全，始于胸鳍基的上端稍后方，止于尾鳍基的前方，前端侧上位，向后渐低降为侧中位。

背鳍2个，远分离，**第一背鳍特化成吸盘，**其鳍条由盘中央向两侧裂生成为鳍瓣，**由21~28对横列软骨板组成，**中央有一纵向轴褶，周缘为游离状膜，软骨板后方具排列不甚规则的3行绒毛状小刺；第二背鳍基底甚长，始于肛门后上方。臀鳍与第二背鳍同形，几相对。**胸鳍侧上位，三角形。**腹鳍胸位，始于胸鳍基的后下方，左右腹鳍紧邻。尾鳍变异大，体长23 cm以下为尖长形，后渐为楔形，体长28 cm以上呈截形，成鱼尾鳍为凹叉形。无幽门盲囊和鳔。

体呈暗灰色或棕黄色，**体侧有一色暗的水平纵带由下颌端经眼直达尾鳍。各鳍黑褐色，**幼鱼尾鳍上下缘灰白色。

【生物学特性】

暖水性大洋鱼类。通常单独活动于近海浅水处，常以吸盘吸附于船底或大鱼等寄主身上进行远距离移动，以寄主的残饵料、体外寄生虫为食，也可自行捕捉浅海鱼类或无脊椎动物等。常见个体体长66cm左右，最大全长达110cm，最大体重达2.3kg。

【地理分布】

广泛分布于全世界热带和温带各海区。我国各海区均有分布。

【资源状况】

可供食用，但肉质欠佳。因其吸附于大鱼体表的奇异特性，常作为海洋水族馆观赏鱼。

47.珍鲹 *Caranx ignobilis* (Forsskål, 1775)

【英文名】giant trevally

【别名】浪人鲹、牛港鲹、白面弄鱼

【分类地位】鲈形目Perciformes

鲹科Carangidae

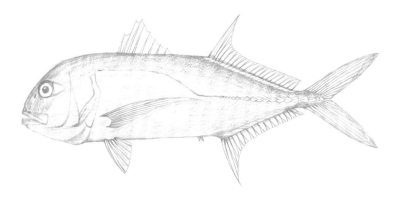

【主要形态特征】

背鳍Ⅷ，Ⅰ-18~20；臀鳍Ⅱ，Ⅰ-15~17；胸鳍20；腹鳍Ⅰ-5。侧线鳞57（普通鳞）+29~32（棱鳞）。

体呈椭圆形，侧扁而高。头侧扁，头背部弯曲明显，头腹部几呈直线。吻短钝。脂眼睑稍发达，前部达眼前缘，后部达瞳孔后缘。口大，口裂始于眼下方水平线上。上颌后端达瞳孔后缘下方。上颌齿数列，外列较大，下颌齿1列；犁骨、腭骨及舌上均具细齿。鳃耙少而粗。假鳃明显。

体被圆鳞，仅胸部腹面裸露无鳞；腹鳍基前方具1小丛细鳞。第二背鳍及臀鳍具低鳞鞘。侧线完全，前部弯曲度较大，后部呈直线，直线部始于第二背鳍第六至第七鳍条下方；直线部几乎全部具棱鳞，形成强隆起嵴，延伸至尾鳍基底。

背鳍2个，第二背鳍前部鳍条较长，呈镰状。臀鳍形似第二背鳍。胸鳍侧位，镰形，大于头长。腹鳍胸位。尾鳍叉形。

体背部蓝绿色，腹部银白色。体侧无斑点或斑纹。各鳍色淡或浅黄色。

【生物学特性】

暖水性中上层鱼类。成鱼常单独栖息于水质清澈的潟湖或向海的珊瑚礁区，幼鱼则常出现在河口水域。主要在夜间觅食。主要捕食蟹、龙虾等甲壳类动物及鱼类。常见个体全长100cm左右，最大全长达170cm，最大体重达80kg。

【地理分布】

分布于印度—太平洋区，西至红海、东非，东至夏威夷群岛、马克萨斯群岛，北至日本南部和小笠原诸岛，南至澳大利亚北部。我国主要分布于东海、南海及台湾海域。

【资源状况】

大型鱼类，一般以钩钓、流刺网或定置网捕获，具有较高的食用价值，通常冰鲜或腌制出售。由于个体较大，作为游钓鱼类和观赏鱼极受欢迎，在休闲渔业中具有一定的商业价值。常见于大型水族馆。

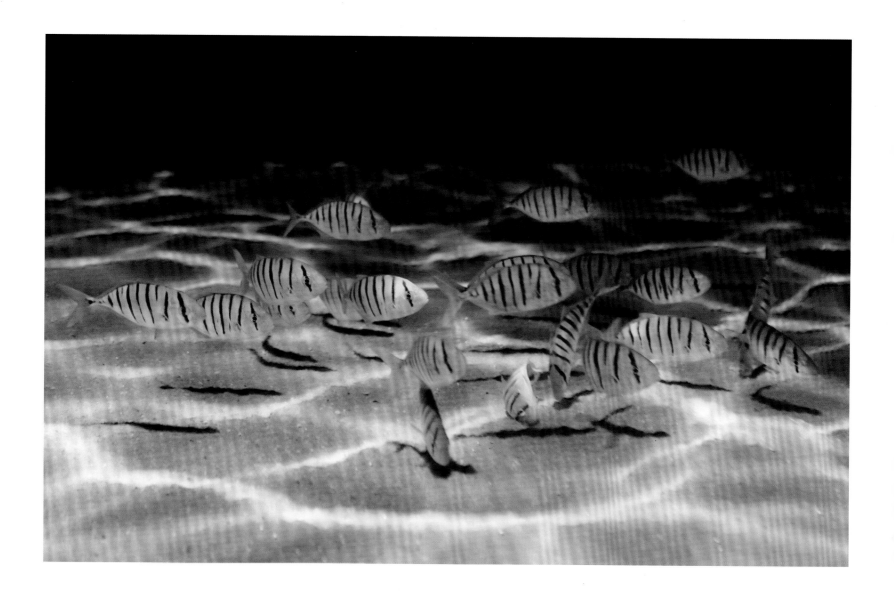

48.黄鲫无齿鲹 *Gnathanodon speciosus* (Forsskål, 1775)

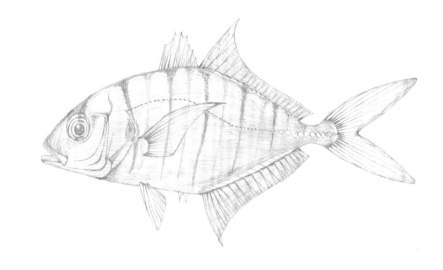

【英文名】golden trevally

【别名】无齿鲹、黄鲫鲹、虎斑瓜、牛头帕

【分类地位】鲈形目Perciformes

鲹科Carangidae

【主要形态特征】

背鳍Ⅰ，Ⅶ，Ⅰ-18~19；臀鳍Ⅱ，Ⅰ-16；胸鳍21；腹鳍Ⅰ-5。侧线鳞83~90（普通鳞）＋17~20（棱鳞）。

体呈椭圆形，侧扁而高。头侧扁，吻端至头顶弧度较大，近鼻孔处稍凹，枕骨棘明显。吻短。眼小。脂眼睑不发达。口裂始于眼下缘下方的水平线上。前颌骨可伸缩，上颌后端达眼前缘下方。上下颌、犁骨及腭骨均无齿，仅舌面具粗糙绒毛状小突起。舌短，前端截形。

头体均被小圆鳞。第二背鳍及臀鳍具低鳞鞘。侧线完全，前部略弯曲，后部呈直线，直线部始于第二背鳍第八至第九鳍条下方；具弱小棱鳞，仅存在于直线部后半部近尾柄处。

背鳍2个，第一背鳍前具一向前平卧的倒棘，第二背鳍前部较高，呈镰形。臀鳍形似第二背鳍。胸鳍镰形。腹鳍短于头长。尾鳍叉形。

体呈黄色，体侧具7~11条宽窄相间的黑色横带，其中第一条贯穿眼部。鳃盖后缘上方具一长形黑斑。各鳍均为黄色，其中尾鳍边缘浅黑色。

【生物学特性】

暖水性中上层鱼类。喜栖息于珊瑚礁区，也可进入岩石海岸及港口防波堤内。幼鱼常巡游在鲨类或其他大型鱼类身旁，捡食碎屑并获得保护，有"领航鱼"之称。成鱼常巡游在深潟湖或近海礁石区觅食。肉食性，主要以其厚唇在沙地中摄食甲壳类、软体动物或小鱼等。常见个体叉长75cm，最大全长达120cm，最大体重达15kg。

【地理分布】

广泛分布于印度—太平洋区的热带和亚热带海域，自南非至加利福尼亚湾和厄瓜多尔沿线均有分布。我国主要分布于南海、东海及台湾海域。

【资源状况】

常以流刺网捕获，可供食用。幼鱼色彩艳丽，性情温顺，可作为观赏鱼饲养，常成群见于水族馆。

49.短棘鲾 *Leiognathus equulus* (Forsskål, 1775)

【英文名】common ponyfish

【别名】金钱仔、三角铁、狗腰

【分类地位】鲈形目Perciformes

鲾科Leiognathidae

【主要形态特征】

背鳍Ⅷ-15~16；臀鳍Ⅲ-14~15；胸鳍20；腹鳍Ⅰ-5。侧线鳞58~67。

体呈卵圆形，侧扁而高。头小，头后部显著隆起，项刺长于眼径。吻截形。眼中大，位高，眶上骨嵴具微小锯齿，脂眼睑不发达。眼间隔微凸，眼上缘和鼻孔后部各具一短棘。鼻孔2个，前鼻孔小，圆形，后鼻孔大，长圆形。口小，口裂稍下斜，口裂始于眼下缘的水平线上。上颌后端达瞳孔前缘下方，下颌凹度甚大。齿尖细，刷毛状，上下颌各具齿3~4列，呈带状排列；犁骨、腭骨及舌面均无齿。鳃孔大，前鳃盖骨下角几呈直角，下缘具小锯齿。鳃盖膜与峡部相连。鳃耙短。

体被小圆鳞，头部无鳞，胸部光滑裸露。侧线完全。

背鳍第二鳍棘最长，稍短于体高的1/2，第三、第四鳍棘前缘具锯齿。臀鳍第二鳍棘最长，第三鳍棘前缘具锯齿。背鳍和臀鳍前部鳍基具鳞鞘。胸鳍宽圆。腹鳍亚胸位，具1枚大腋鳞。尾鳍叉形。

体呈浅青灰色。吻端浅黑色。背缘至体中部具许多排列紧密但不明显的黑色窄细横带。

【生物学特性】

暖水性沿岸鱼类。喜栖息于近岸沙泥质底的浅水区，常见于河口水域及红树林水域，幼鱼有时会进入淡水河流下游。主要在白天活动，一般在底层觅食。肉食性，主要以底栖多毛类、甲壳类及小鱼为食。常见个体全长20cm左右，最大全长达28cm。

【地理分布】

分布于印度—西太平洋区，西至红海、东非及波斯湾，东至斐济，北至琉球群岛，南至澳大利亚。我国主要分布于南海及台湾海域。

【资源状况】

小型鱼类，但为鲾科中体型较大的种类，肉味鲜美，为热带地区重要的食用鱼类之一。常以流刺网捕获。

50. 紫红笛鲷 *Lutjanus argentimaculatus* (Forsskål, 1775)

【英文名】mangrove red snapper

【别名】银纹笛鲷、红槽、红厚唇

【分类地位】鲈形目Perciformes

笛鲷科Lutjanidae

【主要形态特征】

背鳍 X -13~14；臀鳍 III -8；胸鳍17；腹鳍 I -5。侧线鳞44~48。

体呈长椭圆形，侧扁。尾柄侧扁。头中大。吻钝尖。眼中大，侧位而高，眼间隔平。鼻孔2个，稍分离，前鼻孔小，具瓣膜，后鼻孔大，椭圆形。口中大，稍倾斜。上颌骨后端可达瞳孔下方。上下颌具细齿多行，外行齿较粗；上颌前端具2枚犬齿，下颌前端无犬齿；犁骨、腭骨及舌上具绒毛状齿。前鳃盖骨后缘具细锯齿，后下缘具一浅缺刻。鳃盖骨无棘。鳃耙扁长。

体被大栉鳞，头背部裸露无鳞。侧线完全，侧线上方鳞片在体前部与背缘平行，在背鳍鳍条部下方斜向后背缘；侧线下方鳞片与体轴平行。

背鳍鳍棘部与鳍条部相连，无缺刻，背鳍始于胸鳍基上方，鳍棘发达。臀鳍始于背鳍鳍条部下方。胸鳍镰状，短于头长。腹鳍位于胸鳍基底后下方。尾鳍近截形，微凹。

体呈紫红褐色，各鳍红褐色或黑褐色。幼鱼颊部具1~2条蓝色纵纹，体侧具7~8条银色横带，随着生长逐渐消失。

【生物学特性】

暖水性近海中下层鱼类。广盐性，成鱼喜集群栖息于沙泥质底海区或岩礁、珊瑚礁附近水深80m以内的海域，而稚鱼和幼鱼栖息于河口、红树林及潮汐所及的江河下游。主要在夜间活动。肉食性，主要捕食鱼类和甲壳类。较喜欢在混浊、较深的外围礁石区或礁体外缘产卵。产卵期为春末夏初。常见个体全长80cm左右，最大全长达150cm，最大体重达8.7kg。

【地理分布】

分布于印度—西太平洋区，西至东非，东至萨摩亚群岛及莱恩群岛，北至琉球群岛，南至澳大利亚；部分群体经苏伊士运河扩散至地中海东部，但尚未形成种群。我国主要分布于东海、南海及台湾海域。

【资源状况】

本种为印度—西太平洋区重要的食用鱼类之一，具有较高的食用价值，常以钩钓、延绳钓或底拖网捕获，是一个优良的水产养殖品种，商业价值较高，目前已有人工养殖。同时，也是非常受欢迎的游钓鱼类之一。

51.隆背笛鲷 *Lutjanus gibbus* (Forsskål, 1775)

【英文名】humpback red snapper

【别名】驼背笛鲷、海豚哥、红鱼仔、红鸡鱼

【分类地位】鲈形目Perciformes
　　　　　　笛鲷科Lutjanidae

【主要形态特征】

背鳍 X -15~16；臀鳍Ⅲ-8；胸鳍16；腹鳍Ⅰ-5。侧线鳞50~57。

体呈长椭圆形，侧扁。头中大。吻钝尖，吻部背缘明显下凹。眼中大，侧上位，眼间隔平。鼻孔2个。口中大，倾斜。上颌骨后端可达眼前缘下方。上下颌具细齿多行，外行齿稀疏尖锐，内行齿绒毛状；上颌前端具2~4枚犬齿，下颌两侧尖齿较大；犁骨及腭骨齿绒毛状；舌上无齿。前鳃盖骨边缘具细锯齿，后缘具一深而窄的缺刻。鳃盖骨无棘。

体被中大栉鳞，头背部裸露无鳞。侧线完全，侧线上方和下方鳞片均斜向后背缘。

背鳍鳍棘部与鳍条部相连，无缺刻，背鳍始于胸鳍基上方，鳍棘发达，鳍条部后端较尖。臀鳍始于背鳍鳍条部下方。胸鳍稍短于头长。腹鳍位于胸鳍基底后下方。尾鳍叉形。

体呈鲜红色至深红色，背鳍、臀鳍及尾鳍暗红色至黑褐色，边缘白色。

【生物学特性】

暖水性中下层鱼类。幼鱼喜栖息于浅海珊瑚礁区或礁沙混合区，成鱼常集成大群栖息于珊瑚礁中，白天休息或沿礁坡缓慢漂游，部分大型个体见于较深海域。肉食性，主要以鱼类和无脊椎动物为食，包括虾蟹、头足类、棘皮动物以及螺类。最大全长达50cm。

【地理分布】

分布于印度—太平洋区，西至红海、东非，东至莱恩群岛及社会群岛，北至日本南部，南至澳大利亚。我国主要分布于南海及台湾海域。

【资源状况】

我国沿海习见鱼类，常以钩钓、刺网等捕获，可供食用，但其内脏因食物链可能含有毒素。因体色鲜艳，具有一定的观赏价值，常见于水族馆。

52.四线笛鲷 *Lutjanus kasmira* (Forsskål, 1775)

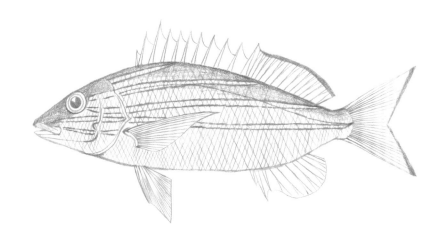

【英文名】common bluestripe snapper

【别名】四带笛鲷、四线赤笔、条鱼

【分类地位】鲈形目Perciformes
　　　　　　笛鲷科Lutjanidae

【主要形态特征】

背鳍 X -14~15；臀鳍Ⅲ-7~8；胸鳍15；腹鳍 I -5。侧线鳞52~57。

体呈长椭圆形，侧扁。头中大。吻钝尖。眼较大，侧上位，眼间隔宽平。鼻孔2个，分离，前鼻孔圆形，具瓣膜，后鼻孔长椭圆形。口中大，稍倾斜。上颌骨后端可达瞳孔前缘下方。上下颌具细齿多行，外行为稀疏的细尖齿；上颌前端具2~4枚犬齿，下颌后端数枚尖齿较粗壮；犁骨及腭骨具绒毛状齿；舌上无齿。前鳃盖骨边缘具细锯齿，后缘具一深缺刻。鳃盖骨无棘。鳃耙细杆状。

体被中大栉鳞，头背部鳞片达眼间隔上方，颊部及鳃盖被鳞，其余部分裸露。侧线完全，侧线上方鳞片斜向后背缘，侧线下方鳞片与体轴平行。

背鳍鳍棘部与鳍条部相连，无缺刻，背鳍始于胸鳍基上方，鳍棘发达。臀鳍始于背鳍鳍条部下方。胸鳍长，约等于吻后头长。腹鳍位于胸鳍基后下方。尾鳍凹形。

体背部鲜黄色，腹部浅红色。体侧具4条平行蓝色纵带，纵带边缘暗褐色；幼鱼在第二、第三条纵带间背鳍鳍条部前下方具一黑斑，成鱼黑斑不明显。各鳍黄色，背鳍及臀鳍边缘黑色。

【生物学特性】

暖水性中下层鱼类。喜栖息于岩礁、珊瑚丛附近的浅海水域。白天常可见集成大群在珊瑚礁的礁区、洞穴或残骸附近水域游动。幼鱼常栖息于礁区周围的海草床上。杂食性，主要以鱼类、虾蟹、头足类及小型浮游甲壳动物等为食，也摄食藻类。常见个体全长25cm左右，最大全长达40cm。

【地理分布】

分布于印度—太平洋区，西至红海、东非，东至马克萨斯群岛和莱恩群岛，北至日本南部，南至澳大利亚。我国主要分布于南海及台湾海域。

【资源状况】

小型鱼类，具有一定的食用价值，常以钩钓、刺网、底拖网等捕获。因其集群习性，常成群见于水族馆。

53. 五线笛鲷 *Lutjanus quinquelineatus* (Bloch, 1790)

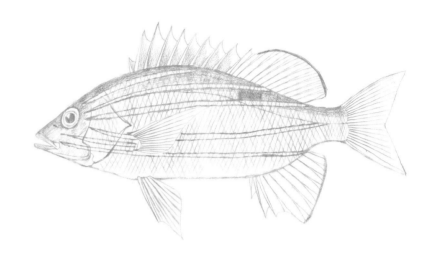

【英文名】five-lined snapper

【别名】五带笛鲷、赤笔仔、海鸡母

【分类地位】鲈形目Perciformes

　　　　　笛鲷科Lutjanidae

【主要形态特征】

背鳍Ⅹ-13~15；臀鳍Ⅲ-8；胸鳍15；腹鳍Ⅰ-5。侧线鳞46~48。

体呈长椭圆形，侧扁。头中大。吻钝尖。眼大，侧上位，眼间隔宽，微圆凸。鼻孔2个，分离，前鼻孔小，具瓣膜，后鼻孔大，长椭圆形。口较大，稍倾斜。上颌骨后端可达眼前缘下方。上下颌具细齿多行，外行为稀疏的细尖齿，内行为绒毛状齿带；上颌前端具2~4枚犬齿；犁骨及腭骨具绒毛状齿；舌上无齿。前鳃盖骨边缘具细锯齿，后缘具一深缺刻。鳃盖骨无棘。鳃耙细杆状。

体被栉鳞，头背部鳞片达眼间隔上方，颊部及鳃盖被鳞，其余部分裸露。侧线完全，侧线上方鳞片斜向后背缘，侧线下方鳞片与体轴平行。

背鳍鳍棘部与鳍条部相连，无缺刻，背鳍始于胸鳍基后上方，鳍棘发达。臀鳍始于背鳍鳍条部下方。胸鳍长，约等于吻后头长。腹鳍位于胸鳍基底下方。尾鳍凹形。

体背部鲜黄色，腹部色浅。体侧具5条平行蓝色纵带，纵带边缘暗褐色；第二、第三条纵带间背鳍鳍条部前下方具一黑斑，黑斑大部分位于侧线上方。各鳍黄色。

【生物学特性】

暖水性中下层鱼类。喜栖息于岩礁、珊瑚丛附近海区，常在水深30~40m的海域集成大群活动。肉食性，主要以鱼类和甲壳类为食。最大全长达38cm。

【地理分布】

分布于印度—西太平洋区，西至波斯湾及阿曼湾，东至斐济，北至日本南部，南至澳大利亚。我国主要分布于南海及台湾海域。

【资源状况】

小型鱼类，肉味鲜美，具有一定的食用价值，常以钩钓、流刺网等捕获。由于体色及条纹鲜艳，也常见于水族馆。

54.蓝点笛鲷 *Lutjanus rivulatus* (Cuvier, 1828)

【英文名】blubberlip snapper

【别名】蓝纹笛鲷、海鸡母笛鲷、大花脸

【分类地位】鲈形目Perciformes

笛鲷科Lutjanidae

【主要形态特征】

背鳍X-15~16；臀鳍Ⅲ-8；胸鳍15；腹鳍Ⅰ-5。侧线鳞46~49。

体呈长椭圆形，侧扁。头中大。吻钝尖。眼中大，侧上位，眼间隔圆凸。鼻孔2个，甚小，稍分离，前鼻孔圆形，具瓣膜，后鼻孔裂缝状。口中大，倾斜。上颌骨后端可达瞳孔前缘下方。上颌前端具2枚犬齿，两侧外行为稀疏圆锥齿，内行为绒毛状齿；下颌为1行细尖齿；犁骨及腭骨具绒毛状齿；舌上无齿。前鳃盖骨边缘锯齿不明显，后下缘具一缺刻。鳃盖骨无棘。鳃耙杆状。

体被栉鳞，头背部裸露无鳞。侧线完全，侧线上方鳞片斜向后背缘；侧线下方鳞片与体轴平行。

背鳍鳍棘部与鳍条部相连，无缺刻，背鳍始于胸鳍基上方，鳍棘发达。臀鳍始于背鳍鳍条部下方。胸鳍末端可达臀鳍起点上方，长度短于头长。腹鳍位于胸鳍后下方。尾鳍浅凹。

体背部褐色，腹部色浅。头部具多条波状纵纹，体侧每鳞片各具一白点，另在背鳍鳍条部起点下方的侧线后部具一白斑。各鳍黄色至灰褐色。幼鱼体侧具褐色横带。

【生物学特性】

暖水性中下层鱼类。喜栖息于珊瑚礁区或近岸浅水区，成鱼常见于沿海近岸水深50~100m的海域，幼鱼则出现在藻类丛生的浅滩，通常靠近淡水径流。独游或集成小群。主要以鱼类、头足类或底栖甲壳类为食。常见个体全长60cm左右，最大全长达80cm，最大体重达11kg。

【地理分布】

分布于印度—太平洋区，西至东非，东至塔希提岛，北至日本南部，南至澳大利亚。我国主要分布于南海及台湾海域。

【资源状况】

中型鱼类，肉味鲜美，肉质上佳，属中上等食用鱼类，经济价值较高，具有良好的养殖前景。常以钩钓、流刺网或拖网捕获，也常见于水族馆。

千 年 笛 鲷

55. 千年笛鲷 *Lutjanus sebae* (Cuvier, 1816)

【英文名】emperor red snapper

【别名】川纹笛鲷、儋州红、白点赤海

【分类地位】鲈形目Perciformes

笛鲷科Lutjanidae

【主要形态特征】

背鳍XI-15~16；臀鳍III-10；胸鳍17；腹鳍 I -5。侧线鳞46~49。

体呈长椭圆形，侧扁。尾柄侧扁。头中大。吻钝尖。眼中大，侧位而高，眼间隔微凸起。鼻孔2个，分离，前鼻孔圆形，具瓣膜，后鼻孔椭圆形。口中大，倾斜。上颌骨后端可达眼前缘下方。上下颌具细齿多行，外行为稀疏的锥形齿；上颌前端具2~4枚犬齿，下颌两侧锥形齿较粗壮；犁骨具绒毛状齿呈三角形；腭骨亦具绒毛状齿；舌上无齿。前鳃盖骨边缘具细锯齿，后下缘具一中等深缺刻。鳃盖骨无棘。鳃耙粗短。

体被大栉鳞，头背部裸露无鳞。侧线完全，侧线上方和下方鳞片均斜向后背缘。

背鳍鳍棘部与鳍条部相连，无缺刻，背鳍始于鳃盖后上方，鳍棘发达，鳍条部尖。臀鳍始于背鳍鳍条部下方。胸鳍尖长，镰状，几等于头长。腹鳍位于胸鳍基下方。尾鳍浅分叉。

体呈红色，腹部色淡。体侧具3条倾斜的黑褐色宽横带，呈"川"字状，幼鱼横带显著，成鱼不明显。腹鳍黑色，背鳍、臀鳍前部黑色，尾鳍上下叶尖端黑色。

【生物学特性】

暖水性底层鱼类。幼鱼喜栖息于热带海岸或珊瑚丛附近的浅水区，成鱼则栖息于水深100m左右的海区。肉食性，主要摄食甲壳类和底层鱼类。常见个体全长60cm左右，最大叉长达116cm，最大体重达32.7kg。

【地理分布】

分布于印度—西太平洋区，西至红海、东非，东至新喀里多尼亚，北至日本南部，南至澳大利亚。我国主要分布于东海、南海及台湾海域。

【资源状况】

中型鱼类，我国沿海习见，具有较高的食用价值，常以钩钓、底拖网等捕获。因其体色鲜艳，条纹独特，具有一定的观赏价值，常见于水族馆。

111

56.斑点羽鳃笛鲷 *Macolor macularis* Fowler, 1931

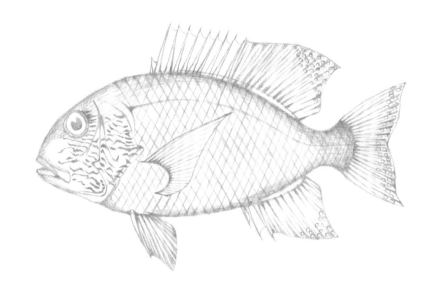

【英文名】midnight snapper

【别名】斑点笛鲷、琉球黑毛

【分类地位】鲈形目Perciformes
　　　　　　笛鲷科Lutjanidae

【主要形态特征】

背鳍Ⅹ-13~14；臀鳍Ⅲ-10；胸鳍17；腹鳍Ⅰ-5。侧线鳞50~55。

体呈长椭圆形，侧扁。体高明显大于头长。眼大，侧上位，眼间隔宽而微凸。吻短钝。鼻孔2个。口中大，稍倾斜。上颌骨后端可达眼中央下方。上下颌具细齿多行，外行齿为稀疏且较粗的尖齿，前端具4~6枚犬齿；犁骨及腭骨具绒毛状齿。前鳃盖骨边缘具细锯齿，后缘具一深而窄的缺刻。鳃盖骨无棘。鳃耙多而细长。

体被中小栉鳞，头背部裸露无鳞。侧线完全，侧线上方鳞片斜向后背缘；侧线下方鳞片与体轴平行。

背鳍鳍棘部与鳍条部相连，无缺刻，背鳍始于胸鳍基上方，鳍棘细长，鳍条部后端突出呈尖角状。臀鳍始于背鳍鳍条部下方，鳍条部与背鳍鳍条部同形。胸鳍尖，长于头长。腹鳍位于胸鳍基下方，幼鱼腹鳍窄而尖长，成鱼渐宽短。尾鳍凹形。

成鱼体呈灰黑色，头部具许多深蓝色短纵纹或斑点；幼鱼体背侧黑色，具数个不规则白斑，腹侧白色，具一宽阔黑色纵带，头部具一黑色横带贯穿眼部。

【近似种】

本种与黑羽鳃笛鲷（*M. niger*）相似，尤其是幼鱼，主要区别为：黑羽鳃笛鲷头部为黑色，且无斑点或斑纹，其幼鱼和成鱼腹鳍均宽短。

【生物学特性】

暖水性中下层鱼类。主要栖息于礁石区的向海斜坡，成鱼常集成小群出现在近海礁区或深海礁石区斜坡，幼鱼则常单独活动于礁石斜坡。主要在夜间觅食。主要摄食大型浮游动物。最大全长达60cm。

【地理分布】

分布于西太平洋区，西至东非，东至萨摩亚群岛，北至琉球群岛，南至澳大利亚及美拉尼西亚。我国主要分布于南海及台湾海域。

【资源状况】

中型鱼类，我国沿海地区偶见，可供食用，一般以延绳钓捕获。可作为观赏鱼，见于大型水族馆。

57. 双带鳞鳍梅鲷 *Pterocaesio digramma* (Cuvier, 1830)

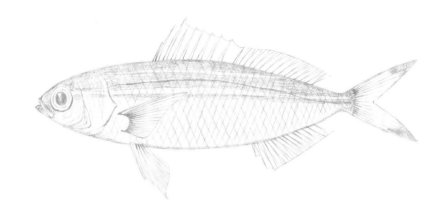

【英文名】double-lined fusilier

【别名】二带梅鲷、双带鳞鳍乌尾鮗、乌尾冬仔

【分类地位】鲈形目Perciformes

　　　　　　乌尾鮗科Caesionidae

【主要形态特征】

　　背鳍Ⅹ-14~15；臀鳍Ⅲ-11~12；胸鳍20~21；腹鳍Ⅰ-5。侧线鳞66~76。

　　体呈长纺锤形，稍侧扁。头长大于体高。眼稍大，侧位，脂眼睑发达，眼间隔宽平。吻短，钝尖。口小，端位。前上颌骨具2个指状突起，上颌骨后端可伸达眼前缘下方。上下颌齿极细，单行；犁骨、腭骨及舌上无齿。前鳃盖骨边缘具细小锯齿。鳃盖骨后缘上方具钝棘。鳃孔大。鳃耙细长。

　　体被栉鳞。侧线完全且平直，仅在尾柄前方略弯曲。

　　背鳍鳍棘部与鳍条部相连，背鳍起点位于胸鳍基后上方，鳍棘细弱，第三鳍棘最长，向后渐短。臀鳍较小，与背鳍鳍条部相对。胸鳍长。腹鳍小，起点位于胸鳍基后下方。尾鳍深分叉，上下叶末端尖。

　　体背部紫红色，腹部粉红色。体侧具2条金黄色纵带，第一条自头顶沿背鳍基底下方至背鳍末端，第二条位于侧线下方，自眼后缘沿体侧至尾鳍基部。各鳍淡黄色或粉色，尾鳍上下叶末端黑色。

【生物学特性】

　　暖水性中上层鱼类。喜栖息于沿岸较深的潟湖或礁区陡坡外围海域，常集成大群巡游在中层水域，游泳速度快且时间持久。日行性，白天在水层间觅食，夜晚则在礁体间具有遮蔽的地方休息。主要以浮游动物为食。最大全长达30cm。

【地理分布】

　　分布于西太平洋区，西至印度尼西亚，东至新喀里多尼亚，北至日本南部，南至澳大利亚西部；诺福克岛和汤加亦有分布记录。我国主要分布于南海及台湾海域。

【资源状况】

　　小型鱼类，我国沿海习见，数量较多，具有一定的天然产量，常以流刺网、围网等捕获。可供食用。

58.长棘银鲈 *Gerres filamentosus* Cuvier, 1829

【英文名】whipfin silver-biddy

【别名】曳丝钻嘴鱼、曳丝银鲈、碗米仔

【分类地位】鲈形目Perciformes
银鲈科Gerreidae

【主要形态特征】

背鳍Ⅸ-10~11；臀鳍Ⅲ-7；胸鳍15；腹鳍Ⅰ-5。侧线鳞45~46。

体呈卵圆形，侧扁，背面狭窄，腹面钝圆。尾柄侧扁而短。头中大。吻钝尖。眼较大，侧位而高，眼间隔宽于眼径。鼻孔2个，前鼻孔具瓣膜，后鼻孔较大，椭圆形。口较小，端位，可向前下方伸缩活动，前颌骨具一向后突起。眶前骨甚狭。上颌骨短，两端游离。上下颌齿细小，呈绒毛带状；犁骨、腭骨及舌上无齿。前鳃盖骨边缘平滑。鳃盖骨无棘。鳃耙少而短钝。

体被薄圆鳞，眼间隔裸露无鳞。背鳍及臀鳍基底具薄鳞鞘。侧线完全。

背鳍鳍棘部与鳍条部相连，无缺刻，背鳍起点位于胸鳍基后上方，鳍棘尖锐，第二鳍棘呈丝状延长，末端柔软可曲，其长约等于体高。臀鳍起点位于背鳍第五鳍条下方。胸鳍镰状，末端可达臀鳍起点。腹鳍位于胸鳍后下方，具腋鳞。尾鳍叉形。

体背部银灰色，腹部银白色。体侧具8~10条由青黑色斑点形成的间断点状横带。各鳍色淡或浅黄色，背鳍及尾鳍边缘黑色。

【生物学特性】

暖水性近底层鱼类。喜栖息于沙泥质底海域，有时可自河口上溯至潮沟、江河下游甚至淡水湖泊中。喜集群。主要摄食端足类、多毛类、桡足类等。产卵期为3—4月。常见个体体长15cm左右，最大全长达35cm。

【地理分布】

分布于印度—太平洋区，西至东非及马达加斯加沿岸，东至新喀里多尼亚和瓦努阿图，北至日本，南至澳大利亚。我国主要分布于南海及台湾海域。

【资源状况】

小型鱼类，可供食用，全年均有渔获，春季和夏季产量较高，常以底拖网和定置网捕获。

59. 斑胡椒鲷 *Plectorhinchus chaetodonoides* Lacepède, 1801

【英文名】harlequin sweetlips

【别名】厚唇石鲈、小丑石鲈、燕子花旦、打铁婆

【分类地位】鲈形目Perciformes

仿石鲈科Haemulidae

【主要形态特征】

背鳍XI~XII-18~20；臀鳍III-8；胸鳍16~17；腹鳍 I -5。侧线鳞55~65。

体呈长椭圆形，侧扁而稍高。头较高。吻短钝，吻孔1对，裂缝状。眼侧上位。鼻孔2个，具瓣膜。口小，端位。唇厚。上颌后端达后鼻孔下方，上颌骨大部为眶下骨所盖。颏孔3对，无纵沟。上下颌齿细小，呈不规则多行尖锥状；犁骨、腭骨及舌上无齿。前鳃盖骨后缘具细锯齿。鳃耙细短。

体被小栉鳞。侧线完全。

背鳍鳍棘部与鳍条部相连，具深凹陷，鳍条部高而圆凸。臀鳍基底短。胸鳍较长，末端伸达背鳍鳍棘部末端下方。腹鳍末端伸越肛门。尾鳍浅叉形。

随个体生长，体色及斑纹具较大差异。幼鱼体呈褐色，散布大型白色斑块；成鱼体呈灰色，腹部色淡，体侧及背鳍、臀鳍、尾鳍密布与瞳孔等大的黑褐色斑点或斑块，胸鳍及腹鳍黑褐色。

【生物学特性】

暖水性中下层鱼类。喜栖息于水质清澈的潟湖或浅海的岩礁、珊瑚礁区，栖息水深1~30m。通常单独活动，白天躲藏在礁石洞穴中，夜间外出捕食。肉食性，主要捕食珊瑚礁区的甲壳类、软体动物及鱼类等。卵生，繁殖期间有明显配对行为。小型幼鱼常摇头摆尾，可能以模仿有毒的海蛞蝓而自我保护。最大体长达72cm，最大体重达7kg。

【地理分布】

分布于印度—西太平洋区，印度洋分布于科科斯群岛和马尔代夫，西太平洋分布于西至苏门答腊岛，东至斐济，北至琉球群岛，南至新喀里多尼亚。我国主要分布于南海及台湾海域。

【资源状况】

中型鱼类，常以钩钓捕获，成鱼味美，可供食用，幼鱼体色及行为独特，可作为观赏鱼。具有一定的经济价值。

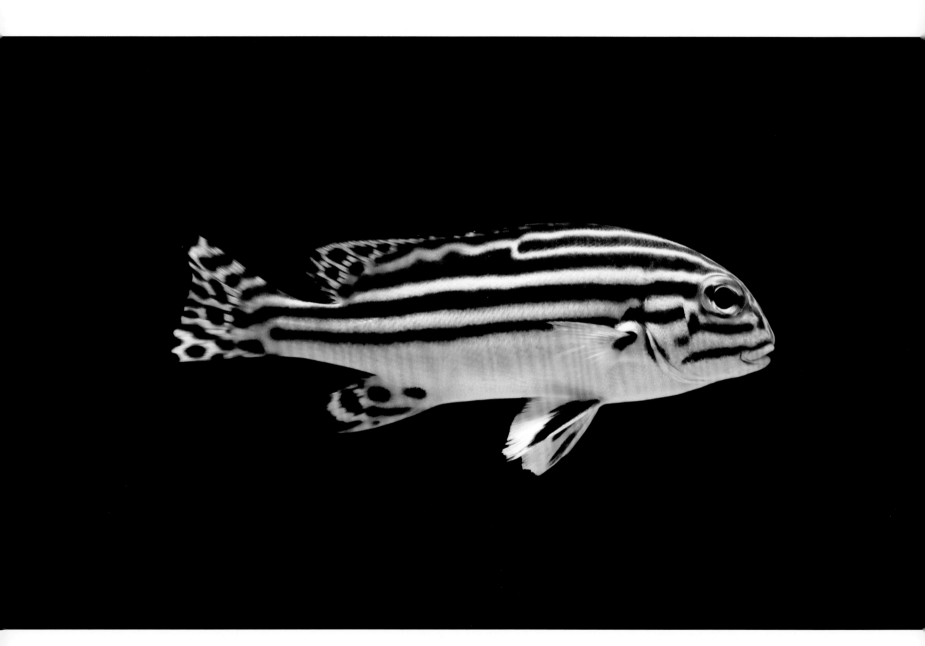

60.四带胡椒鲷 *Plectorhinchus diagrammus* (Linnaeus, 1758)

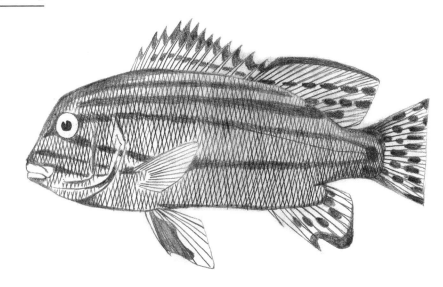

【英文名】striped sweetlips

【别名】少耙胡椒鲷、双带胡椒鲷、花脸仔、打铁婆

【分类地位】鲈形目Perciformes
仿石鲈科Haemulidae

【主要形态特征】

背鳍XII~XIII-18~20；臀鳍III-6~8；胸鳍17；腹鳍 I -5。侧线鳞50~60。

体呈长椭圆形，侧扁，背缘隆起度大于腹缘。头圆钝。吻短钝，吻孔1对，裂缝状。眼侧上位。鼻孔2个，具瓣膜。口小，低前位。唇厚。上颌骨后端达眼前缘下方。颏孔3对，无纵沟。上下颌齿细小，前部多行呈绒毛带状，后侧1行；犁骨、腭骨及舌上无齿。前鳃盖骨边缘具细锯齿。鳃耙短小。

体被小栉鳞。侧线完全。

背鳍鳍棘部与鳍条部相连，具浅凹陷，鳍条部后端钝尖。臀鳍基底短。胸鳍末端伸达背鳍第九鳍棘下方。腹鳍位于胸鳍基后下方。尾鳍截形。

体呈蓝灰色，腹部灰白色。头体具4条深褐色纵带，头部眼下方另具2条短纵带，腹部无纵带。各鳍浅黄色，背鳍、臀鳍及尾鳍散布黑色斑点，胸鳍基部具一深色斑点，腹鳍外缘黑色。

【生物学特性】

暖水性中下层鱼类。喜栖息于珊瑚礁海区，常躲避在礁石中。主要以礁区各种底栖无脊椎动物为食。卵生，繁殖期间具配对行为。最大全长达40cm。

【地理分布】

分布于西太平洋区，西至马来西亚，东至美拉尼西亚，北至日本南部，南至澳大利亚。我国主要分布于南海诸岛以及台湾岛海域。

【资源状况】

中小型鱼类，我国沿海偶见，数量不多，经济价值不高。

61.条纹胡椒鲷 *Plectorhinchus lineatus*（Linnaeus, 1758）

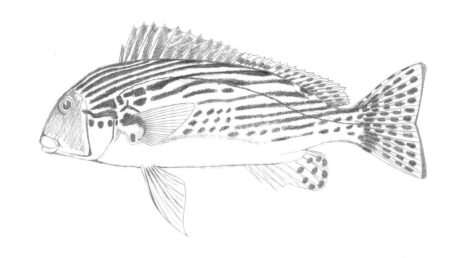

【英文名】yellowbanded sweetlips

【别名】葫芦鲷、花脸仔、打铁婆、条纹石鲈

【分类地位】鲈形目Perciformes

　　　　　　仿石鲈科Haemulidae

【主要形态特征】

　　背鳍ⅩⅢ-18~19；臀鳍Ⅲ-7；胸鳍18；腹鳍Ⅰ-5。侧线鳞58~65。

　　体呈长椭圆形，侧扁，背缘隆起呈弧形。头圆钝。吻短钝，吻孔1对，裂缝状。眼侧上位。鼻孔2个，具瓣膜。口小，端位。唇厚。上颌骨后端伸达瞳孔前缘下方。颏孔3对，无纵沟。上下颌齿细小，前部多行呈带状，后侧2行；犁骨、腭骨及舌上无齿。前鳃盖骨边缘具细锯齿。鳃耙短小。

　　体被小栉鳞。侧线完全。

　　背鳍鳍棘部与鳍条部相连，具浅凹陷，鳍条部后端稍圆凸。臀鳍基底短。胸鳍末端达背鳍第九至第十鳍棘下方。腹鳍末端可达肛门。尾鳍截形或稍凹。

　　体呈蓝白色。幼鱼头体具6~7条深褐色水平纵带；成鱼体背侧具密集褐色斜带，斜带下方具色暗的斑点，头部及腹部无斑纹。各鳍黄色，背鳍、臀鳍及尾鳍散布黑色斑点，腹鳍外缘不呈黑色。

【生物学特性】

　　暖水性中下层鱼类。喜栖息于水质清澈的潟湖及向海的珊瑚礁区海域。夜行性，常集群出没于珊瑚礁区。肉食性，主要以小虾、小鱼、蠕虫及其他无脊椎动物等为食。最大全长达72cm。

【地理分布】

　　分布于西太平洋区，西至印度尼西亚，东至菲律宾，北至琉球群岛及小笠原诸岛，南至大堡礁及新喀里多尼亚。我国主要分布于南海及台湾海域。

【资源状况】

　　中型鱼类，常以钩钓或潜水捕获。成鱼可供食用，幼鱼可作为观赏鱼，具有一定的经济价值。

幼鱼

62. 齿颌眶棘鲈 *Scolopsis ciliata* (Lacepède, 1802)

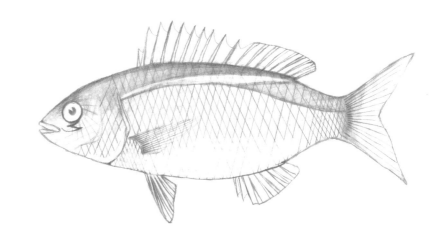

【英文名】saw-jawed monocle bream

【别名】黄点眶棘鲈、红尾冬仔、黄点赤尾冬

【分类地位】鲈形目Perciformes

　　　　　　金线鱼科Nemipteridae

【主要形态特征】

　　背鳍Ⅹ-9；臀鳍Ⅲ-7；胸鳍17；腹鳍Ⅰ-5。侧线鳞41~43。

　　体呈长椭圆形，侧扁。头中大。吻短尖。眼大，侧位而高，眼间隔宽凸。眶下骨后上角具一发达锐棘，下缘具细锯齿，上缘具向前棘。鼻孔2个，圆形，前鼻孔具瓣膜。口中大，端位。上下颌等长，上颌骨后上缘具强锯齿，后端伸达眼前缘下方。上下颌齿细小，前端多行向两侧渐成1行；犁骨、腭骨及舌上均无齿。前鳃盖骨后缘具锯齿。鳃盖骨后缘具一扁平棘。鳃耙短粗。

　　体被栉鳞。头部除眶前骨、吻部外，大部被鳞。侧线完全。

　　背鳍鳍棘部与鳍条部相连，无缺刻，背鳍起点位于胸鳍基上方，鳍棘尖锐。臀鳍起点在背鳍第二鳍条下方。胸鳍中大。腹鳍位于胸鳍基后下方，基部外侧各具1枚腋鳞。尾鳍叉形。

　　体背部深青色至灰蓝色，腹部色淡。体背缘沿背鳍基下方具一白色纵带，体侧散布浅黄色小斑点。各鳍无色，背鳍边缘及尾鳍上下缘浅红色。

【生物学特性】

　　暖水性底层鱼类。喜栖息于近珊瑚礁区的沙泥质底海域，也出现在红树林周边水域。主要以礁区的小鱼及底栖无脊椎动物为食。通常单独或数尾在沙地上活动，以一游一停的方式前进。常见个体体长10cm左右，最大全长达25cm。

【地理分布】

　　分布于印度—西太平洋区，西至安达曼海，东至瓦努阿图，北至琉球群岛，南至澳大利亚北部。我国主要分布于南海及台湾海域。

【资源状况】

　　小型鱼类，全年均可渔获，但数量不多。常以钩钓、流刺网等捕获。

63.线纹眶棘鲈 *Scolopsis lineata* Quoy *et* Gaimard, 1824

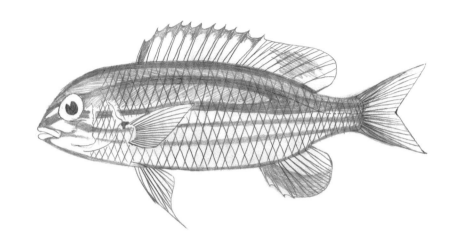

【英文名】striped monocle bream

【别名】栅纹眶棘鲈、三带眶棘鲈、黄带赤尾冬

【分类地位】鲈形目Perciformes

　　　　　金线鱼科Nemipteridae

【主要形态特征】

　　背鳍Ⅹ-9；臀鳍Ⅲ-7；胸鳍16；腹鳍Ⅰ-5。侧线鳞40~42。

　　体呈长椭圆形，侧扁。头稍钝。吻短钝，吻长稍短于眼径。眼大，侧位而高，眼间隔宽而微凸。眶下骨后上角具一发达锐棘，下缘具细锯齿，上缘无向前棘。鼻孔2个，前鼻孔具瓣膜。口中大，端位。上颌骨后端伸达眼前缘下方。上下颌齿细小，呈绒毛带状排列；犁骨、腭骨及舌上均无齿。前鳃盖骨后缘具细锯齿。鳃盖骨后缘具扁棘。鳃耙短钝呈结节状。

　　体被栉鳞。头部除上下颌外，大部被鳞。侧线完全。

　　背鳍鳍棘部与鳍条部相连，无缺刻，背鳍起点位于胸鳍基上方，鳍棘发达，鳍条部后缘圆凸形。臀鳍起点位于背鳍鳍条部下方，与背鳍鳍条部同形。胸鳍中大。腹鳍位于胸鳍基后下方。尾鳍叉形。

　　体背部黄绿色，腹部银白色。体侧具3条橄榄色纵带，纵带被数个淡色斑块隔断而呈栅栏状纹。背鳍第一至第二鳍棘间鳍膜蓝黑色，其余各鳍橘红色或色浅。

【生物学特性】

　　暖水性中下层鱼类。喜栖息于珊瑚礁区的沙质底海域。成鱼常成群栖息于向海礁滩，幼鱼常见于清澈的浅潟湖和珊瑚礁区附近海域，以一游一停的方式前进。主要以礁区的小鱼、甲壳类及多毛类动物为食。常见个体体长13cm左右，最大全长达25cm。

【地理分布】

　　分布于印度—西太平洋区，西至科科斯群岛，东至瓦努阿图，北至日本南部，南至澳大利亚西北部。我国主要分布于南海及台湾海域。

【资源状况】

　　小型鱼类，全年均可渔获，但数量不多。常以钩钓、流刺网捕获。可作为观赏鱼。

64. 单带眶棘鲈 *Scolopsis monogramma* (Cuvier, 1830)

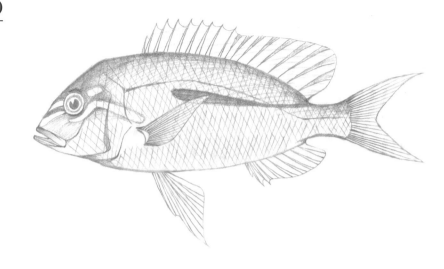

【英文名】monogrammed monocle bream

【别名】双斑眶棘鲈、黑带赤尾冬、红尾冬仔

【分类地位】鲈形目Perciformes

　　　　　　金线鱼科Nemipteridae

【主要形态特征】

背鳍X-9；臀鳍III-7；胸鳍17；腹鳍I-5。侧线鳞44~46。

体呈长椭圆形，侧扁。头稍大。吻较尖长。眼大，侧位而高，眼间隔宽而微凸。眶下骨后上角具一发达锐棘，下缘具细锯齿，上缘无向前棘。鼻孔2个，紧邻，圆形，前鼻孔具瓣膜。口中大。上下颌等长，上颌骨后端伸达眼前缘下方。上下颌齿细小，多行，呈带状；犁骨、腭骨及舌上均无齿。前鳃盖骨后缘具细锯齿，后下角具数个较强锯齿。鳃盖骨后缘具一弱棘。鳃耙少而短。

体被弱栉鳞。头部除眶前骨、吻部外，大部被鳞。侧线完全。

背鳍鳍棘部与鳍条部相连，无缺刻，背鳍起点位于胸鳍基上方，鳍棘尖锐。臀鳍起点在背鳍鳍条部下方。胸鳍中大。腹鳍位于胸鳍基后下方。尾鳍叉形，幼鱼尾鳍上下叶圆钝，成鱼上下叶延长。

体背部黄褐色，腹部色浅。幼鱼体侧具一黑色纵带，成鱼体侧纵带不明显，体侧上部具黑色宽斜纹或带斑。眼上下缘至鳃盖各具1条蓝纹。各鳍橘黄色，胸鳍及腹鳍色淡。

【生物学特性】

暖水性中下层鱼类。成鱼常在砾石质底海域活动，幼鱼则喜栖息于海藻茂盛的地区。通常单独或数尾在礁区或礁岩外缘的沙地上活动，以一游一停的方式前进。主要摄食小鱼、甲壳类、软体动物及多毛类等。具性转变，先雌后雄。常见个体体长18cm左右，最大全长达38cm。

【地理分布】

分布于印度—西太平洋区，西至东印度洋安达曼海，东至巴布亚新几内亚，北至琉球群岛，南至澳大利亚东北部。我国主要分布于南海及台湾海域。

【资源状况】

小型鱼类，全年均可渔获，但数量不多。常以钩钓、流刺网捕获。

中国沿海鱼类（第1卷） Fishes of Coastal China Seas（Volume Ⅰ）

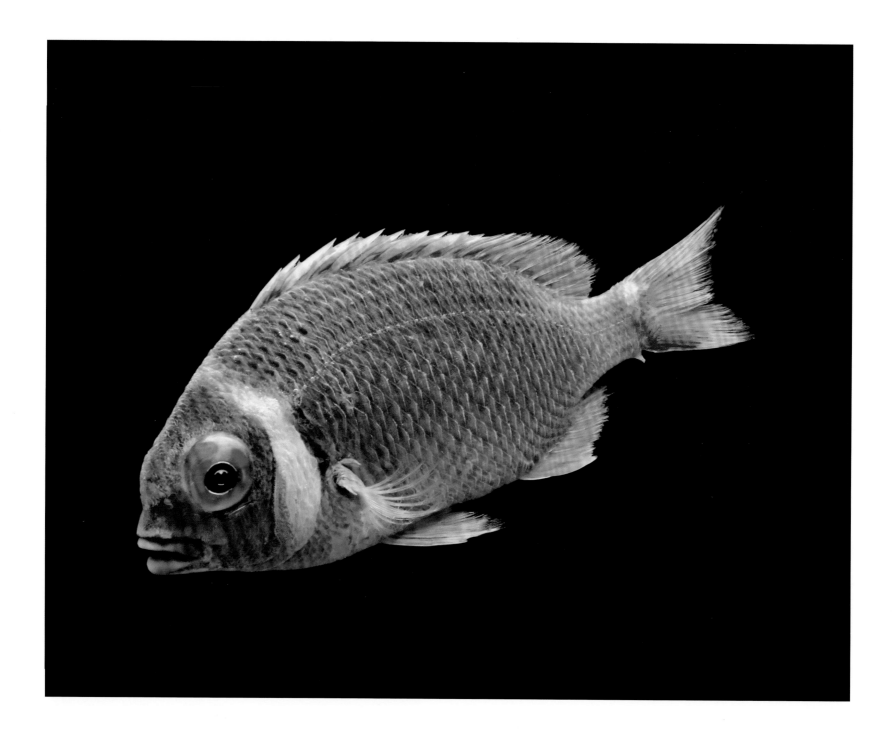

130

65.伏氏眶棘鲈 *Scolopsis vosmeri* (Bloch, 1792)

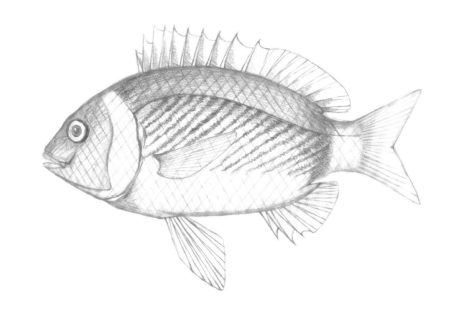

【英文名】whitecheek monocle bream

【别名】白颈眶棘鲈、白项赤尾冬、红海鲫

【分类地位】鲈形目Perciformes

　　　　　金线鱼科Nemipteridae

【主要形态特征】

背鳍X-9；臀鳍III-7；胸鳍17~19；腹鳍I-5。侧线鳞40~43。

体呈卵圆形，侧扁。头中大。吻短钝。眼大，侧位而高，眼间隔宽平。眶下骨后上角具一发达锐棘，下缘具细锯齿，上缘具向前棘。鼻孔2个，前鼻孔大，具瓣膜，后鼻孔甚小。口中大，端位。上颌骨后端伸达瞳孔前缘下方。上下颌齿细小，呈带状排列，外侧1行常较大；犁骨、腭骨及舌上均无齿。前鳃盖骨后缘具细锯齿。鳃盖骨后缘具一短棘。鳃耙短钝呈结节状。

体被栉鳞。头部除两颌外，大部被鳞。侧线完全。

背鳍鳍棘部与鳍条部相连，无缺刻，背鳍起点位于胸鳍基上方，鳍棘发达。臀鳍起点位于背鳍鳍条部下方。胸鳍中大。腹鳍位于胸鳍基后下方，具腋鳞。尾鳍叉形。

体背部红褐色，腹部白色。鳃盖上具一半月形白斑，由头背部延伸至颊部。吻端及鳃盖后缘橘红色，各鳍橘黄色。

【生物学特性】

暖水性中下层鱼类。喜栖息于近岸浅海。通常单独或数尾在礁区或礁岩外缘的沙地上活动，以一游一停的方式前进。主要以小型底栖无脊椎动物为食。常见个体体长9~15cm，最大全长达25cm。

【地理分布】

分布于印度—西太平洋区，西至红海、东非，东至菲律宾，北至琉球群岛，南至澳大利亚北部。我国主要分布于南海及台湾海域。

【资源状况】

小型鱼类，全年均可渔获，但数量不多。常以钩钓、流刺网捕获。

66.线尾锥齿鲷 *Pentapodus setosus* (Valenciennes, 1830)

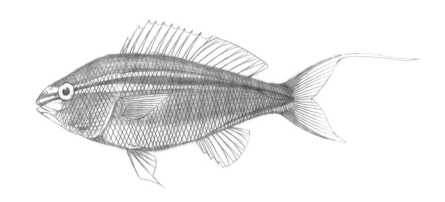

【英文名】butterfly whiptail

【别名】线尾鲷、多毛锥齿鲷

【分类地位】鲈形目Perciformes

金线鱼科Nemipteridae

【主要形态特征】

背鳍X-9；臀鳍Ⅲ-7；胸鳍16；腹鳍Ⅰ-5。侧线鳞45。

体长形，稍侧扁。头中大，头长约等于体高。吻钝尖。眼中大，侧中位，眼间隔宽平。鼻孔2个，圆形，等大，前鼻孔具瓣膜。口小，端位。上颌骨后端达眼前缘下方。上颌前端具较大犬齿4枚，两侧为小尖锥齿；下颌前端及两侧均为小尖锥齿，有时前端亦具犬齿；犁骨、腭骨及舌上无齿。前鳃盖骨边缘平滑。鳃盖骨后缘具扁平棘。鳃耙呈结节状。

体被栉鳞，头顶鳞片向前延伸至眼间隔，达鼻孔后方。侧线完全。

背鳍鳍棘部与鳍条部相连，无缺刻，背鳍始于胸鳍基上方，鳍棘尖细，第三鳍棘最长。臀鳍始于背鳍第三鳍条下方，鳍棘短小。胸鳍宽短。腹鳍胸位，后端不达肛门。尾鳍叉形，上叶第二鳍条呈丝状延长。

体背部暗褐色，腹部色浅。体侧具一黄色纵带，自吻端贯穿眼部至尾鳍基，纵带在头部及尾柄部具蓝色边缘。

【生物学特性】

暖水性中下层鱼类。喜栖息于岩礁、珊瑚礁海区，水深大于15m。通常集成小群在珊瑚礁中。主要捕食小型甲壳类。常见个体体长15cm左右，最大体长达18cm。

【地理分布】

分布于西中太平洋区，包括中国、菲律宾、新加坡、印度尼西亚等。中国主要分布于南海海域。

【资源状况】

小型鱼类，经济价值较低。可供食用，但食用价值不高。

67. 星斑裸颊鲷 *Lethrinus nebulosus* (Forsskål, 1775)

【英文名】spangled emperor

【别名】青嘴龙占鱼、龙尖、龙占

【分类地位】鲈形目Perciformes
　　　　　　裸颊鲷科Lethrinidae

【主要形态特征】

背鳍 X -9；臀鳍 III -8；胸鳍12；腹鳍 I -5。侧线鳞46~48。

体呈长椭圆形，侧扁。头中大，头长约等于头高或稍短于头高。吻钝尖。眼中大，侧上位，眼间隔宽。鼻孔2个，圆形，前鼻孔边缘具低皮瓣。口较小，前位，近水平状。唇稍厚。上下颌约等长，上颌骨被于眶前骨下。上下颌前端具犬齿及绒毛状齿，两侧齿单行，前方为尖锥齿，后方为颗粒状齿。犁骨、腭骨及舌上无齿。前鳃盖骨边缘光滑。鳃盖骨后缘具扁棘。鳃耙少而短。

体被弱栉鳞，鳞片大而薄，不易脱落，颊部无鳞。侧线完全，侧线上鳞5.5。

背鳍鳍棘部与鳍条部相连，无缺刻，背鳍起点位于胸鳍基上方，鳍棘发达。臀鳍起点位于背鳍鳍条部下方。胸鳍尖长，呈镰状。腹鳍位于胸鳍基下方。尾鳍浅叉形。

体呈浅灰绿色，腹部灰白色。体侧各鳞片上均具一亮蓝色小点。头部眼前方具3条放射状蓝色斜纹。幼鱼体侧具数条黄色纵带。背鳍、臀鳍及尾鳍浅红色，胸鳍及腹鳍浅黄色。尾鳍具数条垂直暗带。

【生物学特性】

暖水性底层鱼类。喜栖息于水深30~60m的沿岸珊瑚礁、岩礁、沼泽、红树林或海藻床区。单独或集成小群活动，白天在礁石区与沙地间巡游，幼鱼偶尔进入河口水域。肉食性，主要以软体动物、甲壳类及小鱼为食。常见个体体长31~58cm，体重1.0~5.3kg，最大全长达87cm，最大体重达8.4kg。

【地理分布】

分布于印度—西太平洋区，西至红海、东非及波斯湾，东至萨摩亚群岛，北至日本南部，南至澳大利亚。我国主要分布于东海、南海及台湾海域。

【资源状况】

中型鱼类，肉味鲜美，为我国沿海习见食用鱼类之一。全年均可捕获，常以延绳钓、钩钓、拖网等捕获，具有较高的经济价值。

68. 金带齿颌鲷 *Gnathodentex aureolineatus* (Lacepède, 1802)

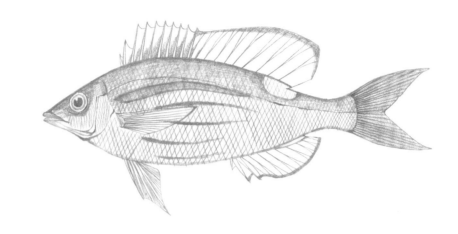

【英文名】striped large-eye bream

【别名】黄点鲷、龙占

【分类地位】鲈形目Perciformes

裸颊鲷科Lethrinidae

【主要形态特征】

背鳍 X -10；臀鳍Ⅲ-9；胸鳍14；腹鳍Ⅰ-5。侧线鳞70~79。

体呈长椭圆形，侧扁。头中大，头长小于体高。吻稍尖。眼大，侧位，眼间隔宽平。鼻孔2个，圆形，等大，前鼻孔具瓣膜。口小，端位，稍倾斜。上颌骨完全被眶前骨所盖，后端仅达前鼻孔下方，上颌骨表面有一具锯齿的隆起线。上下颌具细尖齿带，前端各具4枚犬齿，其中上颌排列整齐，下颌外侧2枚犬齿甚大且向外突出，中间2枚较小；犁骨、腭骨及舌上无齿。前鳃盖骨边缘平滑。鳃盖骨后缘具扁平钝棘。鳃耙呈结节状。

体被小栉鳞，头顶鳞片始于眼间隔后方。侧线完全。

背鳍鳍棘部与鳍条部相连，无缺刻，背鳍起点位于胸鳍基上方，鳍棘发达。臀鳍较短，与背鳍鳍条部相对。胸鳍末端可达臀鳍起点。腹鳍起点位于胸鳍基后下方。尾鳍叉形。

体背部草绿色，腹部色浅。体侧具数条黄色纵带，背鳍基底末端下方具一黄色大斑。各鳍淡红色。

【生物学特性】

暖水性底层鱼类。喜栖息于岩石和沙质海岸交界处。群居性，常集群巡游于潟湖礁石平台或向海珊瑚礁区，较少单独行动。夜行性，白天栖息于珊瑚丛中，夜间外出觅食。主要摄食礁区外围的底栖性软体动物、小鱼及虾蟹等。常见个体全长20cm左右，最大全长达30cm。

【地理分布】

分布于印度—太平洋区，西至东非，东至土阿莫土群岛，北至日本，南至澳大利亚；诺福克岛亦有分布记录。我国主要分布于南海及台湾海域。

【资源状况】

小型鱼类，肉质鲜美，可供食用，常以刺网、潜水、陷阱等捕获。

69. 黑斑绯鲤 *Upeneus tragula* Richardson, 1846

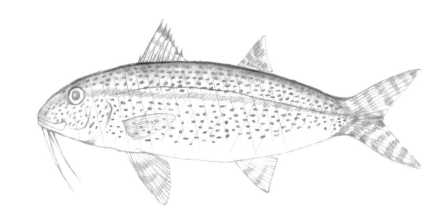

【英文名】freckled goatfish

【别名】秋姑、须哥、花尾流

【分类地位】鲈形目Perciformes

羊鱼科Mullidae

【主要形态特征】

背鳍VIII，Ⅰ-8；臀鳍Ⅰ-6；胸鳍15；腹鳍Ⅰ-5。侧线鳞28~33。

体延长，略侧扁。尾柄长，略侧扁。头中大。吻圆钝。眼较小，侧上位，眼间隔宽而隆起。鼻孔2个，分离，前鼻孔小，圆形，后鼻孔裂缝状。口小，微斜，上颌骨后端扩大达眼前缘下方。上下颌齿细小，呈绒毛状；犁骨、腭骨具绒毛状齿带。前鳃盖骨边缘平滑。鳃盖骨后上角具一短棘。颏部缝合处具1对长须，末端达前鳃盖骨下缘。鳃耙细弱。

体被栉鳞，鳞片薄，极易脱落。侧线完全。

背鳍2个，分离，第一背鳍尖而高，第一鳍棘甚短小；第二背鳍几与第一背鳍等高。臀鳍形似第二背鳍。胸鳍中大。腹鳍位于胸鳍基后下方，长于胸鳍。尾鳍深叉形。

体背部灰绿色，腹部色浅。体侧具一黑色纵带自吻端贯穿眼部至尾鳍基。头体散布红褐色或暗黑色斑点。第一背鳍尖端具大黑斑，斑内另具斑点；第二背鳍、臀鳍、胸鳍及腹鳍具红褐色斜纹；尾鳍上下叶各具4~6条黑褐色斜带。

【生物学特性】

暖水性近海底层鱼类。喜栖息于珊瑚礁区外缘的沙泥质底海域，也常见于河口水域，甚至可随潮水进入淡水河流。通常单独在水体底层翻动泥沙搜寻食物。肉食性，主要摄食底栖软体动物及甲壳动物。最大全长达25cm。

【地理分布】

分布于东印度洋—西太平洋区，西至安达曼群岛，东至新喀里多尼亚，北至日本，南至澳大利亚。我国主要分布于南海及台湾海域。

【资源状况】

小型鱼类，具有一定的天然产量，全年均可渔获，尤其是夏季产量较高。肉味可口，可供食用，常以刺网、延绳钓、底拖网等捕获。由于独特的摄食行为及多变的体色，常作为观赏鱼见于水族馆。

70. 条斑副绯鲤 *Parupeneus barberinus* (Lacepède, 1801)

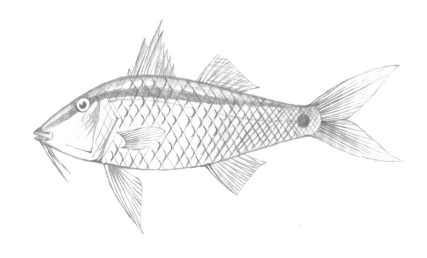

【英文名】dash-and-dot goatfish

【别名】单带海绯鲤、秋姑、须哥

【分类地位】鲈形目 Perciformes

　　　　　羊鱼科 Mullidae

【主要形态特征】

　　背鳍Ⅷ，Ⅰ-8；臀鳍Ⅰ-7；胸鳍16~18；腹鳍Ⅰ-5。侧线鳞27~30。

　　体呈长椭圆形，略侧扁。头中大，头长大于体高。吻钝尖。眼较小，侧上位，眼间隔宽稍大于眼径。鼻孔2个，分离。口小，前下位，近水平状。上颌骨后端不被于眶前骨下。上下颌齿各1行，为圆锥状尖齿，上颌齿略强于下颌齿；犁骨与腭骨无齿。前鳃盖骨边缘平滑。鳃盖骨后缘具一扁棘。颏部具1对长须，末端伸达前鳃盖骨后缘。鳃耙细弱。

　　体被弱栉鳞，鳞大而极易脱落。侧线完全。

　　背鳍2个，分离，第一背鳍第三、第四鳍棘较长。臀鳍形似第二背鳍，与第二背鳍相对。胸鳍略长于腹鳍。腹鳍始于胸鳍基下方。尾鳍叉形。体呈红色，腹部色略浅。自吻端贯穿眼部至第二背鳍下方具一黑色纵带，尾柄近尾鳍基的侧线上具一黑色大圆斑。各鳍浅黄色至红褐色。

【生物学特性】

　　暖水性底层鱼类。栖息水深在100m以内，喜栖息于温暖的沙泥质底向海礁坡、潟湖区或海藻床上。白天单独或结成小群在水底游动，用颏须搜寻沙泥中的食物。夜间栖息在平坦的沙泥地上。幼鱼常出现在岸边的低洼区。主要捕食虾类、蟹类、多毛类及软体动物等。常见个体全长30cm左右，最大全长达60cm。

【地理分布】

　　分布于印度—太平洋区，西至东非，东至莱恩群岛、马克萨斯群岛及土阿莫土群岛，北至日本南部，南至澳大利亚及新喀里多尼亚。我国主要分布于南海诸岛和台湾岛南部海域。

【资源状况】

　　中小型鱼类，肉味鲜美，可供食用，但部分个体可能含有毒素。常以流刺网、延绳钓等捕获，全年均可渔获。由于其独特的摄食行为，常作为观赏鱼见于水族馆。

71.黄带副绯鲤 *Parupeneus chrysopleuron* (Temminck *et* Schlegel, 1843)

【英文名】yellow striped goatfish

【别名】红带海绯鲤、红鱼、秋姑、须哥

【分类地位】鲈形目Perciformes
　　　　　　羊鱼科Mullidae

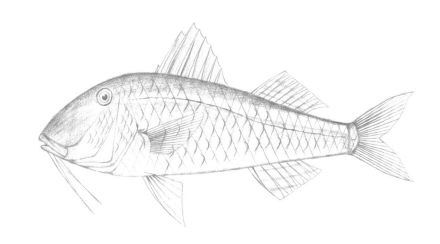

【主要形态特征】

背鳍Ⅷ，Ⅰ-7；臀鳍Ⅰ-7；胸鳍15；腹鳍Ⅰ-5。侧线鳞28~30。

体呈长椭圆形，稍侧扁。头中大。眼中大，眼间隔宽而微凸。鼻孔2个，分离，前鼻孔小，圆形，后鼻孔裂缝状。口小，前下位，微斜。上颌骨后端不被于眶前骨下。上下颌齿各1行，圆锥状，大小不一；犁骨及腭骨无齿。前鳃盖骨后缘平滑。鳃盖骨后缘具一短棘。颏部具1对长须，后端伸达前鳃盖骨后缘。鳃耙细密。

体被弱栉鳞，鳞大而易脱落。侧线完全。

背鳍2个，第一背鳍高于第二背鳍，第三、第四鳍棘较长。臀鳍与第二背鳍相对，高度略低于第二背鳍。胸鳍中长，与腹鳍约等长。腹鳍位于胸鳍基下方。尾鳍叉形。

体呈橘红色。体侧具一黄色宽纵带，自眼后至尾鳍基部。各鳍浅黄色至淡红色。

【生物学特性】

暖水性底层鱼类。喜栖息于岩礁区，常集成小群在沿岸或内湾的沙泥质底海域活动，用颏须搜寻沙泥中的食物。主要摄食底栖甲壳类、软体动物及多毛类等。最大全长达55cm。

【地理分布】

分布于印度—西太平洋区，西至印度尼西亚及菲律宾，东至阿拉弗拉海，北至日本南部，南至澳大利亚。我国主要分布于南海及台湾海域。

【资源状况】

小型鱼类，全年均可渔获，可供食用，但个体较小，价值不高。常作为观赏鱼见于水族馆。

72.短须副绯鲤 *Parupeneus ciliatus* (Lacepède, 1802)

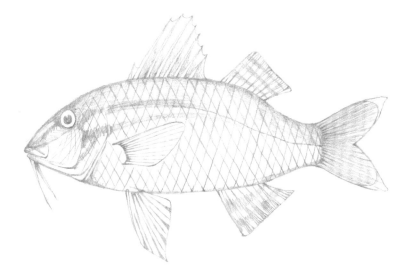

【英文名】whitesaddle goatfish

【别名】纵条副绯鲤、双带副绯鲤、秋姑、须哥

【分类地位】鲈形目Perciformes
          羊鱼科Mullidae

【主要形态特征】

背鳍Ⅷ，Ⅰ-8；臀鳍Ⅰ-7；胸鳍15；腹鳍Ⅰ-5。侧线鳞28~30。

体呈长椭圆形，稍侧扁。头中大。吻钝尖。眼中大，侧上位，眼间隔宽而微凸。鼻孔2个，分离，前鼻孔小，圆形，后鼻孔裂缝状。口小，前下位，微斜。上颌骨后端不被于眶前骨下。上下颌齿稍强大，均为单行圆锥状尖齿；犁骨及腭骨无齿。前鳃盖骨边缘平滑。鳃盖骨后缘具一短棘。颏部具须1对，后端伸至眼后缘下方。鳃耙细密。

体被弱栉鳞，鳞大而易脱落。侧线完全。

背鳍2个，分离，第一背鳍高于第二背鳍，第一鳍棘短小；第二背鳍与臀鳍形状相似。臀鳍与第二背鳍相对。胸鳍宽短。腹鳍位于胸鳍基下方。尾鳍叉形。

体呈棕红色至黄褐色，腹部色浅。体侧具2条浅黄色纵带，自眼后至第二背鳍后下方。第二背鳍后方具一浅色斑块或不明显；尾柄中部背侧具一暗褐色鞍状斑。第二背鳍及臀鳍具数条不明显斜纹。各鳍黄色。

【生物学特性】

暖水性底层鱼类。喜栖息于珊瑚礁海藻繁茂区或外缘海域。夜间觅食，常集成小群在水底用颏须搜寻沙泥中的食物。主要摄食底栖甲壳类、软体动物及多毛类等。最大全长达38cm，最大体重达2.3kg。

【地理分布】

分布于印度—太平洋区，西至西印度洋，东至莱恩群岛、马克萨斯群岛及土阿莫土群岛，北至日本南部，南至澳大利亚及拉帕岛。我国主要分布于南海及台湾海域。

【资源状况】

中小型鱼类，肉味鲜美，可供食用。全年均可渔获，常以流刺网、延绳钓等捕获。常作为观赏鱼见于水族馆。

《中国物种红色名录》将其列为易危（VU）等级。

73.圆口副绯鲤 *Parupeneus cyclostomus* (Lacepède, 1801)

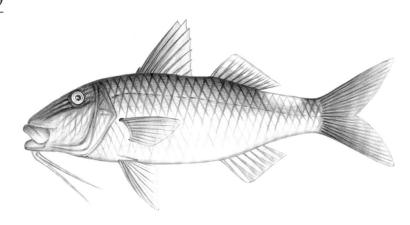

【英文名】gold-saddle goatfish

【别名】头带副绯鲤、黄副绯鲤、秋姑、须哥

【分类地位】鲈形目Perciformes
　　　　　　羊鱼科Mullidae

【主要形态特征】

背鳍Ⅷ，Ⅰ-8；臀鳍Ⅰ-7；胸鳍15；腹鳍Ⅰ-5。侧线鳞29~30。

体呈长椭圆形，稍侧扁。头中大，头长大于体高。吻长而钝尖。眼较小，侧上位，眼间隔宽约2倍眼径。鼻孔2个，分离，前鼻孔小，圆形，后鼻孔裂缝状。口小，前下位，微斜。上颌骨后端不被于眶前骨下。上下颌齿较强，单行，圆锥状；犁骨及腭骨无齿。前鳃盖骨后缘平滑。鳃盖骨后缘具一短棘。颏部具1对长须，后端可伸达腹鳍基部。鳃耙细密。

体被弱栉鳞，鳞大而易脱落。侧线完全。

背鳍2个，分离，第一背鳍显著高于第二背鳍，第二背鳍与臀鳍形状相似。臀鳍与第二背鳍相对。胸鳍宽短，略短于腹鳍。腹鳍位于胸鳍基下方。尾鳍叉形。

体背部棕红色，腹部色浅。头部具多条不规则青蓝色细纵纹自吻端至眼后方，尾柄背部具一黄色鞍状斑。第二背鳍及臀鳍具数条青蓝色斜纹。另有一类个体体色一致呈黄色，头部亦具蓝纹，尾柄背部亦具黄色鞍斑，此类个体过去被认为是黄副绯鲤（*P. luteus*），实为本种同物异名。

【生物学特性】

暖水性底层鱼类。为典型珊瑚礁鱼类，喜栖息于沿岸的珊瑚礁、岩礁、潟湖及内湾的沙质底海域或海藻床上。成鱼常单独活动，幼鱼则喜集群在沙泥地上游动。常在水底用颏须搜寻沙泥中的食物。主要摄食小鱼、甲壳动物、软体动物及多毛类。常见个体全长35cm左右，最大全长达50cm，最大体重达2.3kg。

【地理分布】

分布于印度—太平洋区，西至红海、东非，东至夏威夷群岛、法属波利尼西亚及皮特凯恩群岛，北至琉球群岛及小笠原诸岛，南至澳大利亚。我国主要分布于南海及台湾海域。

【资源状况】

中小型鱼类，肉味鲜美，可供食用。全年均可渔获，常以流刺网、延绳钓等捕获。常作为观赏鱼见于水族馆，其黄化个体尤为受欢迎。

74. 印度副绯鲤 *Parupeneus indicus* (Shaw, 1803)

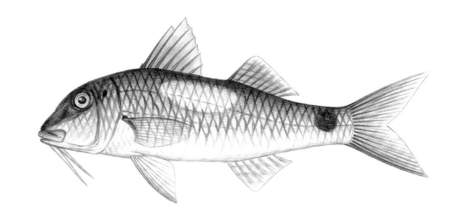

【英文名】Indian goatfish

【别名】印度海绯鲤、秋姑、须哥

【分类地位】鲈形目Perciformes
　　　　　　羊鱼科Mullidae

【主要形态特征】

　　背鳍Ⅷ，Ⅰ-8；臀鳍Ⅰ-7；胸鳍16；腹鳍Ⅰ-5。侧线鳞28~30。

　　体呈长椭圆形，稍侧扁。尾柄长。头中大。吻长而钝尖。眼中大，侧上位，眼间隔宽而隆起。鼻孔2个，分离，前鼻孔小，圆形，后鼻孔裂缝状。口小，微斜。上颌骨后端不被于眶前骨下。上下颌齿各1行，圆锥状；犁骨及腭骨无齿。前鳃盖骨后缘平滑。鳃盖骨后缘具一短棘。颏部具1对长须，后端可伸达前鳃盖骨后缘。鳃耙细弱。

　　体被弱栉鳞，鳞大而稍厚，易脱落。侧线完全。

　　背鳍2个，第一背鳍第二至第三鳍棘较长，第二背鳍第一至第二鳍条较长。臀鳍与第二背鳍相对。胸鳍稍宽。腹鳍位于胸鳍基后下方。尾鳍叉形。

　　体呈黄褐色，腹部色浅。两背鳍间下方的侧线上具一金黄色椭圆斑，尾柄部具一黑色大圆斑。颏须黄褐色。各鳍浅黄色。

【生物学特性】

　　暖水性底层鱼类。栖息水深在20m以内，喜栖息于岩礁或珊瑚礁外围的沙泥质底海域或海藻床上。偏好较混浊水域。白天常单独或集群在沙泥地上游动，用颏须翻动底泥，通过感知被惊扰的底栖动物扰动的水波来搜寻捕食猎物；夜间栖息于沙泥地上。主要以底栖无脊椎动物为食，包括虾蟹、头足类、多毛类及小鱼。常见个体全长35cm左右，最大全长达45cm。

【地理分布】

　　分布于印度—太平洋区，西至非洲东岸，自阿曼南部及也门沿岸的亚丁湾海域至南非沿线，东至加罗林群岛及萨摩亚群岛，北至日本南部，南至澳大利亚昆士兰南部。我国主要分布于南海及台湾海域。

【资源状况】

　　中小型鱼类，为我国沿海习见的食用鱼类，常新鲜出售。全年均可渔获，夏季产量较高。常作为观赏鱼见于水族馆。

75. 多带副绯鲤 *Parupeneus multifasciatus* (Quoy *et* Gaimard, 1825)

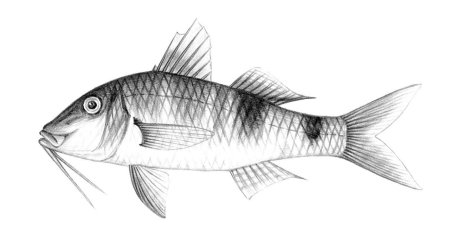

【英文名】manybar goatfish

【别名】三带副绯鲤、多带海绯鲤、秋姑、须哥

【分类地位】鲈形目Perciformes
　　　　　　羊鱼科Mullidae

【主要形态特征】

背鳍Ⅷ，Ⅰ-8；臀鳍Ⅰ-6；胸鳍16；腹鳍Ⅰ-5。侧线鳞27~30。

体呈长椭圆形，略侧扁。头中大。吻较钝尖。眼较小，侧上位，眼间隔宽而微凸。鼻孔2个，分离，前鼻孔小，圆形，后鼻孔裂缝状。口小，前下位，上颌骨后端不被眶前骨所遮盖。上下颌齿各1行，圆锥状；犁骨及腭骨无齿。前鳃盖骨边缘平滑。鳃盖骨后缘具一扁棘。颏部具1对长须，末端可达鳃盖后缘。鳃耙细密。

体被弱栉鳞，鳞大而易脱落。侧线完全。

背鳍2个，第一背鳍高；第二背鳍最后鳍条延长，可伸达尾鳍基。臀鳍与第二背鳍相对。胸鳍宽短。腹鳍始于胸鳍稍前下方。尾鳍叉形。

体呈黄褐色至红棕色，背部色深，腹部色浅。体侧具5条黑褐色横带，其中第一至第三条常不明显，第四条位于第二背鳍下方，第五条位于尾柄部。吻部至眼后方具一黑色短纵带。第二背鳍基部及最后鳍条黑色，第一背鳍、臀鳍、腹鳍浅黄色，胸鳍浅红色。

【生物学特性】

暖水性底层鱼类。喜栖息于珊瑚礁外缘的沙质底海域。白天单独活动，用颏须翻动底泥搜寻食物；夜间停留在安全的地方休息。主要摄食沙泥中的底栖虾蟹、鱼卵、软体动物及多毛类等。常见个体全长20cm左右，最大全长达35cm，最大体重达453g。

【地理分布】

分布于太平洋区，西至东印度洋的圣诞岛，东至夏威夷群岛、莱恩群岛、马克萨斯群岛以及土阿莫土群岛，北至日本南部，南至豪勋爵岛及拉帕岛。我国主要分布于南海及台湾海域。

【资源状况】

小型鱼类，肉味鲜美，可供食用。全年均可渔获，常以流刺网、延绳钓等捕获。常作为观赏鱼见于水族馆。

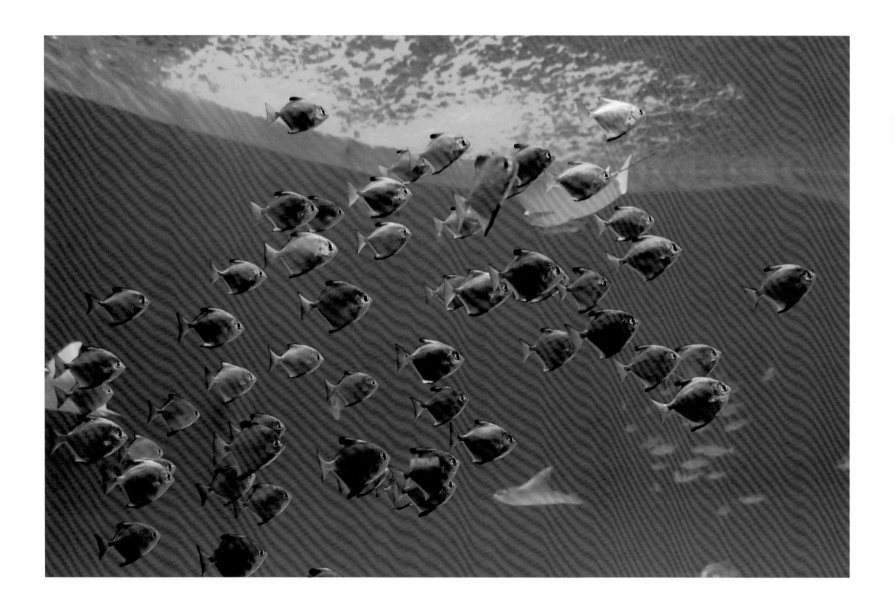

76. 银大眼鲳 *Monodactylus argenteus* (Linnaeus, 1758)

【英文名】silver moony

【别名】银鳞鲳、银鲳、龙黄

【分类地位】鲈形目Perciformes

　　　　　　银鳞鲳科Monodactylidae

【主要形态特征】

　　背鳍Ⅶ~Ⅷ-27~31；臀鳍Ⅲ-27~32；胸鳍17；腹鳍Ⅰ-5。侧线鳞50~61。

　　体高而呈卵圆形，极侧扁。头颇大，头背缘几呈直线，枕嵴隆起。吻端。眼大，眼间隔隆起。鼻孔2个，前鼻孔后缘具瓣膜，后鼻孔狭裂缝状。口中大，口裂斜。上颌后端达眼前缘下方。上下颌齿细小绒毛状，呈带状排列；犁骨及腭骨具齿。前鳃盖骨边缘具细弱锯齿。鳃孔大。鳃盖膜分离，不与峡部相连。鳃耙细长。

　　体被弱栉鳞，鳞小且易脱落。侧线完全，曲度约与背缘平行。

　　背鳍鳍棘部与鳍条部相连，起点位于鳃盖后缘稍后上方，鳍棘不甚发达，第一鳍棘最短，向后渐长，最后鳍棘最长，而前部鳍条高起，向后渐短，使背鳍外廓呈镰形。臀鳍与背鳍相对，形似背鳍。胸鳍较短。腹鳍位于胸鳍基下方，随着生长逐渐退化消失。

　　体呈银白色，仅背鳍和臀鳍色暗；幼鱼体色较暗，呈银灰色，头部具2条暗色窄横带，背鳍和臀鳍前叶黑色。

【生物学特性】

　　暖水性中下层鱼类。喜栖息于海湾、红树林及潮沟等沙泥底质海域，幼鱼也常进入江河下游的淡水水体，适应性强。群居性，常集成大群在岩礁或港湾周边水域游动。主要以绒毛状齿滤食浮游动物和有机碎屑。常见个体全长12cm左右，最大体长达27cm。

【地理分布】

　　分布于印度—西太平洋区，西至波斯湾及红海、东非，东至萨摩亚群岛，北至琉球群岛，南至新喀里多尼亚及澳大利亚。我国主要分布于南海及台湾海域。

【资源状况】

　　小型鱼类，无食用价值，是极受欢迎的观赏鱼，在水族行业具有较高的商业价值。常成群见于大型水族馆。

77.丝蝴蝶鱼 *Chaetodon auriga* Forsskål, 1775

【英文名】threadfin butterflyfish

【别名】扬幡蝴蝶鱼、人字蝶、白刺蝶

【分类地位】鲈形目Perciformes

蝴蝶鱼科Chaetodontidae

【主要形态特征】

背鳍XII~XIII-22~25；臀鳍III-19~21；胸鳍15；腹鳍 I -5。侧线鳞30~33。

体呈卵圆形，甚侧扁而高；尾柄甚短而高。头颇大，长大于高，头后背缘隆起。吻较长，呈圆锥状，向前突出。眼小，圆形，侧位而高，眼间隔颇宽而略圆凸。鼻孔2个，前鼻孔圆孔状，后缘具瓣片，后鼻孔裂缝状。口小，前位，口裂水平。上下颌齿尖细，刷毛状，呈带状排列。前鳃盖骨边缘具细弱锯齿。鳃盖膜与峡部相连。鳃耙细弱而短。

体被甚大弱栉鳞，侧线上方鳞片小于侧线下方。侧线不完全，前部与背缘平行，后部止于背鳍鳍条部后下方。

背鳍连续，无凹刻，起点在鳃盖后缘上方，鳍棘坚硬，逐渐增长；鳍条部外缘略圆，成鱼鳍条末端呈丝状延长。臀鳍起点约在背鳍起点鳍条部下方，外缘略圆。胸鳍小于头长。腹鳍尖形。尾鳍稍圆凸或截形。

体前部乳白色至银灰色，后部黄色。头侧具1条黑色眼带，带上部窄于眼径，下部宽于眼径。体侧上方具7~8条由背鳍基向前下方色暗的斜纹，下方具9~10条由臀鳍基向前上方色暗的斜纹，二者呈垂直相交，在体后部形成3~4个"人"字形纹。背鳍鳍条部具一黑色眼斑。背鳍和臀鳍边缘黑色；尾鳍后部具一边缘黑色的黄色横带，后缘色淡。

【生物学特性】

珊瑚礁鱼类。栖息环境多样，可见于碎石区、海草繁茂区及岩礁或珊瑚礁区。单独、成对或集成小群游动。主要以珊瑚虫、多毛类、海葵、甲壳类及藻类等为食。最大个体全长达23cm。

【地理分布】

分布于印度—太平洋区，西至红海、东非，东至夏威夷群岛、马克萨斯群岛以及迪西岛，北至日本南部，南至豪勋爵岛及拉帕岛。我国主要分布于南海及台湾海域。

【资源状况】

小型鱼类，无食用价值。体色艳丽，是极受欢迎的观赏鱼，常潜水捕获，鲜活出售，在水族行业具有较高的商业价值。

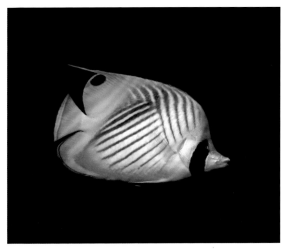

155

78. 叉纹蝴蝶鱼 *Chaetodon auripes* Jordan *et* Snyder, 1901

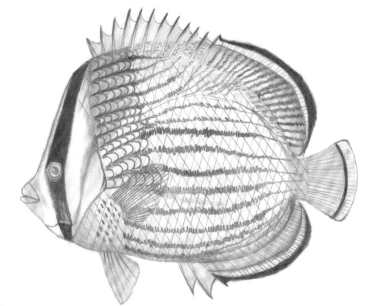

【英文名】oriental butterflyfish

【别名】耳带蝴蝶鱼、黑头蝶、金色蝶、条纹蝶

【分类地位】鲈形目Perciformes

蝴蝶鱼科Chaetodontidae

【主要形态特征】

背鳍XII~XIII-23~25；臀鳍III-19~20；胸鳍15；腹鳍 I -5。侧线鳞35~36。

体高且侧扁；尾柄短而高。头较小，头背缘略呈直线状。吻较短，稍向前突出，前端钝尖。眼较大，眼间隔颇宽，稍圆凸。鼻孔2个，前鼻孔圆形且具瓣片，后鼻孔长圆形。口小，前位，口裂平直。上下颌齿尖细，呈刷毛状。前鳃盖骨边缘具细弱锯齿。鳃盖膜与峡部相连。鳃耙尖细。

体被稍大弱栉鳞。侧线不完全，止于背鳍鳍条部后下方。

背鳍连续，无凹刻，起点约与腹鳍起点相对，第五、第六鳍棘较长，鳍条部外缘圆形。臀鳍起点约在背鳍第十一鳍棘下方，鳍条部与背鳍鳍条部相似。胸鳍小于头长。腹鳍第一鳍条稍延长。尾鳍稍圆凸或近截形。

体呈橘黄色至黄褐色。头侧具一略窄于眼径的黑色眼带，自背鳍起点前方至间鳃盖骨下缘，眼带眼下部分前缘具白边，眼带后方另具一白色横带。体侧具多条暗褐色纵带，鳃盖后方纵带呈间断的点带排列。背鳍及臀鳍边缘黑色，近边缘处具黄色线纹；尾鳍后部具一黑色细线纹，线纹后方尾鳍白色。

【生物学特性】

珊瑚礁鱼类。栖息地多样，可见于港口防波堤、碎石区、藻丛、岩礁或珊瑚礁区等。具耐低温能力，可耐受低至10℃的水温。单独、成对或集成小群游动。主要以底栖无脊椎动物及藻类等为食。最大全长达20cm。

【地理分布】

分布于西太平洋区，自日本南部至中国南海，马尔代夫亦有分布记录。中国主要分布于南海及台湾海域。

【资源状况】

小型鱼类，无食用价值。体色艳丽，是极受欢迎的观赏鱼，常潜水捕获，鲜活出售，在水族行业具有较高的商业价值。

79. 双丝蝴蝶鱼 *Chaetodon bennetti* Cuvier, 1831

【英文名】bluelashed butterflyfish

【别名】本氏蝴蝶鱼、本氏蝶

【分类地位】鲈形目Perciformes
蝴蝶鱼科Chaetodontidae

【主要形态特征】

背鳍XIII~XIV-15~17；臀鳍III-14~16；胸鳍14~15；腹鳍I-5。侧线鳞31~34。

体呈卵圆形，侧扁；尾柄短而高。头较小，背缘平直，呈直线向下倾斜。吻部钝圆。眼间隔颇宽，微圆凸。鼻孔2个，前鼻孔圆形且具瓣片，后鼻孔长圆形或圆形。口前位。上下颌齿尖细，多行，呈密刷毛状，由外行向内渐短，齿端成一斜坡面。前鳃盖骨边缘具细锯齿。鳃盖膜与峡部相连。鳃耙尖细。

体被中大弱栉鳞。侧线不完全，止于背鳍鳍条部后下方。

背鳍连续，无凹刻，起点在鳃盖上缘上方，鳍棘粗壮，向后渐长。臀鳍起点约位于背鳍第十鳍棘下方，鳍条部与背鳍鳍条部相似，外缘圆形。胸鳍小于头长。腹鳍稍长于胸鳍。尾鳍近截形。

体呈金黄色，腹侧色略浅。头侧具1条窄于眼径的黑色眼带，眼带边缘蓝灰色。体侧具2条蓝灰色斜带：自鳃盖后上角分别至臀鳍鳍条部基底和臀鳍起点前方。体侧后上部具一边缘蓝灰色的黑色圆斑。各鳍黄色，尾鳍中部具一色淡的横带。

【生物学特性】

珊瑚礁鱼类。喜栖息于潟湖及向海的珊瑚礁区。幼鱼通常在珊瑚枝丫间活动，成鱼常成对游动在礁体周边。杂食性，主要以珊瑚虫为食。最大全长达20cm。

【地理分布】

分布于印度—太平洋区，西至东非，东至皮特凯恩群岛，北至日本，南至豪勋爵岛及拉帕岛。我国主要分布于南海及台湾海域。

【资源状况】

小型鱼类，无食用价值。体色艳丽，可作为观赏鱼，但本种不易存活，商业价值较低。

80. 密点蝴蝶鱼 *Chaetodon citrinellus* Cuvier, 1831

【英文名】speckled butterflyfish

【别名】胡麻斑蝴蝶鱼、胡麻蝶

【分类地位】鲈形目Perciformes

蝴蝶鱼科Chaetodontidae

【主要形态特征】

背鳍XIII~XIV-20~22；臀鳍III-16~17；胸鳍13~14；腹鳍I-5。侧线鳞33~39。

体呈卵圆形，侧扁；尾柄短而高。头小，头背缘呈直线状倾斜。吻稍尖，眼侧位而高，眼间隔稍凸。鼻孔2个，前鼻孔圆形且具瓣片，后鼻孔卵圆形或裂缝状。口小，前位，口裂平直。上下颌齿尖细，呈刷毛状。前鳃盖骨边缘具细锯齿。鳃盖膜与峡部相连。鳃耙尖而细弱。

体被中大栉鳞。侧线不完全，呈弧形弯曲，止于背鳍鳍条部后下方。

背鳍连续，无凹刻，起点在胸鳍基上方，第五、第六鳍棘较长，鳍条部后缘呈圆尖角状。臀鳍起点约在背鳍第十一鳍棘下方，鳍条部与背鳍鳍条部相似。胸鳍小于头长。腹鳍稍尖。尾鳍截形。

体呈鲜黄色，腹部色略浅。头侧具一窄于眼径的黑色眼带，自背鳍起点至间鳃盖骨下缘，眼带的眼上部分具浅绿色边缘。体侧密布蓝紫色小圆点，形成10条点状纵纹或斜纹。各鳍鲜黄色，背鳍鳍条部边缘具黑色细纹，臀鳍边缘黑色。

【生物学特性】

珊瑚礁鱼类。喜栖息于浅海礁滩、潟湖及向海珊瑚礁区。成鱼常成对游动觅食，而幼鱼常集成小群且与其他蝴蝶鱼幼鱼混成一群。杂食性，主要以蠕虫、珊瑚虫等小型底栖无脊椎动物及丝状藻类为食。最大全长达13cm。

【地理分布】

分布于印度—太平洋区，西至东非，东至夏威夷群岛、马克萨斯群岛以及土阿莫土群岛，北至日本南部及小笠原诸岛，南至澳大利亚新南威尔士及豪勋爵岛。我国主要分布于南海及台湾海域。

【资源状况】

小型鱼类，无食用价值。体色艳丽，是极受欢迎的观赏鱼，常潜水捕获，鲜活出售，在水族行业具有较高的商业价值。

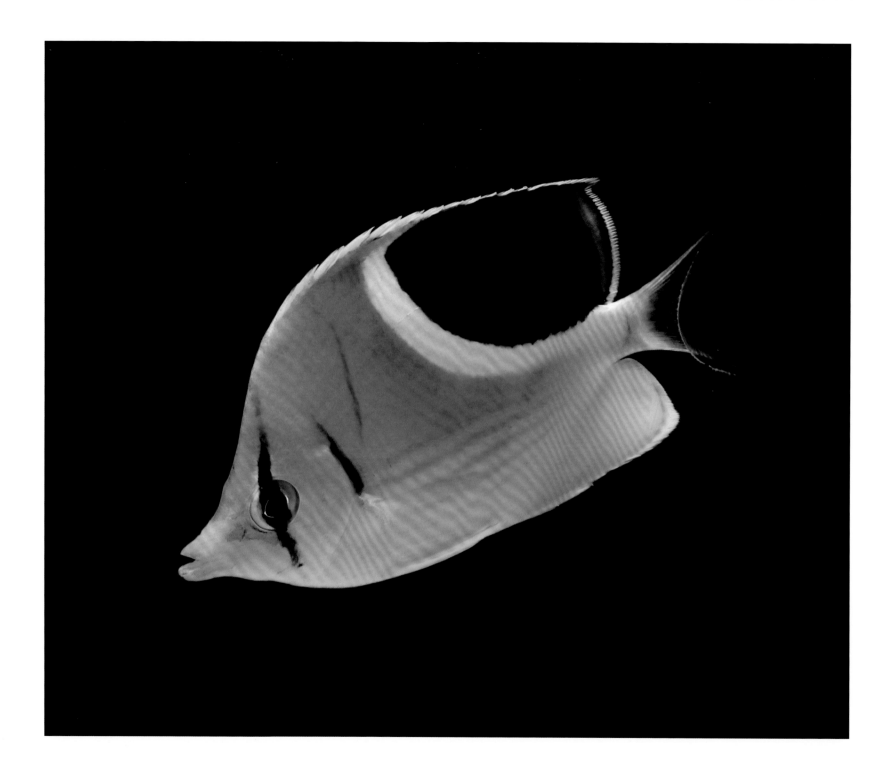

81.鞭蝴蝶鱼 *Chaetodon ephippium* Cuvier, 1831

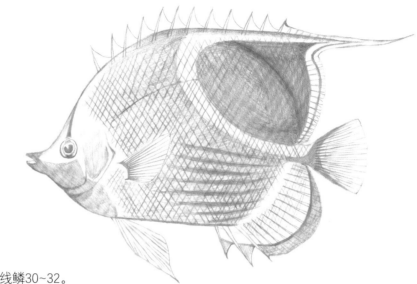

【英文名】saddle butterflyfish

【别名】鞍斑蝴蝶鱼、月光蝶

【分类地位】鲈形目Perciformes

　　　　　蝴蝶鱼科Chaetodontidae

【主要形态特征】

背鳍XII~XIV-23~25；臀鳍III-20~22；胸鳍14~15；腹鳍I-5。侧线鳞30~32。

体甚高而侧扁，略呈卵圆形。头较小，长大于高，头背缘在眼前甚凹。吻尖长，向前突出。眼较小，眼间隔宽而圆凸。鼻孔2个，前鼻孔圆形且具瓣片，后鼻孔长裂缝状。口小，前位。上下颌齿尖细，刷毛状。前鳃盖骨边缘具细锯齿。鳃盖膜与峡部相连。鳃耙尖细而短。

体被较大弱栉鳞。侧线不完全，止于背鳍鳍条部后下方。

背鳍连续，无凹刻，起点在鳃孔上方，鳍棘粗壮；鳍条部外缘圆形，第四鳍条呈丝状延长。臀鳍鳍条部外缘圆形。胸鳍小于头长。腹鳍稍呈尖形。尾鳍微凹，上下叶稍延长。

体前部灰白色，后部黄色。体腹侧具6~7条深蓝色纵纹；体背侧后部具一蓝黑色卵圆形大斑，约占体侧1/4，大斑下缘具宽白缘，后缘具橘红色缘。鳃盖下缘至胸部具一黄色斑带。幼鱼头侧具一较窄的黑色眼带，随个体生长逐渐消失，仅眼部具黑色痕迹。背鳍鳍条部边缘为镶黑边的白色带；臀鳍白色，边缘为镶橙边的黄色带；尾鳍灰色，基部橙色，上下叶及后缘橙色。

【生物学特性】

珊瑚礁鱼类。喜栖息于潟湖、水质清澈的浅海及向海珊瑚礁区。可见单独、成对或集成小群活动觅食，成鱼常成对出现，幼鱼常在近岸单独出现。杂食性，主要以丝状藻类、鱼卵，以及珊瑚虫等小型无脊椎动物为食。最大全长达30cm。

【地理分布】

分布于印度—太平洋区，西至斯里兰卡及科科斯群岛，东至夏威夷群岛、马克萨斯群岛及土阿莫土群岛，北至日本南部，南至澳大利亚新南威尔士。我国主要分布于南海及台湾海域。

【资源状况】

小型鱼类，无食用价值。体色艳丽，是极受欢迎的观赏鱼，常潜水捕获，鲜活出售，在水族行业具有较高的商业价值，其幼鱼较易存活，成鱼不易驯养。

82. 细纹蝴蝶鱼 *Chaetodon lineolatus* Cuvier, 1831

【英文名】lined butterflyfish

【别名】纹身蝴蝶鱼、黑影蝶、新月蝶

【分类地位】鲈形目Perciformes

蝴蝶鱼科Chaetodontidae

【主要形态特征】

背鳍XII-24~27；臀鳍III-19~22；胸鳍14~16；腹鳍I-5。侧线鳞21~30。

体近圆形，侧扁而高；尾柄短高。头较小，头背缘凹，在眼前方向前伸出。吻部呈圆锥形，向前突出。眼间隔宽而圆凸。鼻孔2个，前鼻孔圆形且后缘具瓣片，后鼻孔长裂缝状。口小，前位，口裂平直。上下颌齿尖细，刷毛状，呈带状排列。前鳃盖骨边缘具细弱锯齿。鳃盖膜与峡部相连。鳃耙尖细。

体被较大弱栉鳞。侧线不完全，呈弧形，止于背鳍鳍条部后下方。

背鳍连续，无凹刻，起点在鳃盖后缘上方，前部鳍棘粗壮，后部略弱。臀鳍起点位于背鳍后部鳍棘下方，鳍条部外缘与背鳍鳍条部相似，均圆而钝尖。胸鳍小于头长。腹鳍第一鳍条稍延长，末端不达肛门。尾鳍稍圆凸。

体呈银白色至青灰色，后上侧黄色。头部具一宽于眼径的黑色横带，自项背贯穿眼部至峡部；眼上方横带内具一淡斑。自背鳍鳍棘部后端基部经尾柄至臀鳍鳍条部后端具一新月形黑色斑带；幼鱼此斑带较短。体侧具多条黑色细横带。背鳍、臀鳍鳍条部及尾鳍黄色，背鳍鳍条部具2条平行纵线，尾鳍后端具2条黑色横线。

【生物学特性】

珊瑚礁鱼类。喜栖息于潟湖、水质清澈的浅海及向海珊瑚礁区。通常成对活动在珊瑚礁间。杂食性，主要以珊瑚虫及海葵为食，也摄食其他小型无脊椎动物及藻类。最大个体约30cm。

【地理分布】

分布于印度—太平洋区，自红海、东非至夏威夷群岛、马克萨斯群岛及迪西岛，北至日本南部，南到大堡礁及豪勋爵岛；遍布密克罗尼西亚。我国主要分布于南海及台湾海域。

【资源状况】

小型鱼类，无食用价值。体色艳丽，是极受欢迎的观赏鱼，常潜水捕获，鲜活出售，在水族行业具有较高的商业价值。

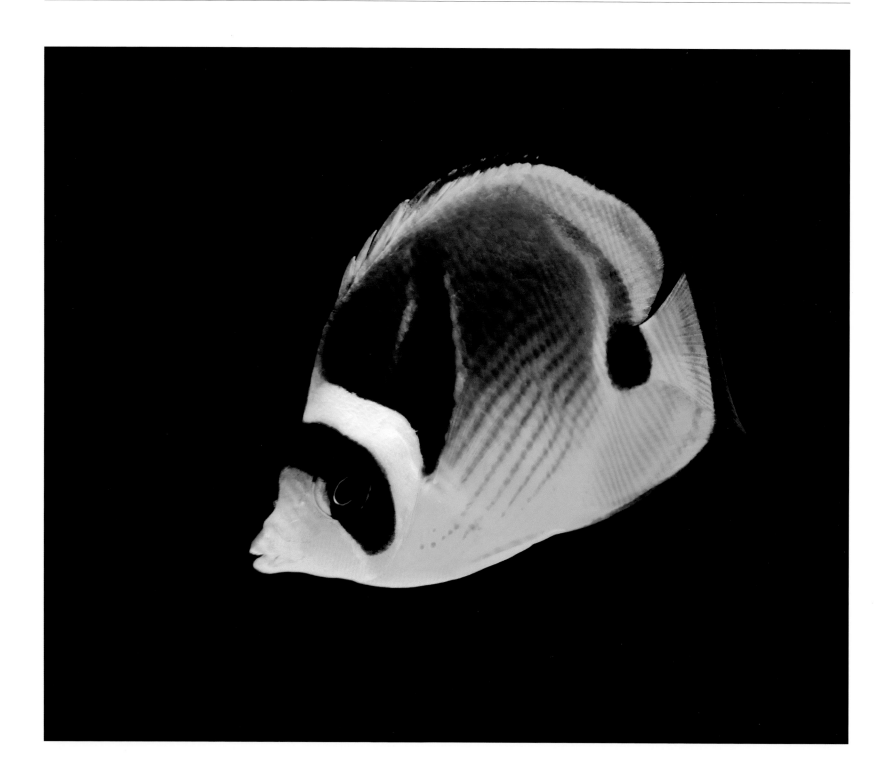

83. 新月蝴蝶鱼 *Chaetodon lunula* (Lacepède, 1802)

【英文名】raccoon butterflyfish

【别名】月斑蝴蝶鱼、月眉蝶、月鲷

【分类地位】鲈形目Perciformes
　　　　　　蝴蝶鱼科Chaetodontidae

【主要形态特征】

背鳍XII~XIII-23~25；臀鳍III-18~19；胸鳍15~16；腹鳍I-5。侧线鳞33~36。

体略呈圆形，甚侧扁而高。头较小，长大于高。吻部呈圆锥形，向前突出。眼小于眼间隔，眼间隔宽而圆凸。鼻孔2个，前鼻孔圆形且后缘具瓣片，后鼻孔长裂缝状。口小，口裂水平。两颌齿尖细，多行，呈刚毛状。前鳃盖骨边缘锯齿细弱。鳃盖膜与峡部相连。鳃耙尖细。

体被中大弱栉鳞。侧线不完全，止于背鳍鳍条部后下方。

背鳍连续，无凹刻，起点在鳃孔上方，鳍棘粗壮，鳍条部外缘略尖圆。臀鳍起点与背鳍鳍条部起点相对，第二鳍棘最粗壮，鳍条部与背鳍鳍条部相似。胸鳍小于头长。腹鳍稍尖。尾鳍稍圆凸。

体背侧黄褐色，腹侧金黄色。头侧具一宽于眼径的黑色横带，横带后方为一白色宽斑。体侧前部自鳃盖后缘至背鳍第五鳍棘基部，再向前至背鳍前方具一镶橘黄色边缘的黑色宽带，呈"人"字形；体侧中后部具10余条橘红色点状斜纹。背鳍黄色，边缘黑色，中部具一橘红色宽带，沿基底具一黑色细带，连于尾柄黑斑。臀鳍边缘黑色，中部具一橘黄色纵带。尾鳍黄色，边缘白色，中部具一橘红色横带，横带与后缘间另具一棕色横带。幼鱼尾柄及背鳍鳍条部各具一黑斑，随个体生长，背鳍鳍条部黑斑逐渐消失，尾柄黑斑向上延展形成沿背鳍基底的黑色细带。

【生物学特性】

珊瑚礁鱼类。栖息环境多变，可见于潟湖、向海珊瑚礁区、浅海礁滩及海藻区等。夜行性，白天常停留在礁石间，夜间单独、成对或集成小群外出活动觅食。杂食性，主要以珊瑚虫、海葵等小型无脊椎动物及藻类为食。最大全长达20cm。

【地理分布】

分布于印度—太平洋区，西至东非，东至夏威夷群岛、马克萨斯群岛及迪西岛，北至日本南部，南至豪勋爵岛及拉帕岛。我国主要分布于南海及台湾海域。

【资源状况】

小型鱼类，无食用价值。体色艳丽，是极受欢迎的观赏鱼，常潜水捕获，鲜活出售，在水族行业具有较高的商业价值。

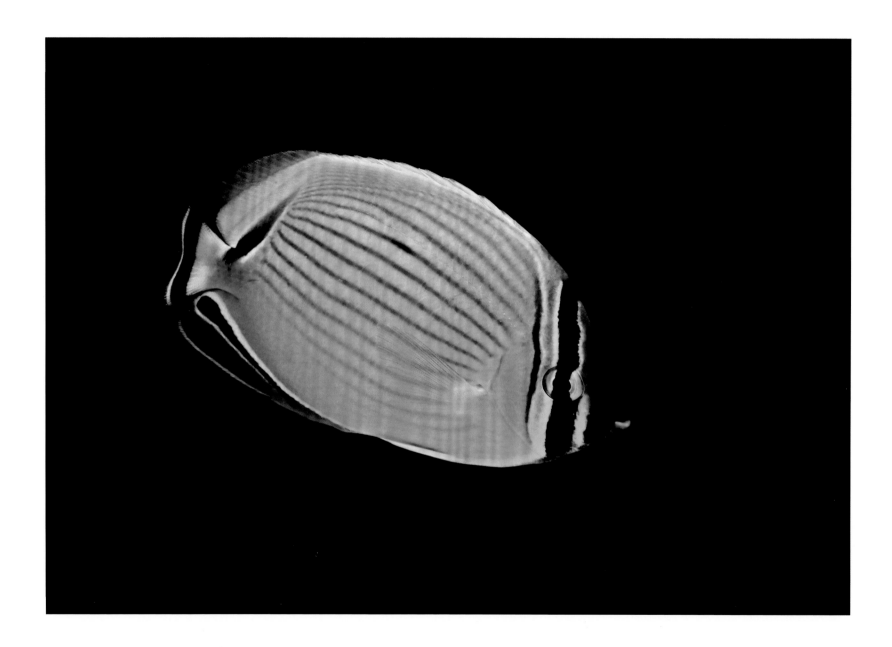

84.弓月蝴蝶鱼 *Chaetodon lunulatus* Quoy *et* Gaimard, 1825

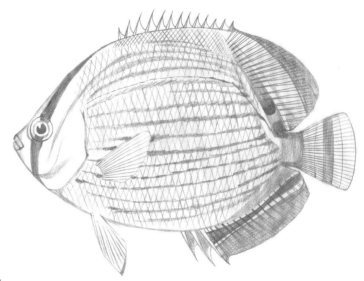

【英文名】oval butterflyfish

【别名】三带蝴蝶鱼、冬瓜蝶

【分类地位】鲈形目Perciformes
蝴蝶鱼科Chaetodontidae

【主要形态特征】

背鳍XIII~XIV-19~21；臀鳍III-18~21；胸鳍14；腹鳍I-5。侧线鳞30~32。

体甚侧扁，呈卵圆形；尾柄短而高。头小，长小于高，背缘直线状。吻短，前端钝圆。眼侧位而高，眼间隔圆凸。鼻孔2个，前鼻孔小，后缘具瓣片；后鼻孔大，圆形。口小，前位，口裂略斜。上下颌齿尖细密列，呈刷毛状。前鳃盖骨边缘具细锯齿。鳃盖膜与峡部相连。鳃耙细弱而短。

体被较大弱栉鳞。侧线不完全，前部直线状，后部止于背鳍鳍条部中部下方。

背鳍连续，无凹刻，起点在鳃盖后缘稍后上方；鳍条部外缘略呈圆角状。臀鳍起点约在背鳍第九鳍棘下方，鳍条部与背鳍鳍条部相似。胸鳍约等于头长。腹鳍稍呈尖形。尾鳍稍圆凸。

体呈柠檬黄色。头侧具3条黑色横带：第一条位于吻端；第二条自头背项部贯穿眼部至胸部前方，窄于眼径；第三条细线状，自背鳍起点至前鳃盖骨后下角。体侧具10余条紫褐色纵带。背鳍、臀鳍鳍条部基底及尾鳍中部均具一镶白边的黑带。

【近似种】

本种与三带蝴蝶鱼（*C. trifasciatus*）极相似，但三带蝴蝶鱼仅分布于印度洋海域，过去国内记载的三带蝴蝶鱼实为本种。

【生物学特性】

珊瑚礁鱼类。喜栖息于潟湖及向海的珊瑚礁区。成鱼常成对或集成小群生活在礁体附近，幼鱼则常见于珊瑚枝丫间。仅以珊瑚虫为食。最大全长达14cm。

【地理分布】

分布于太平洋区，广泛分布在日本至澳大利亚、印度尼西亚至夏威夷群岛间的太平洋海域。我国主要分布于南海及台湾海域。

【资源状况】

小型鱼类，无食用价值。体色艳丽，是极受欢迎的观赏鱼，常潜水捕获，鲜活出售，在水族行业具有较高的商业价值。

85. 黑背蝴蝶鱼 *Chaetodon melannotus* **Bloch *et* Schneider, 1801**

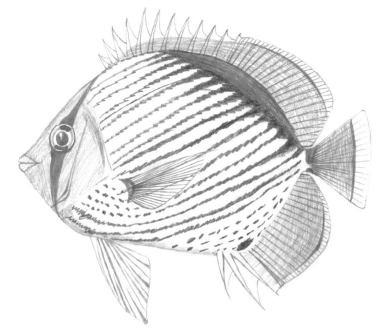

【英文名】blackback butterflyfish

【别名】太阳蝶、曙色蝶

【分类地位】鲈形目Perciformes

　　　　　　蝴蝶鱼科Chaetodontidae

【主要形态特征】

背鳍XII~XIII-18~21；臀鳍III-16~18；胸鳍13~14；腹鳍 I -5。侧线鳞29~36。

体呈卵圆形，甚侧扁而高。头较小，头背缘呈直线状。吻部呈圆锥状，稍向前突出。眼小，眼间隔宽而稍凸。鼻孔2个，前鼻孔圆形且具瓣片，后鼻孔长裂缝状。口小，前位，口裂平直。上下颌齿尖细，呈刷毛状。前鳃盖骨边缘具细锯齿。鳃盖膜与峡部相连。鳃耙尖细。

体被较大弱栉鳞。侧线不完全，呈弧形弯曲，止于背鳍鳍条部后下方。

背鳍连续，无凹刻，起点位于胸鳍基起点稍后上方，第四至第六鳍棘长而壮，鳍条部外缘圆形。臀鳍第二鳍棘最粗长，鳍条部与背鳍鳍条部相似。胸鳍小于头长。腹鳍稍尖。尾鳍截形。

体呈黄色，背部黑色。头侧具一黑色眼带，窄于眼径，自项部延伸至胸部前方。体侧具20余条黑色斜纹或点纹，臀鳍基部黑点重叠呈斑状。尾柄基部具黑斑。各鳍金黄色，背鳍、臀鳍鳍条部边缘各具一黑色细纹；尾鳍中部具一黑色横纹，横纹后方尾鳍呈灰白色。

【生物学特性】

珊瑚礁鱼类。喜栖息于礁滩、潟湖及向海珊瑚礁区。常成对或集成小群活动觅食。以珊瑚虫为食。最大全长达18cm。

【地理分布】

分布于印度—太平洋区，西至红海、东非，东至萨摩亚群岛，北至日本南部，南至豪勋爵岛；遍布密克罗尼西亚。我国主要分布于南海及台湾海域。

【资源状况】

小型鱼类，无食用价值。体色艳丽，是极受欢迎的观赏鱼，常潜水捕获，鲜活出售，易在水族箱中存活，在水族行业具有较高的商业价值。

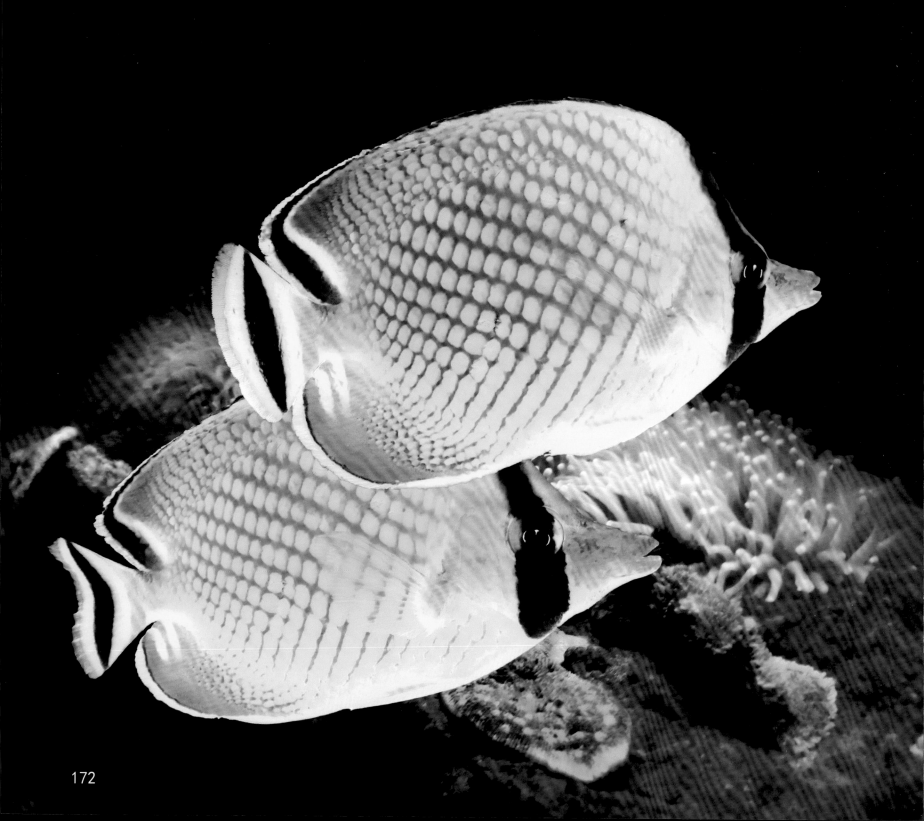

86.格纹蝴蝶鱼 *Chaetodon rafflesii* Anonymous [Bennett], 1830

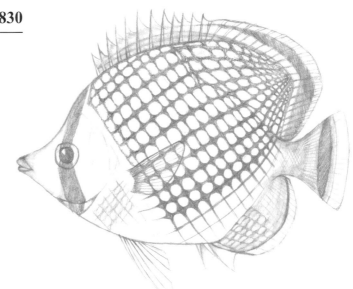

【英文名】latticed butterflyfish

【别名】雷氏蝴蝶鱼、网蝶

【分类地位】鲈形目Perciformes
蝴蝶鱼科Chaetodontidae

【主要形态特征】

背鳍XII~XIII-21~23；臀鳍III-18~20；胸鳍15；腹鳍 I -5。侧线鳞25~35。

体呈卵圆形，侧扁而高；尾柄短而高。头较小，头背缘在眼前凹陷。吻尖长，向前突出。眼较小，眼间隔微凸。鼻孔2个，前鼻孔圆形且具鼻瓣。口小，前位。上下颌齿尖细密列，各7~8行。前鳃盖骨边缘具细锯齿。鳃盖膜与峡部相连。鳃耙细弱。

体被中大栉鳞。侧线不完全，止于背鳍鳍条部后下方。

背鳍连续，无凹刻，起点在鳃孔上方，鳍条部外缘圆形。臀鳍鳍条部形似背鳍，外缘亦为圆形。胸鳍小于头长。腹鳍稍呈尖形。尾鳍截形。

体呈柠檬黄色。头侧具一略窄于眼径的黑色眼带，自头背至间鳃盖骨下缘。体侧各鳞边缘具色暗的细线纹，互相连接形成平行交叉的格纹。各鳍黄色，背鳍鳍条部近边缘具一黑色带；臀鳍鳍条部近边缘具一黑色窄线纹；尾鳍中部具一黑色横带。

【生物学特性】

珊瑚礁鱼类。喜栖息于珊瑚丛生的潟湖、礁滩及向海珊瑚礁区。性胆小，受惊扰时会立即躲进洞穴或缝隙中。常成对游动。主要以海葵、多毛类及珊瑚虫为食。最大全长达18cm。

【地理分布】

分布于印度—太平洋区，西至斯里兰卡，东至土阿莫土群岛，北至日本南部，南至澳大利亚大堡礁以及密克罗尼西亚海域。我国主要分布于南海及台湾海域。

【资源状况】

小型鱼类，无食用价值。体色艳丽，是极受欢迎的观赏鱼，具有一定的商业价值。本种较为罕见，偶尔可潜水捕获。

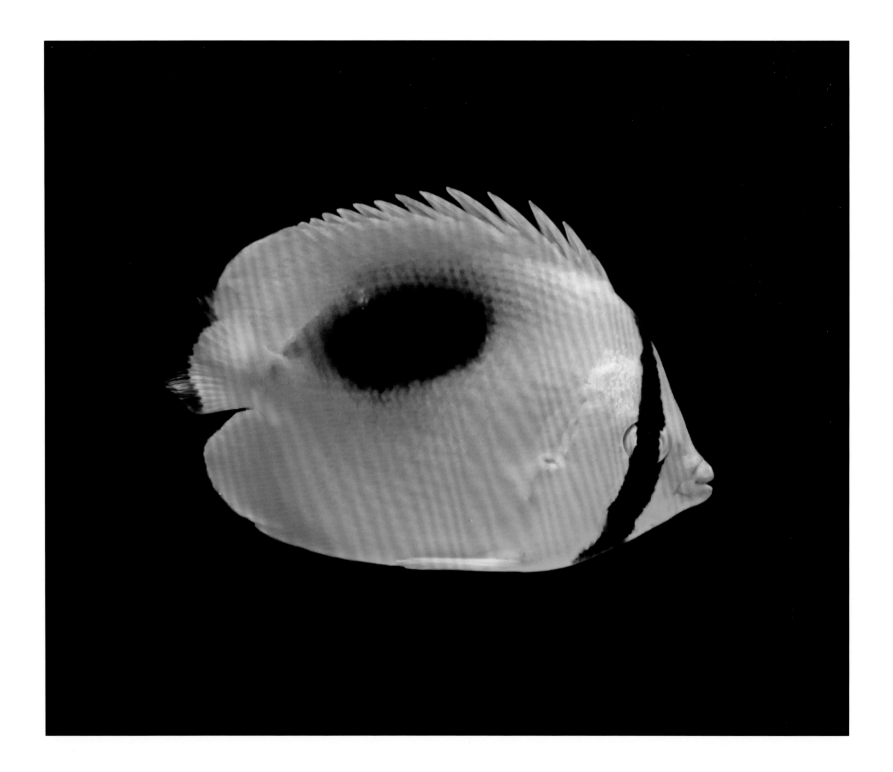

87. 镜斑蝴蝶鱼 *Chaetodon speculum* Cuvier, 1831

【英文名】mirror butterflyfish

【别名】镜蝴蝶鱼、黄镜斑、黄一点

【分类地位】鲈形目Perciformes
　　　　　　蝴蝶鱼科Chaetodontidae

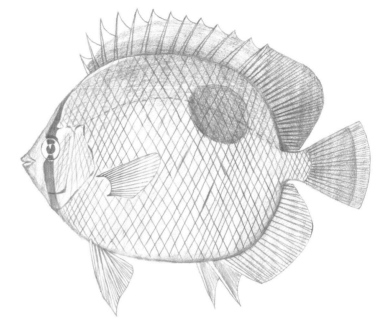

【主要形态特征】

背鳍XIV-17~18；臀鳍III-15~16；胸鳍14；腹鳍 I -5。侧线鳞33~39。

体侧扁而高，尾柄短而高。头较小，背缘颇斜，略呈直线状。吻短，前端钝尖。眼间隔宽平，眶上部不明显凸出。鼻孔2个，几乎等大，前鼻孔圆形且后缘具瓣片，后鼻孔卵圆形。口小，前位。上下颌齿尖细，刷毛状，呈带状排列。前鳃盖骨边缘具细锯齿。鳃盖膜与峡部相连。鳃耙细弱。

体被中大弱栉鳞，侧线上方鳞片稍小于侧线下方。侧线不完全，止于背鳍鳍条部后下方。

背鳍连续，无凹刻，起点在鳃盖后缘上方，第四至第六鳍棘较长。臀鳍起点约在背鳍第十鳍棘下方，鳍条部与背鳍鳍条部等高且形状相似，外缘钝圆。胸鳍小于头长。腹鳍第一鳍条最长。尾鳍近截形。

体呈黄色。头部具一略窄于眼径的黑色眼带，自背鳍起点前方至胸部前端。体侧背鳍中央下方具一卵圆形黑色大斑，斑长约等于头长。体侧鳞列上具色淡的纵纹。各鳍黄色，尾鳍后端白色。

【生物学特性】

珊瑚礁鱼类。喜栖息于水质清澈、珊瑚丛生的海域。性胆怯，通常单独活动，不常见。幼鱼常躲藏在珊瑚丛中。主要以珊瑚虫等小型无脊椎动物为食。最大全长达18cm。

【地理分布】

分布于印度—太平洋区，西至印度尼西亚，东至巴布亚新几内亚，北至日本，南至大堡礁；非洲东岸亦有分布记录。我国主要分布于南海及台湾海域。

【资源状况】

小型鱼类，无食用价值。体色艳丽，是极受欢迎的观赏鱼，常潜水捕获，鲜活出售，在水族行业具有较高的商业价值。

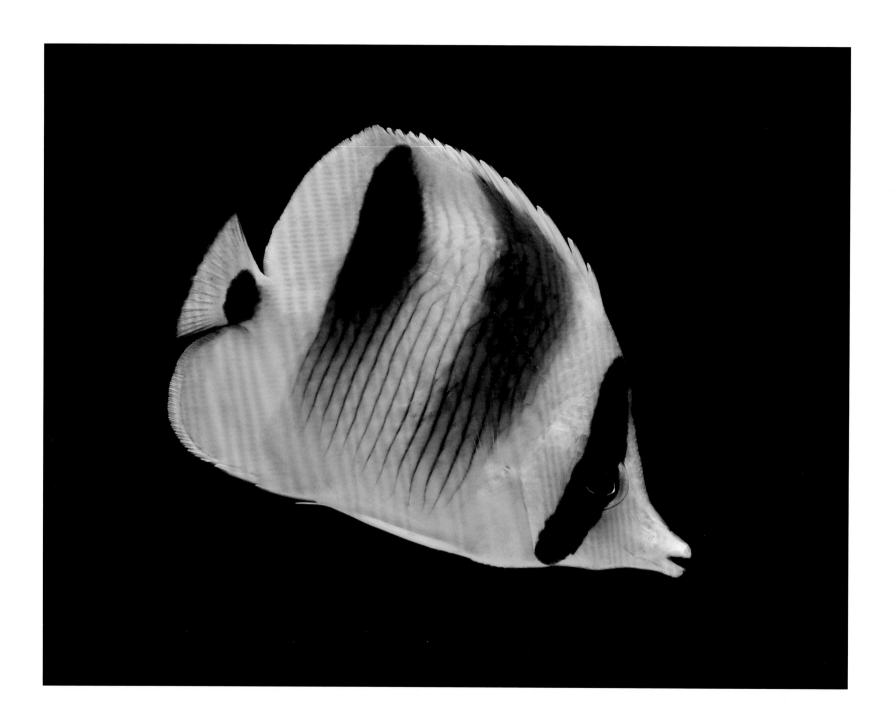

88. 鞍斑蝴蝶鱼 *Chaetodon ulietensis* Cuvier, 1831

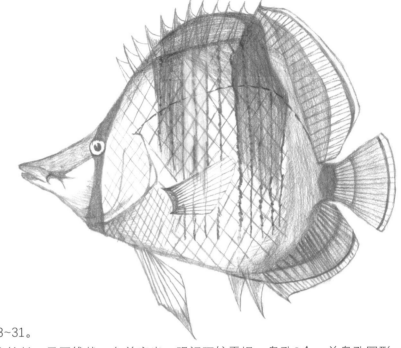

【英文名】Pacific double-saddle butterflyfish

【别名】乌利蝴蝶鱼、纹带蝴蝶鱼、鞍斑蝶

【分类地位】鲈形目Perciformes

　　　　　蝴蝶鱼科Chaetodontidae

【主要形态特征】

背鳍XII-23~25；臀鳍III-19~21；胸鳍14~16；腹鳍 I -5。侧线鳞23~31。

体侧扁，略呈长圆形；尾柄短而高。头较小，头背缘显著凹入。吻较长，呈圆锥状，向前突出。眼间隔较平坦。鼻孔2个，前鼻孔圆形，后缘具瓣片，后鼻孔裂缝状。口小，前位，口裂平直。上下颌齿尖细，呈刷毛状。前鳃盖骨边缘具细弱锯齿。鳃盖膜与峡部相连。鳃耙尖细。

体被弱栉鳞，前部鳞大，后部渐小。侧线不完全，止于背鳍鳍条部中部下方。

背鳍连续，无凹刻，起点在胸鳍基后上方，鳍棘尖细，第五至第六鳍棘较长，鳍条部外缘略尖圆。臀鳍起点在背鳍后部鳍棘下方，鳍条部与背鳍鳍条部相似。胸鳍小于头长。腹鳍稍尖。尾鳍稍圆凸或近截形。

体前部蓝灰色，后部黄色。头侧具一约等于眼径的黑色眼带，自头背项部至间鳃盖骨下缘。体侧具17~18条黑色垂直细线，另具2条甚宽的黑色横带，分别位于背鳍第四至第七鳍棘、鳍棘部与鳍条部连接处下方，不达腹部。尾柄具一黑色圆斑。臀鳍鳍条部具2条暗色细纹；尾鳍后部具一黑色横纹。

【生物学特性】

珊瑚礁鱼类。喜栖息于珊瑚丛生的潟湖，偶见于向海珊瑚礁区。单独、成对或集成小群活动。主要以藻类及动物残渣为食。最大全长达15cm。

【地理分布】

分布于印度—太平洋区，西至科科斯群岛，东至土阿莫土群岛，北至日本，南至澳大利亚。我国主要分布于南海及台湾海域。

【资源状况】

小型鱼类，无食用价值。体色艳丽，是极受欢迎的观赏鱼，常潜水捕获，鲜活出售，易在水族箱中存活，在水族行业具有较高的商业价值。

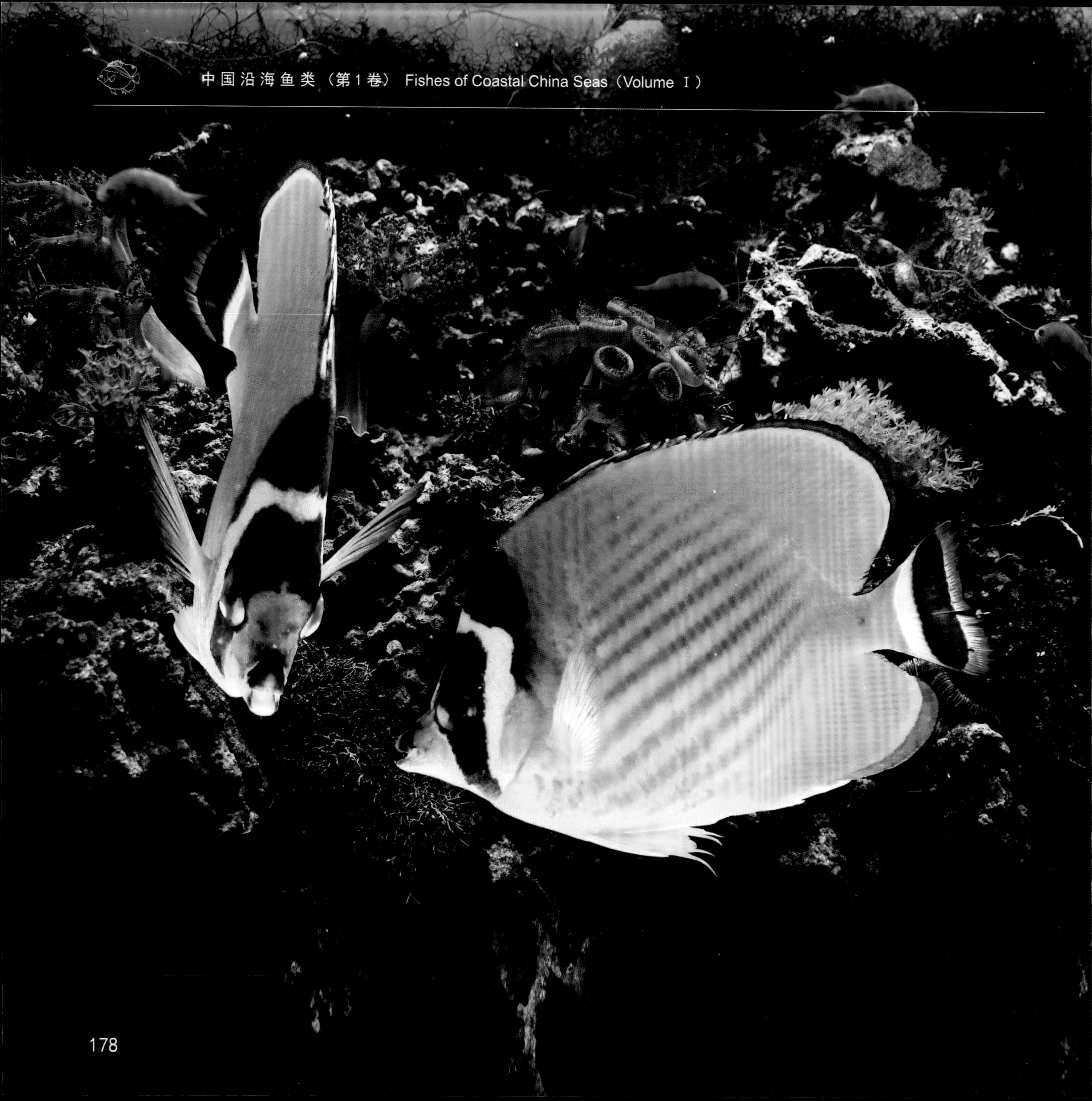

89.丽蝴蝶鱼 *Chaetodon wiebeli* Kaup, 1863

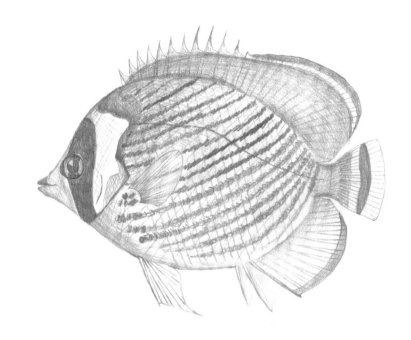

【英文名】Hongkong butterflyfish

【别名】美蝴蝶鱼、魏氏蝴蝶鱼、黑尾蝶、魏氏蝶

【分类地位】鲈形目Perciformes
　　　　　　蝴蝶鱼科Chaetodontidae

【主要形态特征】

背鳍XII~XIII-22~25；臀鳍III-19~20；胸鳍15；腹鳍 I -5。侧线鳞30~34。

体高而侧扁，尾柄短高。头小，背缘颇斜，略呈直线状。吻较短，稍突出，前端钝尖。眼侧位，圆形，眼间隔宽而稍圆凸。鼻孔2个，前鼻孔圆形且后缘具瓣片，后鼻孔卵圆形。口小，前位，口裂略斜。上下颌齿尖细，刷毛状，呈带状排列。前鳃盖骨边缘具细弱锯齿。鳃盖膜与峡部相连。鳃耙尖细而短。

体被大弱栉鳞。侧线不完全，前部略呈直线斜向背鳍鳍棘部下方，后向下止于背鳍鳍条部后下方。

背鳍连续，无凹刻，起点在鳃盖后缘上方，前部鳍棘较粗壮。臀鳍起点约在背鳍第九鳍棘下方，鳍条部与背鳍鳍条部相似，外缘均呈抛物线状。胸鳍小于头长。腹鳍稍呈尖形，第一鳍条最长。尾鳍截形。

体呈黄色。头侧具一宽于眼径的黑色眼带，自眼上方至鳃盖骨下缘；眼带后方具一白色宽斑带。背鳍起点前方具一三角形大黑斑。体侧具16~18条向后上方的橙色斜纹。胸部具4~5个橙色斑点。吻端及上唇灰黑色。各鳍黄色；背鳍鳍条部边缘灰黑色；臀鳍鳍条部边缘具2条灰黑色细纹；尾鳍中部具一黑色横带，横带前方具一白色横带，后方具色淡的边缘。

【生物学特性】

珊瑚礁鱼类。喜栖息于岩礁及珊瑚礁海区。常成对或集成小群游动。主要以藻类为食。最大全长达19cm。

【地理分布】

分布于西太平洋区，包括中国、朝鲜半岛、日本、印度尼西亚等。中国主要分布于南海及台湾海域。

【资源状况】

小型鱼类，无食用价值。体色艳丽，是极受欢迎的观赏鱼，常潜水捕获，鲜活出售，在水族行业具有较高的商业价值。

90.钻嘴鱼 *Chelmon rostratus* (Linnaeus, 1758)

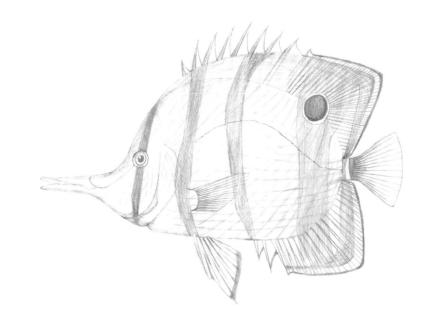

【英文名】copperband butterflyfish

【别名】长吻管嘴鱼、短火箭

【分类地位】鲈形目Perciformes
　　　　　　蝴蝶鱼科Chaetodontidae

【主要形态特征】

背鳍IX-29~30；臀鳍III-19~20；胸鳍15；腹鳍 I -5。侧线鳞46~48。

体高，呈卵圆形，甚侧扁；背缘尤其高起。尾柄短而高。头部背缘轮廓凹陷。吻延长呈管状，前端尖平。眼中大，圆形，侧位，眼眶前上缘具细锯齿；眼间隔微凸。鼻孔2个，前鼻孔后缘具低瓣片，后鼻孔斜裂。口小，前位，口裂短。上下颌延长呈短钳状，大部连于皮膜，仅前部游离。上下颌齿细小，刚毛状，呈带状排列。前鳃盖骨边缘具细弱锯齿。鳃孔狭长。鳃盖膜愈合，且连于峡部。鳃耙短尖。

体被中等大的弱栉鳞。腹鳍具尖形腋鳞。侧线完全，曲度与背缘平行。

背鳍连续，无凹刻，起点位于鳃孔上方，鳍棘强大，向后渐长；鳍条部以中部鳍条为最长。臀鳍起点位于背鳍鳍条部起点下方，形似背鳍鳍条部。胸鳍短而钝尖。腹鳍第一鳍条呈丝状延长。尾鳍后缘微凸。

体呈珍珠白色。体侧具5条横带，前四条为边缘黑色的橙黄色带，最后一条为黑色带，其中第一条横带贯穿眼部，最后一条横带位于尾柄后部；沿头背缘经眼间隔至吻端另具一边缘黑色的橙黄色带纹。背鳍鳍条部具一黑色眼斑。背鳍及臀鳍鳍条部橙黄色，近边缘处具白色窄带。

【生物学特性】

珊瑚礁鱼类。喜栖息于沿岸岩礁、珊瑚礁区，单独或成对活动。最大全长达20cm。

【地理分布】

分布于西太平洋区，西至安达曼海，东至印度尼西亚，北至琉球群岛，南至澳大利亚。我国主要分布于南海及台湾海域。

【资源状况】

小型鱼类，无食用价值。因其体色及条纹鲜艳亮丽，具有较高的观赏价值，常见于水族馆。一般通过潜水捕获，鲜活出售，在水族行业具有较高的商业价值。

91.马夫鱼 *Heniochus acuminatus* (Linnaeus, 1758)

【英文名】pennant coralfish

【别名】白吻双带立旗鲷、白关刀

【分类地位】鲈形目Perciformes

　　　　　蝴蝶鱼科Chaetodontidae

【主要形态特征】

　　背鳍XI-22~27；臀鳍III-17~19；胸鳍17~18；腹鳍I-5。侧线鳞48~55。

　　体甚侧扁而高，背缘凸度大于腹缘；尾柄甚短而高。头短小，背缘略凹，项部无角状突。吻较尖长，向前突出。眼侧位，眼间隔宽而圆凸。成鱼眼前缘上方具一棘状突，随个体生长逐渐粗壮，且边缘具锯齿。鼻孔2个，前鼻孔卵圆形，后缘具鼻瓣，后鼻孔裂缝状。口小，前位，口裂水平状。上下颌齿尖细，呈刚毛状；犁骨及腭骨无齿。前鳃盖骨边缘具锯齿。鳃盖膜愈合，连于峡部。鳃耙细弱。

　　体被中大弱栉鳞。腹鳍具尖长腋鳞。侧线完全。

　　背鳍连续，微凹，起点位于胸鳍基稍前上方；第四鳍棘呈鞭状延长，长度大于体长，鳍膜亦随之延长，呈白色；鳍条部外缘圆形。臀鳍起点位于背鳍鳍条部起点下方，外缘钝尖。胸鳍短。腹鳍后端可达臀鳍前部。尾鳍截形。

　　体呈银白色。体侧具2条略斜向后方的黑色宽横带：第一条自背鳍前四鳍棘向下至腹鳍，第二条自背鳍第五至第八鳍棘向后下至臀鳍后部。两眼间具黑色眼带。头顶及吻部背面灰黑色。背鳍鳍条部、胸鳍及尾鳍浅黄色，胸鳍基部及腹鳍黑色。

【生物学特性】

　　珊瑚礁鱼类。成鱼通常成对或集群活动于较深的珊瑚礁区、潟湖及外礁斜坡海域，幼鱼则大多单独游动于较浅的海域。主要摄食浮游动物，也会啄食礁壁上的附着生物。最大全长达25cm。

【地理分布】

　　分布于印度—太平洋区，西至波斯湾及东非，东至社会群岛，北至日本南部，南至豪勋爵岛；遍布密克罗尼西亚。我国主要分布于南海及台湾海域。

【资源状况】

　　小型鱼类，无食用价值。体色艳丽，是极受欢迎的观赏鱼，常潜水捕获，鲜活出售，易在水族箱中存活，在水族行业具有较高的商业价值。

92.三带马夫鱼 *Heniochus chrysostomus* Cuvier, 1831

【英文名】threeband pennantfish

【别名】三带立旗鲷、金口马夫鱼、南洋关刀

【分类地位】鲈形目Perciformes

蝴蝶鱼科Chaetodontidae

【主要形态特征】

背鳍XII~XIII-21~22；臀鳍III-17~18；胸鳍14；腹鳍 I -5。侧线鳞47~51。

体甚侧扁而高，呈卵圆形，背缘弧形凸起；尾柄短而高。头短小，背缘略凹，项部无角状突。吻较尖长，向前突出。眼侧位，眼间隔宽而圆凸。成鱼眼前缘上方具一骨质棘突，部分棘突具2~3个分支。鼻孔2个，前鼻孔圆形，后缘具鼻瓣，后鼻孔卵圆形。口小，前位，口裂平直。上下颌齿尖细，呈刚毛状。前鳃盖骨边缘具锯齿。鳃盖膜愈合，连于峡部。鳃耙细弱。

体被中大弱栉鳞。腹鳍具尖长腋鳞。侧线完全。

背鳍连续，微凹，起点位于鳃盖上缘上方；第四鳍棘呈丝状延长，长度不超过体长，鳍膜亦随之延长，呈黑色；鳍条部外缘圆形。臀鳍起点位于背鳍鳍条部起点下方，外缘钝尖。胸鳍尖形。腹鳍圆形，短于胸鳍，后端伸达臀鳍起点。尾鳍截形。

体呈银白色。体侧具3条斜向后方的黑色宽横带：第一条自背鳍起点向下穿过头背、眼部、胸鳍基至腹鳍，第二条自背鳍第四至第五鳍棘向后下至臀鳍后部，第三条自背鳍第九至第十二鳍棘向后下至尾鳍基部。吻部背面灰黑色。背鳍鳍条部、胸鳍及尾鳍浅黄色，胸鳍基部及腹鳍黑色。

【生物学特性】

珊瑚礁鱼类。喜栖息于珊瑚丛生的礁滩、潟湖及向海珊瑚礁区。成鱼常成对出现，而幼鱼则单独在河口或潟湖游动。主要以珊瑚虫为食。最大全长达18cm。

【地理分布】

分布于印度—太平洋区，西至印度以西，东至皮特凯恩群岛，北至日本南部，南至澳大利亚昆士兰南部以及新喀里多尼亚；遍布密克罗尼西亚。我国主要分布于南海及台湾南部海域。

【资源状况】

小型鱼类，无食用价值。体色艳丽，是受欢迎的观赏鱼。较为少见，偶尔可潜水捕获，具有一定的商业价值。

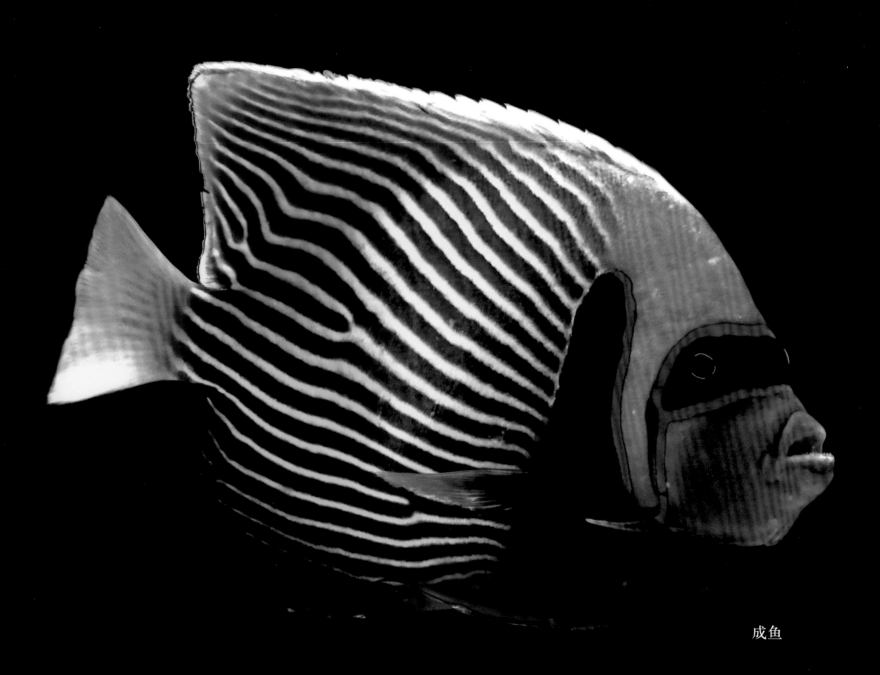

成鱼

93. 主刺盖鱼 *Pomacanthus imperator* (Bloch, 1787)

【英文名】 emperor angelfish

【别名】 条纹盖刺鱼、皇后神仙、大花脸

【分类地位】 鲈形目Perciformes

　　　　　　刺盖鱼科Pomacanthidae

【主要形态特征】

　　背鳍XIV-20~22；臀鳍III-18~19；胸鳍17~19；腹鳍I-5。侧线鳞75~80。

　　体侧扁而高，略呈长圆形；尾柄甚短高。头较小，头背缘倾斜。吻较长，前端钝圆。眼较小，侧位而高，眼间隔略圆凸。鼻孔2个，圆形，前鼻孔较大且后缘具瓣片。口上位。上颌骨垂直，被于眶前骨下。上下颌齿尖细，呈矛状，具3齿尖，中央尖长，两侧尖甚短。眶前骨下缘突出，后缘不游离。前鳃盖骨后缘具细锯齿，下缘具多个棘突，后下角具一向后强棘。间鳃盖骨下缘无锯齿。鳃盖骨后缘具扁棘，下缘无刺。鳃孔颇大，鳃盖膜连于峡部。鳃耙侧扁。

　　体被小弱栉鳞。侧线完全，与背缘平行。

　　背鳍连续，无凹刻，起点在腹鳍起点上方，鳍棘细长，鳍条部外缘圆形（幼鱼）或第五至第六鳍条延长而呈尖角状（成鱼）。臀鳍鳍条部圆形。胸鳍圆形，小于头长。腹鳍尖形。尾鳍圆形。

　　幼鱼头体呈深蓝色，体侧具多条白色弧状环纹，与尾柄前完整白环呈同心圆排列。随个体生长，成鱼体呈紫蓝色，体侧具20余条黄色纵纹，自鳃盖后缘延伸至背鳍及臀鳍；头侧具一边缘蓝色的黑色眼带，另具一较宽的蓝边黑斑带，自鳃盖上部至胸腹部；尾鳍黄色。

【生物学特性】

　　珊瑚礁鱼类。喜栖息于向海的珊瑚礁、岩礁、涌流区或水质清澈的潟湖等。具有领域性，成鱼会发出声音以吓退入侵者，而且会攻击其他鱼类。幼鱼常在洞穴附近活动。主要以海绵、附着生物及藻类等为食。最大体长达40cm。

【地理分布】

　　分布于印度—太平洋区，西至红海、东非，东至夏威夷群岛、莱恩群岛及土阿莫土群岛，北至日本南部及小笠原诸岛，南至大堡礁、新喀里多尼亚及土布艾群岛。我国主要分布于南海及台湾海域。

【资源状况】

　　中小型鱼类，无食用价值。体色及条纹鲜艳多变，幼鱼、成鱼差异显著，且易在水族箱中存活，是极受欢迎的观赏鱼。一般通过潜水捕获，活体进行商业贸易，在水族行业具有较高的商业价值。

　　《中国物种红色名录》将其列为易危（VU）等级。

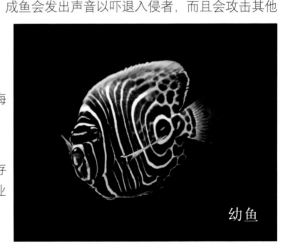

幼鱼

94.眼带荷包鱼 *Chaetodontoplus duboulayi* (Günther, 1867)

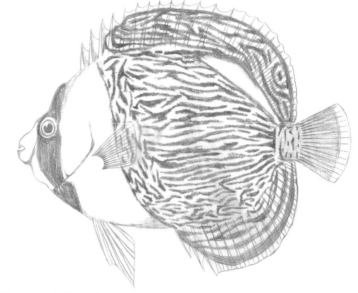

【英文名】scribbled angelfish

【别名】杜宝荷包鱼、眼带神仙

【分类地位】鲈形目Perciformes

刺盖鱼科Pomacanthidae

【主要形态特征】

背鳍Ⅺ-22；臀鳍Ⅲ-21；胸鳍20；腹鳍Ⅰ-5。

体甚侧扁而高，呈卵圆形。头颇小，头背缘颇陡，眼上方微凹。吻短，钝圆。眼侧位而高，眼间隔圆凸。鼻孔2个，前鼻孔具小短管，后鼻孔卵圆形。口小，前位。上颌骨几呈垂直状。上下颌齿尖细呈矛状，具3齿尖，中央尖长，侧尖甚短，密列，呈刷毛状；犁骨及腭骨无齿。前鳃盖骨后缘具锯齿，后下角具一向后强棘。间鳃盖骨无棘。鳃孔颇大，鳃盖膜连于峡部。鳃耙细短。

体被细小栉鳞。侧线不完全，止于尾柄前方。

背鳍连续，无凹刻，起点位于鳃盖后缘稍前上方，鳍条部外缘圆形。臀鳍起点位于背鳍第十鳍棘下方，鳍条部与背鳍鳍条部相似。胸鳍圆形。腹鳍尖形，第一鳍条延长。尾鳍圆形。

体呈深蓝色。吻部黄色，头侧具一宽于眼径的蓝黑色眼带，眼带后具白色斑块。体侧具一黄色宽横带，自背鳍前部至腹部；另具一黄色斜带，自背鳍鳍棘中部沿背鳍基向后至尾柄。背鳍及臀鳍深蓝色，具许多间断的波状条纹；尾鳍黄色。

【生物学特性】

珊瑚礁鱼类。喜栖息于沿海与珊瑚礁交错的水域，包括岩礁区、石砾区及礁盘区等。常集成小群活动。主要摄食海绵及被囊动物等。最大全长达28cm。

【地理分布】

分布于印度—西太平洋区，自中国、印度尼西亚至澳大利亚北部及豪勋爵岛。中国主要分布于南海海域。

【资源状况】

小型鱼类，无食用价值。较为少见，偶尔潜水捕获，可作为观赏鱼，偶见于水族馆。

95.蓝带荷包鱼 *Chaetodontoplus septentrionalis* (Temminck *et* Schlegel, 1844)

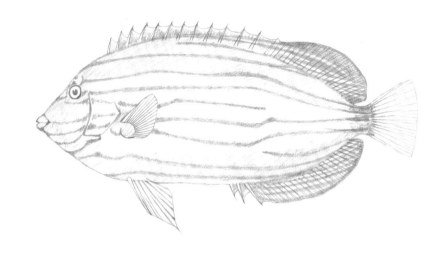

【英文名】bluestriped angelfish

【别名】荷包鱼、金蝴蝶、蓝带神仙

【分类地位】鲈形目Perciformes
　　　　　　刺盖鱼科Pomacanthidae

【主要形态特征】

背鳍XIII-17~18；臀鳍III-17~18；胸鳍18；腹鳍 I -5。

体甚侧扁而高，呈卵圆形。头颇小，头背缘颇陡。吻短，钝圆。眼侧位而高，眼间隔圆凸。鼻孔2个，前鼻孔具小短管，后鼻孔卵圆形。口小，前位。上颌骨几呈垂直状。上下颌齿尖细，呈矛状，具3齿尖，中央尖长，侧尖甚短，密列，呈刷毛状；犁骨及腭骨无齿。前鳃盖骨后缘具锯齿，后下角具一向后强棘。间鳃盖骨无棘。鳃孔颇大，鳃盖膜连于峡部。鳃耙细短。

体被细小栉鳞。侧线不完全，止于尾柄前方。

背鳍连续，无凹刻，起点位于鳃盖后缘上方，前方具一向前平卧棘。臀鳍起点位于背鳍第十鳍棘下方，鳍条部与背鳍鳍条部相似，外缘均为圆形。胸鳍圆形。腹鳍尖形，第一鳍条延长。尾鳍圆形。

幼鱼头体呈紫黑色，体侧具一黄色宽横带，自背鳍前方至腹鳍基部。成鱼体呈黄褐色，体侧横带消失，具6~8条蓝色波状窄纵带；背鳍及臀鳍各具2条蓝色波状纵带，且鳍条部色深；胸鳍、腹鳍及尾鳍黄色。

【生物学特性】

珊瑚礁鱼类。喜栖息于沿岸岩礁和珊瑚礁区。独居性，性情温顺。主要摄食海绵及被囊动物等。最大全长达22cm。

【地理分布】

分布于西太平洋区，包括中国、朝鲜半岛、日本及马来半岛等。中国主要分布于南海及台湾海域。

【资源状况】

小型鱼类，无食用价值。常潜水捕获，作为观赏鱼出售，可存活于水族箱中。

96.双棘甲尻鱼 *Pygoplites diacanthus* (Boddaert, 1772)

【英文名】regal angelfish

【别名】甲尻鱼、皇帝、帝王神仙鱼、锦纹盖刺鱼

【分类地位】鲈形目Perciformes

　　　　　刺盖鱼科Pomacanthidae

【主要形态特征】

　　背鳍XIV-17~19；臀鳍III-17~19；胸鳍16；腹鳍I-5。侧线鳞46。

　　体侧扁，略呈卵圆形，背腹缘凸度相似；尾柄短而高。头小，头背缘呈直线状倾斜。吻较长，前端突出，稍钝尖。眼侧上位，眼间隔平且大于眼径。鼻孔2个，几等大，均呈圆形，前鼻孔后缘具鼻瓣。口小，前位，口裂水平。上下颌齿细长，呈矛状，较坚硬，呈刚毛状排列，具3齿尖，中央尖长，尖端略内弯，侧尖甚短。眶前骨下缘突出，无刺。前鳃盖骨后缘具细锯齿，下缘无刺，后下角具一向后强棘。间鳃盖骨下缘无刺。鳃盖骨后缘具扁棘。鳃孔颇大，鳃盖膜连于峡部。鳃耙侧扁。

　　体被中小弱栉鳞，鳃盖具鳞8列。侧线不完全，止于背鳍末端下方。

　　背鳍连续，无凹刻，起点约在鳃孔上方；鳍棘尖细，向后渐长，鳍条部外缘圆角形。臀鳍起点在背鳍第十鳍棘下方，鳍条部形似背鳍。胸鳍圆形，小于头长。腹鳍尖形。尾鳍圆形。

　　幼鱼体呈橘黄色，体侧具4~6条边缘暗褐色的蓝白色横带，背鳍鳍条部具一圆形眼斑；成鱼体呈土黄色，体侧横带增加至8~10条，头侧眼前侧和后侧各具1条细带，背鳍鳍条部蓝色且眼斑消失，臀鳍具数条弧形窄带，尾鳍黄色。

【生物学特性】

　　珊瑚礁鱼类。喜栖息于珊瑚丛生的潟湖或珊瑚礁海区，常单独、成对或集成小群在洞穴附近活动。主要摄食海绵及被囊动物等。最大体长达25cm。

【地理分布】

　　分布于印度—太平洋区，西至红海、东非，东至土阿莫土群岛，北至琉球群岛及小笠原诸岛，南至大堡礁及新喀里多尼亚。我国主要分布于南海诸岛及台湾岛海域。

【资源状况】

　　小型鱼类，无食用价值，是极受欢迎的观赏鱼，在水族行业具有较高的商业价值，但因捕捞过度，现已较为少见。

　　《中国物种红色名录》将其列为濒危（EN）等级。

97.尖吻鲳 *Oxycirrhites typus* Bleeker, 1857

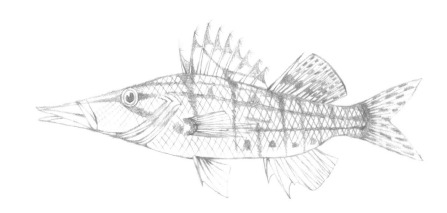

【英文名】longnose hawkfish

【别名】尖嘴格、格仔

【分类地位】鲈形目Perciformes

　　　　　鲳科Cirrhitidae

【主要形态特征】

　　背鳍 X -13；臀鳍 III -7；胸鳍14；腹鳍 I -5。侧线鳞51~53。

　　体延长，呈长梭形，侧扁。头中大，头背缘平直。吻突出，呈长管状。眼中大，近背缘。鼻孔2个。口前位，如鸭嘴状。上下颌齿细小；腭骨无齿。前鳃盖骨后缘具细锯齿。鳃盖骨棘退化。鳃盖膜愈合，不连于峡部。

　　体被小圆鳞，眼间隔裸露。侧线完全。

　　背鳍鳍棘部与鳍条部相连，具凹刻，鳍棘部鳍膜具簇须状突起，鳍条部基底短于鳍棘部。臀鳍与背鳍鳍条部相对。胸鳍下部鳍条长而肥大。腹鳍位于胸鳍基后下方。尾鳍叉形。

　　体呈浅红色至灰白色，腹部色浅。头部具数条深红色纵带。体侧具数条深红色带，纵横交错呈方格状斑纹。各鳍色浅，具深红色斑纹、斑点或无。

【生物学特性】

　　珊瑚礁鱼类。主要栖息于潮流经过的较深的外围礁石区陡坡上，常停栖在扇形柳珊瑚群落中。主要摄食小型底栖动物或浮游甲壳类。最大全长达13cm。

【地理分布】

　　分布于印度—太平洋区，西至红海、南非，东至夏威夷群岛，北至日本南部，南至新喀里多尼亚；东太平洋自加利福尼亚湾至哥伦比亚北部及科隆群岛也有分布。我国主要分布于南海及台湾海域。

【资源状况】

　　小型鱼类，无食用价值。较为罕见，一般以潜水捕获，作为观赏鱼出售，可见于水族馆。

　　《中国物种红色名录》将其列为易危（VU）等级。

98. 鹰金鲚 *Cirrhitichthys falco* Randall, 1963

【英文名】dwarf hawkfish

【别名】真丝金鲚、短嘴格

【分类地位】鲈形目Perciformes

鲚科Cirrhitidae

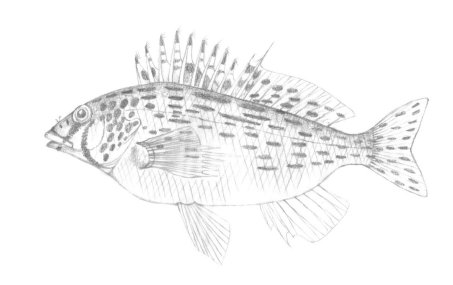

【主要形态特征】

背鳍Ｘ-12；臀鳍Ⅲ-6；胸鳍14；腹鳍Ⅰ-5。侧线鳞40~47。

体呈长椭圆形，侧扁。头较小，前端钝尖。吻钝尖。眼中大，侧上位，近背缘，眼上缘隆起，眼间隔甚狭且低于隆起部。鼻孔2个，前鼻孔具鼻瓣。口小，前位。上下颌齿细小，上颌齿较大，下颌两侧具犬齿；腭骨具细齿。前鳃盖骨边缘具强锯齿。鳃盖骨棘退化。

体被圆鳞，眼间隔具鳞。侧线完全。

背鳍鳍棘部与鳍条部相连，起点位于胸鳍基上方，鳍棘部鳍膜具深缺刻，鳍膜末端呈簇须状；第一鳍条延长。臀鳍与背鳍鳍条部相对。胸鳍下部鳍条长而肥大，不分支。腹鳍小，位于胸鳍基后下方。尾鳍微凹，近截形。

体呈淡褐色，腹部色浅。头侧眼下方具2条红褐色斜带，吻部另具1条红褐色斜带。体侧具5条由不规则的红褐色斑点组成的横带。背鳍及尾鳍密布红褐色斑点，胸鳍、腹鳍、臀鳍色浅。

【生物学特性】

珊瑚礁鱼类。主要栖息于珊瑚丛生的岩礁、珊瑚礁区及外围礁石区的陡坡上，通常停栖在珊瑚基部，伺机捕食。主要摄食小型甲壳类及小鱼等。夜间活动，在日落后产卵。最大全长达7cm。

【地理分布】

分布于印度—太平洋区，西至马尔代夫，东至萨摩亚群岛，北至琉球群岛，南至大堡礁以南及新喀里多尼亚。我国主要分布于南海及台湾海域。

【资源状况】

小型鱼类，无食用价值。一般以潜水捕获，作为观赏鱼出售，可见于水族馆。

99.孟加拉豆娘鱼 *Abudefduf bengalensis* (Bloch, 1787)

【英文名】Bengal sergeant

【别名】孟加拉雀鲷、鸟鳞蓬

【分类地位】鲈形目Perciformes

　　　　　　雀鲷科Pomacentridae

【主要形态特征】

　　背鳍XIII-13~15；臀鳍II-13~14；胸鳍18~19；腹鳍I-5。侧线鳞26~28+8~9。

　　体略呈卵圆形，侧扁而高。头略短而高，幼鱼头背缘倾斜不大，几呈直线状，成鱼则陡高，在眼后折向项部。吻短。眼中大，侧位略高，眼间隔略圆凸。鼻孔1个。口前位。上下颌齿各1行，侧扁，切缘截形。眶前骨、眶下骨及各鳃盖骨边缘均光滑无锯齿。鳃盖膜愈合，不与峡部相连。鳃耙细长。

　　体被中大栉鳞。眶前骨无鳞，颊部鳞片3~4行，前鳃盖骨下缘部无鳞；背鳍前方鳞伸至鼻孔之间。侧线不完全。

　　背鳍连续，鳍条部延长而后缘呈尖形。臀鳍与背鳍鳍条部相对，后缘亦呈尖形。胸鳍长于头长。腹鳍第一鳍条延长呈丝状。尾鳍叉形，上下叶略圆。

　　体呈黄褐色至橄榄绿色。体侧具6~7条暗蓝色横带，第一条和最后一条分别位于鳃盖上方和尾鳍基部，常不明显。胸鳍基底上缘具一小黑斑。尾鳍上下叶无色暗的带。

【生物学特性】

　　珊瑚礁鱼类。喜栖息于潟湖和近岸礁石区，栖息水深在6m以内。常与其他豆娘鱼混成一群游动。具有领域性。主要摄食藻类、腹足类及小蟹等。配对产卵，卵黏性。最大全长达17cm。

【地理分布】

　　分布于西太平洋区，自印度洋东部至日本，南至澳大利亚。我国主要分布于南海及台湾海域。

【资源状况】

　　小型鱼类，可供食用，但因其体色艳丽，主要作为观赏鱼出售，常见于水族市场及水族馆。

100. 六带豆娘鱼 *Abudefduf sexfasciatus* (Lacepède, 1801)

【英文名】scissortail sergeant

【别名】蓝豆娘鱼、六线豆娘鱼、六线雀鲷、五间雀

【分类地位】鲈形目Perciformes

　　　　　　雀鲷科Pomacentridae

【主要形态特征】

背鳍XIII-12~16；臀鳍 II -12~14；胸鳍17~20；腹鳍 I -5。侧线鳞19~21+7~8。

体呈卵圆形，侧扁。头略短而高，头背缘斜度不大。吻短，前端钝尖。眼大，侧位而高，眼间隔稍圆凸。鼻孔1个，圆形。口前位。上下颌齿各1行，侧扁，切缘截形。眶前骨、眶下骨及各鳃盖骨边缘均光滑无锯齿。鳃盖膜愈合，不与峡部相连。鳃耙细长。

体被中大栉鳞。眶前骨具鳞2行；颊部鳞片3行，前鳃盖骨下缘部具鳞1行，后缘部无鳞；背鳍前方鳞伸越鼻孔，几达吻端。侧线不完全。

背鳍连续，第一鳍棘短小，第四至第五鳍棘较长，鳍条部延长而后缘呈尖形。臀鳍与背鳍鳍条部相对。胸鳍长于头长。腹鳍第一鳍条延长呈丝状。尾鳍叉形，上下叶略尖。

体背侧蓝灰色，腹侧淡黄色。体侧具5条明显的暗褐色横带。胸鳍基底上缘具一色暗的斑点。尾鳍色淡，上下叶各具一暗褐色纵带，延伸至尾鳍基部。

【生物学特性】

珊瑚礁鱼类。喜栖息于近海浅水珊瑚礁和岩礁海域，栖息深度在20m以内。常集群活动。主要摄食浮游动物和藻类。配对产卵，卵黏性。雄鱼具护卵行为。最大全长达19cm。

【地理分布】

分布于印度—太平洋区，西至红海及莫桑比克沿岸，东至土阿莫土群岛，北至日本南部，南至豪勋爵岛及拉帕岛。我国主要分布于南海及台湾海域。

【资源状况】

小型鱼类，可供食用，也可作为观赏鱼。

101.五带豆娘鱼 *Abudefduf vaigiensis* (Quoy *et* Gaimard, 1825)

【英文名】Indo-Pacific sergeant

【别名】惠琪豆娘鱼、条纹豆娘鱼、五线雀鲷、岩雀鲷

【分类地位】鲈形目Perciformes
　　　　　雀鲷科Pomacentridae

【主要形态特征】

背鳍XIII-11~14；臀鳍Ⅱ-11~13；胸鳍18~19；腹鳍Ⅰ-5。侧线鳞20~23+9~10。

体略呈卵圆形，侧扁而高。头短而圆。吻短。眼中大，圆形，眼间隔较圆凸。鼻孔1个。口前位。上下颌齿各1行，侧扁，切缘呈截形。眶前骨、眶下骨及各鳃盖骨边缘均光滑无锯齿。鳃盖膜愈合，不与峡部相连。鳃耙细长。

体被中大栉鳞。眶前骨无鳞；颊部鳞片3行，前鳃盖骨下缘部具鳞1行，后缘部无鳞；背鳍前方鳞伸至鼻孔之间。侧线不完全。

背鳍连续，第一鳍棘短小，鳍条部延长而后缘呈尖形。臀鳍与背鳍鳍条部相对，同形。胸鳍长于头长。腹鳍第一鳍条延长呈丝状。尾鳍叉形，上下叶略尖。

体背侧黄绿色，腹侧浅蓝色至灰白色。体侧具5条明显的暗褐色横带。胸鳍基底上缘具一黑色斑点。尾鳍灰白色，上下叶无暗色带。

【生物学特性】

珊瑚礁鱼类。喜栖息于近岸岩礁的浅水水域和较深的外围礁石区斜坡海域，栖息水深在15m以内。常集群活动。主要以浮游动物、底栖藻类及其他小型无脊椎动物为食。配对产卵，卵黏性。雄鱼具护卵行为。最大全长达20cm。

【地理分布】

分布于印度—太平洋区，西至红海、东非，东至莱恩群岛及土阿莫土群岛，北至日本南部，南至澳大利亚。我国主要分布于南海及台湾海域。

【资源状况】

小型鱼类，可供食用，也可作为观赏鱼。

102.克氏双锯鱼 *Amphiprion clarkii* (Bennett, 1830)

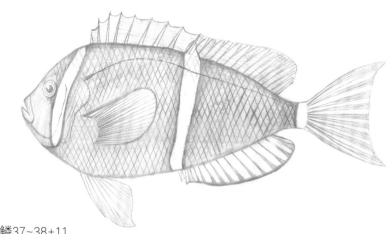

【英文名】yellowtail clownfish

【别名】二带双锯鱼、克氏海葵鱼、小丑鱼

【分类地位】鲈形目Perciformes
　　　　　　雀鲷科Pomacentridae

【主要形态特征】

　　背鳍Ⅹ-15~16；臀鳍Ⅱ-13~14；胸鳍19；腹鳍Ⅰ-5。侧线鳞37~38+11。

　　体略呈卵圆形，侧扁。头短而高。吻短，前端略圆。鼻孔1个。眼侧位而高，眼间隔圆凸。口前位，斜裂。上下颌齿各1行，齿尖圆锥形。眶前骨后部具一稍大向下棘，眶下骨边缘具细锯齿。前鳃盖骨后缘具细锯齿，其他鳃盖各骨外缘均具1行放射状小棘。鳃盖膜愈合，不与峡部相连。鳃耙尖细。

　　体被小栉鳞。颊部具鳞4~5行，背鳍前方具鳞19行，至眼后缘上方。侧线不完全。

　　背鳍连续，具浅凹刻；第二至第三鳍棘较长，鳍条部后缘略圆。臀鳍低于背鳍，后缘圆突。胸鳍宽圆。腹鳍略短于头长。尾鳍后缘微凹。

　　幼鱼体呈橘黄色，体侧具2条白色横带，各鳍黄色；随个体生长，体色渐呈褐色至黑色，体侧具3条白色横带，第三条横带位于尾柄部，各鳍黄色或暗褐色。

【生物学特性】

　　珊瑚礁鱼类。喜栖息于潟湖及外围礁石区斜坡海域。杂食性，主要摄食藻类和浮游生物。与多种海葵具共生行为，体表的黏液可以保护自己不被海葵伤害。营群居生活，一夫一妻制。通常群体中包括一尾体型最大的雌鱼、一尾体型次之且具有生殖能力的雄鱼、无生殖能力的其他成鱼及稚鱼、幼鱼，最大雌鱼死亡后，由体型次之的雄鱼性转变成雌鱼补位。配对产卵，卵椭圆形，黏性，黏附在底层基质上。产后亲鱼均有护卵行为，且具有较强攻击性。最大体长达15cm。

【地理分布】

　　分布于印度—太平洋区，西至红海、东非及波斯湾，东至美拉尼西亚及密克罗尼西亚，遍布印度洋及西太平洋各岛屿，北至琉球群岛，南至澳大利亚。我国主要分布于南海及台湾海域。

【资源状况】

　　小型鱼类，体色艳丽，是极受欢迎的著名观赏鱼，习见于水族市场和水族馆。在水族行业具有较高的商业价值，目前已实现人工繁殖。

103.白条双锯鱼 *Amphiprion frenatus* Brevoort, 1856

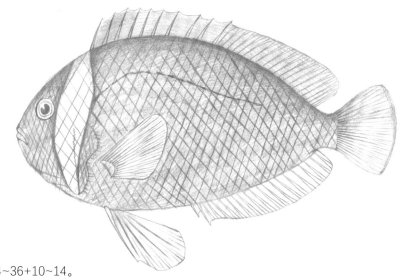

【英文名】tomato clownfish

【别名】红小丑、白条海葵鱼

【分类地位】鲈形目Perciformes

　　　　　　雀鲷科Pomacentridae

【主要形态特征】

　　背鳍IX~ X -16~18；臀鳍 II -14；胸鳍19~20；腹鳍 I -5。侧线鳞34~36+10~14。

　　体略呈卵圆形，侧扁而高。头短而高。吻短。眼中大，圆形，侧位而高。鼻孔1个。口前位，稍斜裂。上下颌齿各1行，锐尖呈圆锥形，前部齿略粗壮。眶前骨、眶下骨边缘均具较强棘突。前鳃盖骨后缘具锯齿，其他鳃盖各骨外缘均具1行放射状尖棘。鳃盖膜愈合，不与峡部相连。

　　体被小栉鳞。颊部具鳞6行；背鳍前方具鳞24行，至眼间隔后半部。侧线不完全。

　　背鳍连续，无明显凹刻；中部鳍棘最长，鳍条部后缘略呈圆形。臀鳍低于背鳍，后缘圆突。胸鳍宽圆。腹鳍略短于或等于头长。尾鳍圆形。

　　幼鱼及雌雄成鱼体色和斑纹均有差异。幼鱼体呈橘红色，体侧具3条白色横带：第一条横带边缘黑色，位于眼后方，第二条位于体中部，第三条位于尾柄上半部；成鱼仅余第一条横带，雌性体侧大部黑褐色，雄性体呈红色。

【生物学特性】

　　珊瑚礁鱼类。喜栖息于潟湖及珊瑚礁区，栖息深度在12m以内。杂食性，主要摄食藻类、鱼卵及其他浮游生物。与多种海葵具共生行为，体表的黏液可以保护自己不被海葵伤害。营群居生活，行一夫一妻制。通常群体中包括一尾体型最大的雌鱼、一尾体型次之且具有生殖能力的雄鱼、无生殖能力的其他成鱼及稚鱼、幼鱼，最大雌鱼死亡后，由体型次之的雄鱼性转变成雌鱼补位。配对产卵，卵黏性，黏附在底层基质上。产后亲鱼均有护卵行为。最大体长达14cm。

【地理分布】

　　分布于西太平洋区，包括中国、日本、菲律宾、马来西亚、印度尼西亚等海域。中国主要分布于南海及台湾海域。

【资源状况】

　　小型鱼类，体色艳丽，是极受欢迎的著名观赏鱼，习见于水族市场和水族馆。在水族行业具有较高的商业价值，目前已实现人工繁殖。

雌鱼

104.眼斑双锯鱼 *Amphiprion ocellaris* Cuvier, 1830

【英文名】clown anemonefish

【别名】公子小丑、眼斑海葵鱼

【分类地位】鲈形目Perciformes
　　　　　　雀鲷科Pomacentridae

【主要形态特征】

　　背鳍 XXI-13~17；臀鳍Ⅱ-11~13；胸鳍15~18；腹鳍Ⅰ-5。侧线鳞34~37+11。

　　体呈椭圆形，侧扁。头短而高。吻短钝。眼侧位而高，眼间隔稍圆凸。鼻孔1个。口小，前位，稍斜裂。上下颌齿各1行，圆锥形。眶前骨、眶下骨边缘均具较强棘突。前鳃盖骨后缘具锯齿，其他鳃盖各骨外缘均具1行放射状尖棘。鳃盖膜愈合，不与峡部相连。

　　体被小栉鳞。侧线不完全。

　　背鳍连续，具凹刻；第四鳍棘最长，鳍条部略呈圆形。臀鳍与背鳍鳍条部相对，同形。胸鳍圆形。腹鳍短于胸鳍。尾鳍圆形。

　　体呈橘黄色至橘红色。体侧具3条白色横带：第一条位于头侧眼后方，呈圆弧形；第二条位于体侧中部，略呈三角形；第三条贯穿尾柄。各鳍颜色同体色，边缘具黑色带。

【生物学特性】

　　珊瑚礁鱼类。喜栖息于潟湖及珊瑚礁区，栖息深度在15m以内。杂食性，主要摄食藻类、鱼卵及其他浮游生物。与多种海葵具共生行为，体表的黏液可以保护自己不被海葵伤害。营群居生活，一夫一妻制。通常群体中包括一尾体型最大的雌鱼、一尾体型次之且具有生殖能力的雄鱼、无生殖能力的其他成鱼及稚鱼、幼鱼，最大雌鱼死亡后，由体型次之的雄鱼性转变成雌鱼补位。配对产卵，卵黏性，黏附在底层基质上。产后亲鱼均有护卵行为。最大全长达11cm。

【地理分布】

　　分布于印度—西太平洋区，西至东印度洋的安达曼—尼科巴群岛，东至菲律宾，北至琉球群岛，南至澳大利亚西北部。我国主要分布于南海及台湾海域。

【资源状况】

　　著名的小型观赏鱼，体色艳丽，在世界上极受欢迎，习见于水族市场和水族馆。在水族行业具有较高的商业价值，目前已实现人工繁殖。

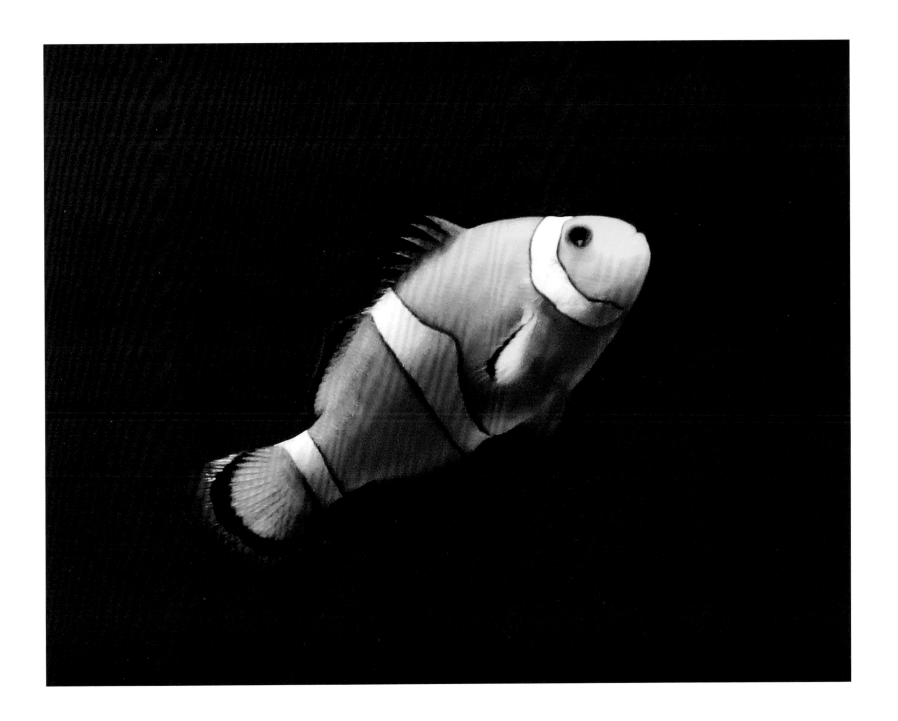

105. 颈环双锯鱼 *Amphiprion perideraion* Bleeker, 1855

【英文名】pink anemonefish

【别名】粉红双锯鱼、粉红小丑

【分类地位】鲈形目Perciformes
　　　　　　雀鲷科Pomacentridae

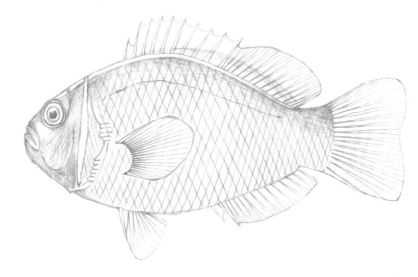

【主要形态特征】

背鳍IX~X-16~17；臀鳍Ⅱ-12~13；胸鳍15~16；腹鳍Ⅰ-5。侧线鳞38~39+11。

体略呈卵圆形，侧扁。头短而高。吻短，前端略圆。眼侧位而高，眼间隔稍圆凸。鼻孔1个。口小，前位，斜裂。上下颌齿各1行，呈圆锥形。唇略厚。眶前骨前缘具一浅凹刻，边缘具1~2棘，下方具1枚较强棘；眶下骨边缘具1行较强锯齿。前鳃盖骨后缘具钝而弱锯齿，其他鳃盖各骨外缘均具1行放射状尖棘。鳃盖膜愈合，不与峡部相连。

体被小栉鳞。颊部具鳞4行；背鳍前方鳞伸至眼前缘上方。侧线不完全。

背鳍连续，具浅凹刻；第四鳍棘最长，鳍条部后缘圆突。臀鳍低于背鳍，后缘圆突。胸鳍圆形。腹鳍短于胸鳍。尾鳍圆形。

体呈橘红色，头侧具一白色窄横带，自头背部中央沿背鳍基底至尾柄具一白色细纵带，各鳍色淡。

【生物学特性】

珊瑚礁鱼类。喜栖息于潟湖及潮流通畅的珊瑚礁区，栖息深度在38m以内。杂食性，主要摄食藻类及其他浮游生物。与多种海葵具共生行为，体表的黏液可以保护自己不被海葵伤害。行一夫一妻制。雌雄同体，生长过程中可出现性转变。配对产卵，卵黏性，黏附在底层基质上。产后亲鱼有护卵行为。最大全长达10cm。

【地理分布】

分布于西太平洋区，西至东印度洋的科科斯群岛，东至萨摩亚群岛及汤加，北至琉球群岛，南至大堡礁及新喀里多尼亚。我国主要分布于南海及台湾海域。

【资源状况】

小型鱼类，体色艳丽，是极受欢迎的著名观赏鱼，习见于水族市场及水族馆。在水族行业具有较高的商业价值，目前已实现人工繁殖。

《中国物种红色名录》将其列为易危（VU）等级。

106. 蓝绿光鳃雀鲷 *Chromis viridis* (Cuvier, 1830)

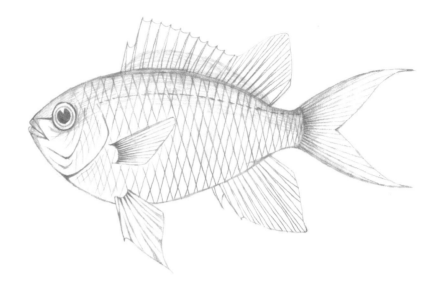

【英文名】blue green damselfish

【别名】蓝绿光鳃鱼、蓝光鳃鱼、水银灯、青雀

【分类地位】鲈形目Perciformes

　　　　　　雀鲷科Pomacentridae

【主要形态特征】

背鳍XII-9~11；臀鳍II-9~11；胸鳍17~18；腹鳍I-5。侧线鳞14~16+8~10。

体呈椭圆形，侧扁。头短而高。吻较短，前端钝尖。眼较大，侧位而略高，眼间隔圆凸。鼻孔1个。口中大，前位，口裂甚斜。上下颌齿各1行，锥形；上颌齿细；下颌缝合处齿较大，稍呈水平状，齿尖向外。眶前骨、眶下骨及各鳃盖骨边缘均光滑无锯齿。鳃盖膜愈合，不与峡部相连。鳃耙尖而细长。

体被栉鳞。背鳍前方鳞伸至吻端。侧线不完全。背鳍和臀鳍基底无小鳞，尾鳍基底被鳞。

背鳍连续，前部鳍棘最长，向后递减；鳍条部较高，后缘钝尖。臀鳍鳍条部与背鳍鳍条部形似。胸鳍短圆。腹鳍向后不达肛门。尾鳍叉形。

头体及各鳍呈浅绿色至浅蓝色。吻至眼前具一细纹。繁殖期雄鱼体色偏黄色，后半部偏黑色。

【生物学特性】

珊瑚礁鱼类。喜栖息于潟湖和珊瑚礁区，栖息深度在20m以内。常集成大群在树状珊瑚丛周围盘旋，受惊时迅速躲入珊瑚枝丫间。主要摄食浮游生物。繁殖期间，雄鱼在沙石地上筑巢，并与数尾雌鱼共用。卵黏性，黏附在底层基质上。雄鱼负责护巢护卵，并通过摆动尾鳍保证受精卵具有足够氧气。最大全长达10cm。

【地理分布】

分布于印度—太平洋区，西至东非，东至莱恩群岛及土阿莫土群岛，北至琉球群岛，南至大堡礁及新喀里多尼亚。我国主要分布于南海及台湾南部海域。

【资源状况】

小型鱼类，无食用价值，可作为观赏鱼。

107. 三斑宅泥鱼 *Dascyllus trimaculatus* (Rüppell, 1829)

【英文名】threespot dascyllus

【别名】三斑圆雀鲷、三点白

【分类地位】鲈形目Perciformes

　　　　　雀鲷科Pomacentridae

【主要形态特征】

　　背鳍Ⅻ-14~15；臀鳍Ⅱ-13；胸鳍19~20；腹鳍Ⅰ-5。侧线鳞17~18+7~8。

　　体近圆形，侧扁而高。头短而高，头背缘在眼后上方微凹。吻短，前端钝圆。眼大，侧位略高，眼间隔圆凸。鼻孔1个。口小，前位，口裂斜。上颌骨短，后端达眼前缘下方。齿锐尖，呈圆锥状，上下颌各具2~3行，呈窄带状排列。眶前骨和眶下骨下缘均具细锯齿。鳃盖各骨仅前鳃盖骨边缘具细锯齿。鳃盖膜愈合，不与峡部相连。鳃耙细长。

　　体被中大栉鳞。颊部具鳞4~5行；背鳍前方鳞伸达吻端。侧线不完全。

　　背鳍连续，具浅凹刻；第二、第三鳍棘较长，鳍条部后缘钝尖。臀鳍第二鳍棘最长，鳍条部形似背鳍鳍条部，相对。胸鳍短于或等于头长。腹鳍长于头长。尾鳍后缘微凹。

　　幼鱼体呈黑褐色，头背正中具一白色圆斑，体背侧中央亦各具一白色圆斑，各鳍黑色；随个体生长，体色渐淡，成鱼体呈暗褐色，白色圆斑消失，各鳍浅褐色。

【生物学特性】

　　珊瑚礁鱼类。成鱼喜栖息于近海岩礁及珊瑚礁区，幼鱼常混居在双锯鱼属鱼类群体中，与海葵、海胆共生或栖息在珊瑚丛中。杂食性，主要摄食藻类、小型虾蟹类及浮游动物。配对产卵，卵黏性，黏附在底层基质上。亲鱼具护卵行为。领域性极强，交配时体色变淡。最大全长达14cm。

【地理分布】

　　分布于印度—太平洋区，西至红海、东非，东至莱恩群岛及皮特凯恩群岛，北至日本南部，南至澳大利亚。我国主要分布于南海及台湾海域。

【资源状况】

　　小型鱼类，体色艳丽，是较受欢迎的观赏鱼，常见于水族馆。

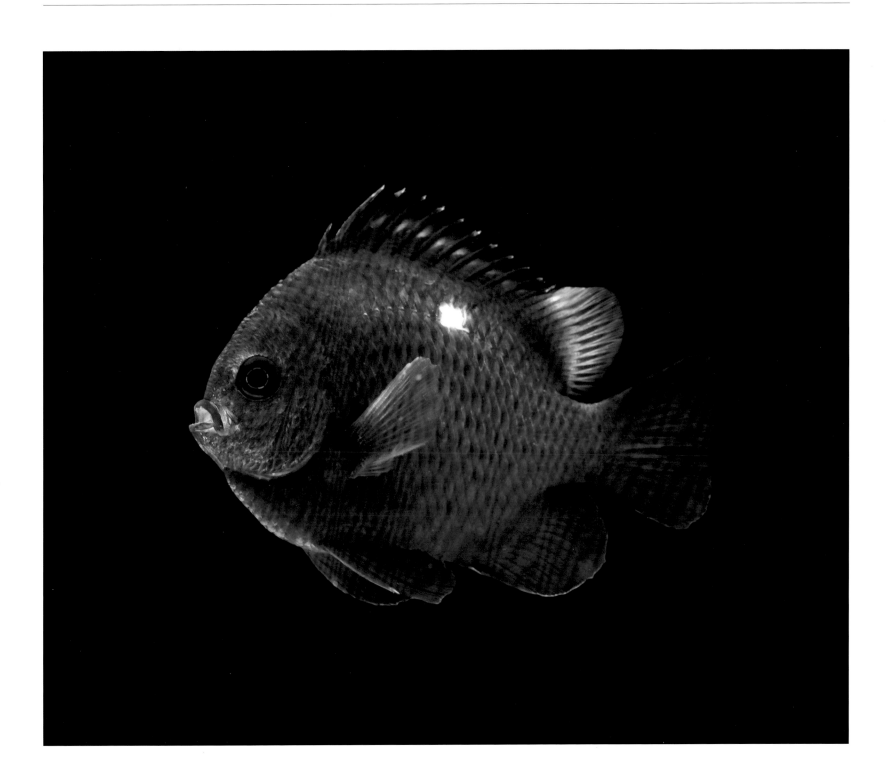

108.条尾新雀鲷 *Neopomacentrus taeniurus* (Bleeker, 1856)

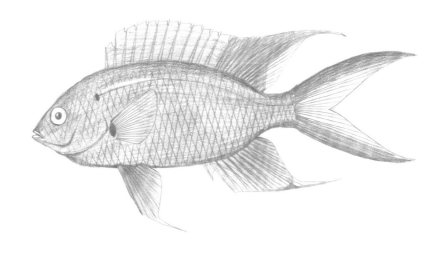

【英文名】freshwater demoiselle

【别名】条尾雀鲷、蓝带雀鲷

【分类地位】鲈形目Perciformes

　　　　　雀鲷科Pomacentridae

【主要形态特征】

背鳍XIII-11~12；臀鳍II-11；胸鳍18；腹鳍I-5。侧线鳞17~18+10~11。

体呈长圆形，侧扁。头中大。吻短，前端钝尖。眼大，圆形，侧位而略高，眼间隔圆凸。鼻孔1个。口前位，斜裂。上下颌齿各2行或排列不整齐的1行，侧扁，切缘多少呈截形。眶前骨与眶下骨下缘均无锯齿。前鳃盖骨后缘具细锯齿，其余鳃盖各骨边缘光滑。鳃盖膜愈合，不与峡部相连。鳃耙细长。

体被中大弱栉鳞。颊部具鳞3行；背鳍前方鳞伸达鼻孔上方。侧线不完全。

背鳍连续，无凹刻；第四、第五鳍条呈丝状延长，鳍条部后缘呈尖形。臀鳍中部鳍条亦呈丝状，鳍条部与背鳍同形。胸鳍短于头长。腹鳍第一鳍条延长呈丝状，长于头长。尾鳍深叉形，上下叶均呈丝状延长。

体呈褐色。鳃盖后上方的侧线起点处具一小黑点，胸鳍基上缘具一小黑斑，前者小于或几等于后者。背鳍及臀鳍暗褐色，鳍条部后半部色淡或黄色；通常背鳍鳍条部基底后缘具一显著白色斑点。尾鳍上下叶暗褐色，中间色淡或黄色。

【生物学特性】

珊瑚礁鱼类。喜栖息于红树林、河口、河流下游及有淡水注入的港湾，也可见于纯淡水水体中。通常在离岸几千米的浅海活动。配对产卵，产卵场可能在咸淡水水域。卵黏性，黏附在底层基质上。雄鱼护卵。最大全长达10cm。

【地理分布】

分布于印度—西太平洋区，西至东非，东至印度尼西亚及所罗门群岛，北至中国，南至澳大利亚及瓦努阿图。中国主要分布于南海及台湾海域。

【资源状况】

小型鱼类，无食用价值，可作为观赏鱼。

109. 黑眶锯雀鲷 *Stegastes nigricans* (Lacepède, 1802)

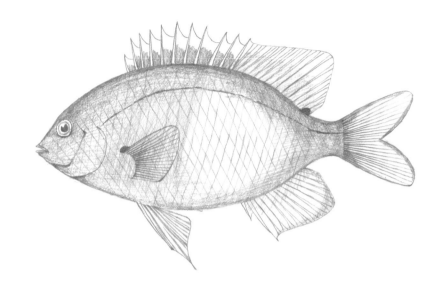

【英文名】dusky farmerfish

【别名】黑雀鲷、黑高身雀鲷

【分类地位】鲈形目Perciformes
　　　　　　雀鲷科Pomacentridae

【主要形态特征】

背鳍XII-15~16；臀鳍II-13；胸鳍18~19；腹鳍I-5。侧线鳞17~19+7~9。

体略呈卵圆形，侧扁。头中大。吻略长，前端钝尖。眼侧位而高，眼间隔略圆凸。鼻孔1个。口前位，略斜裂。上下颌齿各1行，侧扁，略呈门齿状，切缘截形。眶前骨下缘后部与眶下骨下缘均具强锯齿。前鳃盖骨后缘具强细锯齿，其余鳃盖各骨边缘光滑。鳃盖膜愈合，不与峡部相连。鳃耙尖细。

体被中大栉鳞。颊部具鳞3行；背鳍前方鳞伸达鼻孔前方。侧线不完全。

背鳍连续，无凹刻；鳍条部高于鳍棘部，鳍条部后缘略呈尖形。臀鳍鳍条部与背鳍同形。胸鳍短于头长。腹鳍后端可达肛门。尾鳍叉形。

体呈黑褐色，头背侧色深，头腹侧及胸腹部色淡；胸鳍基上缘及背鳍鳍条部基底后缘各具一明显的黑色斑点。求偶期和守卫鱼卵的雄鱼体中部具白色宽横带。

【生物学特性】

珊瑚礁鱼类。喜栖息于珊瑚礁区和潟湖礁石区。具有领域性，会攻击入侵的人类，遭遇入侵者时会发出"咔哒"声，有时甚至会突然咬人，在繁殖期间攻击性极强。主要摄食藻类、腹足类、海绵及桡足类等。配对产卵，卵黏性。雄鱼具筑巢及护卵行为。最大全长达14cm。

【地理分布】

分布于印度—太平洋区，西至红海、东非，东至莱恩群岛、马克萨斯群岛及土阿莫土群岛，北至琉球群岛及小笠原诸岛，南至新喀里多尼亚及汤加；遍布密克罗尼西亚。我国主要分布于南海和台湾南部海域。

【资源状况】

小型鱼类，是较受欢迎的观赏鱼，常见于水族馆。

110.荧斑阿南鱼 *Anampses caeruleopunctatus* Rüppell, 1829

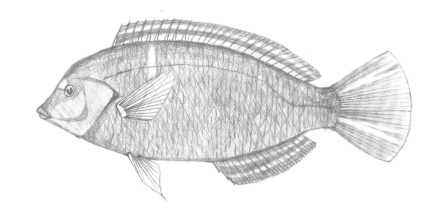

【英文名】bluespotted wrasse

【别名】线阿南鱼、青斑阿南鱼、青斑龙、青点鹦鲷、青衣

【分类地位】鲈形目Perciformes

　　　　　隆头鱼科Labridae

【主要形态特征】

背鳍IX-12；臀鳍III-12；胸鳍12；腹鳍 I -5。侧线鳞27~28。

体长形，侧扁。头中大。吻中长。眼小，侧位而高，眼间隔宽而隆起。鼻孔2个，前鼻孔具短管，后鼻孔大部为前缘瓣膜遮盖。口小，前位。上下颌前端各具2枚凿刀形齿，大而向前。唇厚，上唇内侧具纵褶。前鳃盖骨边缘光滑。鳃盖膜与峡部相连。鳃耙呈短矛状。

体被中大圆鳞。头部裸露无鳞，眼后鳞小且埋于皮下；背鳍和臀鳍无鳞鞘。侧线完全。

背鳍连续，起点在胸鳍基底上方稍前，第一鳍棘约等于眼径。臀鳍起点在背鳍最后鳍棘下方，第三鳍棘最长。胸鳍宽圆。腹鳍尖形。幼鱼尾鳍圆形，成鱼近截形。

体色随个体生长及性别差异变化较大。幼鱼体呈黄褐色，头体及各鳍散布不规则黑色斑纹或斑块。雌鱼体呈暗褐至红褐色，体侧各鳞具蓝色小圆点，圆点边缘黑褐色；头部及胸部具许多不规则蓝纹；背鳍、臀鳍及尾鳍均具数列蓝色小圆点。雄鱼体呈橄榄绿色，体侧各鳞具蓝色垂直线纹；上下唇蓝色，眼间隔具一蓝色带，连接两眼；胸鳍上方体侧具一黄绿色宽横带；各鳍蓝色，背鳍具一红褐色纵带，臀鳍具2条红褐色纵纹，尾鳍上下缘具褐色带，中间黄绿色。

【生物学特性】

暖水性中下层鱼类。喜栖息于近岸珊瑚礁及岩礁海域。常单独或成对活动。白天在礁区活动觅食，夜间埋入沙中休息。幼鱼常拟态一片落叶随水漂游，躲避敌害。幼鱼主要摄食小型甲壳类及多毛类，成鱼以较大的甲壳类、软体动物及多毛类为食。具有性转变行为，先雌后雄。配对产卵，雄鱼具筑巢护卵行为。最大全长达42cm。

【地理分布】

分布于印度—西太平洋区，西至红海、南非，东至太平洋中部，北至日本，南至澳大利亚。我国主要分布于南海及台湾海域。

【资源状况】

中小型鱼类，可供食用，偶尔以拖网等兼捕。体色鲜艳，可作为观赏鱼。

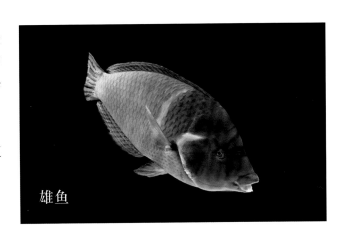

雄鱼

111.中胸普提鱼 *Bodianus mesothorax* (Bloch *et* Schneider, 1801)

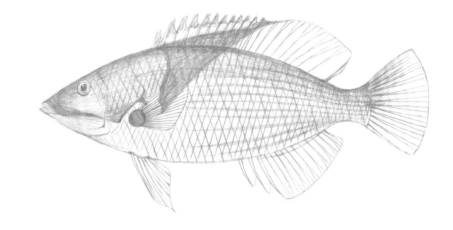

【英文名】splitlevel hogfish

【别名】中胸狐鲷、粗鳞沙、三色龙、中胸寒鲷

【分类地位】鲈形目Perciformes

　　　　　隆头鱼科Labridae

【主要形态特征】

背鳍XII-9~10；臀鳍III-11~12；胸鳍16；腹鳍 I -5。侧线鳞30~32。

体延长，侧扁，背腹缘均钝圆。头中大。吻较长，钝尖。眼中大，侧位而高，眼间隔宽圆。鼻孔2个，圆孔状，前鼻孔具瓣膜。口大，前位。上下颌齿各1行，圆锥形，排列紧密；上下颌前方各具2对大犬齿，口角处具1枚向前犬齿。唇厚，唇褶发达，口闭时不完全被眶前骨所盖。鳃耙常有小侧支。

体被圆鳞。背鳍及臀鳍基底具发达鳞鞘。侧线完全。

背鳍连续，起点在胸鳍基后上方，鳍棘部鳍膜缺刻较深，鳍条部后缘圆形。臀鳍第三鳍棘最坚硬而尖长。胸鳍宽圆。腹鳍尖形。尾鳍截形。

幼鱼头体及各鳍呈黑色，具数个白斑，分别位于吻端、眼后及各鳍基部附近。成鱼体后部淡黄色，头体前部红褐色；头侧自上颌前端至鳃盖下缘具1条黑色斜纹；胸鳍基具一大黑斑，黑斑后方向斜后上方至背鳍鳍条部前端具一近三角形黑色斑块；腹鳍及臀鳍黄色。

【生物学特性】

暖水性中下层鱼类。喜栖息于珊瑚丛生的外围礁石区斜坡及岩礁洞穴附近。常单独活动。夜间在岩缝中休息。主要摄食底栖无脊椎动物。配对产卵。最大全长达25cm。

【地理分布】

分布于印度—西太平洋区，印度洋区自马来半岛西岸至安达曼—尼科巴群岛，西太平洋区自日本南部至澳大利亚及新喀里多尼亚；太平洋区中部群岛未见记录。我国主要分布于南海及台湾海域。

【资源状况】

中小型鱼类，可供食用，常以延绳钓等捕获。色彩鲜艳，常作为观赏鱼，可见于水族馆。

成鱼

112.绿尾唇鱼 *Cheilinus chlorourus* (Bloch, 1791)

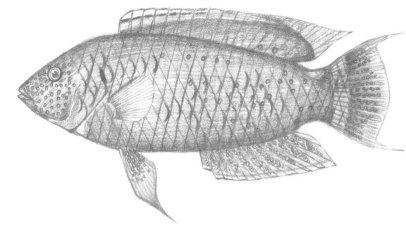

【英文名】floral wrasse

【别名】绿色龙、红斑绿鹦鲷

【分类地位】鲈形目Perciformes

　　　　　　隆头鱼科Labridae

【主要形态特征】

　　背鳍 X -8~9；臀鳍Ⅲ-8；胸鳍11；腹鳍 I -5。侧线鳞14~16+7~9。

　　体呈卵圆形，侧扁。头较大。吻中长，前端钝尖。眼侧位而高，眼间隔稍圆凸。鼻孔2个，甚小，前鼻孔具短管，后鼻孔周缘隆起。口略大，前位，稍可伸出。上下颌齿各1行，呈锥形，前端各具1对大犬齿。唇厚，唇褶发达。前鳃盖骨边缘光滑。鳃盖膜愈合，不与峡部相连。鳃耙短尖。

　　体被大圆鳞。颊部具鳞2行。前鳃盖骨边缘无鳞区较窄，其他鳃盖各骨均被大鳞。背鳍和臀鳍鳞鞘较高。侧线中断。

　　背鳍连续，无凹刻，最后鳍棘最长，鳍条部后缘尖形。臀鳍第三鳍棘最长，鳍条部形似背鳍。胸鳍圆形。腹鳍第一鳍条延长。尾鳍上下叶延长，后缘圆形。

　　体呈红褐色至橄榄绿色。头侧具许多红色小点或短线纹，体侧具许多色淡的或白色小点。背鳍、臀鳍、腹鳍及尾鳍密布色淡的小点，胸鳍色淡无点。

【生物学特性】

　　珊瑚礁鱼类。喜栖息于潟湖和向海珊瑚礁区，常见于沙石混合区、珊瑚丛中，偶尔也出现在海草繁茂的海域。白天觅食，夜间在礁石下方阴暗处休息。主要摄食软体动物和甲壳动物等底栖无脊椎动物。配对产卵。最大全长达45cm。

【地理分布】

　　分布于印度—太平洋区，西至东非，东至马克萨斯群岛及土阿莫土群岛，北至琉球群岛，南至新喀里多尼亚及拉帕岛。我国主要分布于南海及台湾海域。

【资源状况】

　　中小型鱼类，常以延绳钓、钩钓等捕获，具有一定的食用价值。体色鲜艳，也可作为观赏鱼。

幼鱼

幼鱼

113. 横带唇鱼 *Cheilinus fasciatus* (Bloch, 1791)

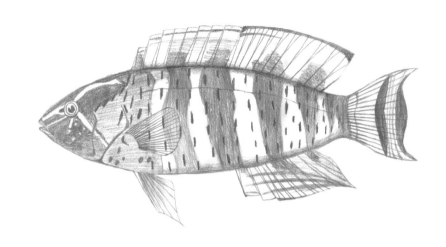

【英文名】redbreasted wrasse

【别名】黄带唇鱼、横带龙、横带鹦鲷

【分类地位】鲈形目Perciformes

　　　　　　隆头鱼科Labridae

【主要形态特征】

背鳍Ⅸ-10~11；臀鳍Ⅲ-8~9；胸鳍11；腹鳍Ⅰ-5。侧线鳞14~15+8~11。

体呈长椭圆形，侧扁。头颇大。吻较长，略圆钝。眼侧位而高，眼间隔圆凸。鼻孔2个，甚小，前鼻孔具短管，后鼻孔周缘隆起。口略大，前位，略可伸出。上下颌齿各1行，锐尖而呈锥形，上下颌前端各具1对大犬齿。唇厚，内侧具纵褶。前鳃盖骨边缘光滑。鳃盖膜愈合，不与峡部相连。鳃耙粗短呈结节状。

体被大圆鳞。颊部具大鳞2行。前鳃盖骨边缘无鳞，其他鳃盖各骨均被大鳞。背鳍和臀鳍鳞鞘发达。侧线中断。

背鳍连续，无凹刻，鳍棘尖硬，鳍条部后缘尖形。臀鳍第三鳍棘最长，后缘亦呈尖形。胸鳍宽短，边缘圆形。腹鳍较短。尾鳍上下叶呈丝状延长，后缘略凹入；幼鱼尾鳍圆形。

体呈灰黄色至粉白色，头部眼后红褐色，吻及头背暗褐色。体侧具7条黑色宽横带，带间距小于带宽；体侧鳞片具黑色横纹。眼部周边具放射状线纹。尾鳍中部具一黑色横带，后缘黑色。

【生物学特性】

珊瑚礁鱼类。喜栖息于沙石混合的岩礁区或珊瑚礁区。主要摄食底栖无脊椎动物，包括软体动物、甲壳动物及海胆类等。配对产卵。最大体长达40cm。

【地理分布】

分布于印度—太平洋区，西至红海、东非，东至密克罗尼西亚及萨摩亚群岛，北至琉球群岛，南至澳大利亚。我国主要分布于南海及台湾海域。

【资源状况】

中小型鱼类，常以延绳钓、钩钓等捕获，具有一定的食用价值。体色鲜艳，也可作为观赏鱼。

114. 波纹唇鱼 *Cheilinus undulates* Rüppell, 1835

【英文名】humphead wrasse

【别名】曲纹唇鱼、苏眉、拿破仑、龙王鲷、波纹鹦鲷

【分类地位】鲈形目Perciformes
    隆头鱼科Labridae

【主要形态特征】

背鳍Ⅸ-10~11；臀鳍Ⅲ-8；胸鳍11~12；腹鳍Ⅰ-5。侧线鳞15~16+6~9。

体呈椭圆形，侧扁。头大，头背至眼前平直，眼后隆起；成鱼额头突出。吻较长，前端钝圆。眼侧位而高，眼间隔宽而甚凸。鼻孔2个，颇小，前鼻孔具短管，后鼻孔周缘稍隆起。口大，前位，略可伸出。上下颌齿各1行，呈圆锥形；前端各具1对犬齿，上颌较下颌大。唇厚，内侧具纵褶。前鳃盖骨边缘光滑。鳃盖膜不与峡部相连。

体被大圆鳞。颊部具鳞2行，前鳃盖骨边缘无鳞处下方较后方宽。背鳍和臀鳍鳞鞘较低。侧线中断。

背鳍连续，无凹刻，鳍棘间鳍膜较厚，鳍条部后缘较尖。臀鳍第三鳍棘最长，后缘亦较尖。成鱼背鳍及臀鳍鳍条部延长可达尾鳍基。胸鳍短圆。腹鳍较短。尾鳍圆形。

体呈暗绿色。头侧密布浅色的网状细纹，体侧各鳞具一黑褐色横纹。眼前下方及后方各具2条黑色线纹。背鳍、臀鳍及尾鳍密布细纹，尾鳍后缘黄绿色。

【生物学特性】

珊瑚礁鱼类。喜栖息于陡峭的外围礁石区斜坡和潟湖的礁岩上，栖息深度一般在2~60m，最深可达100m。幼鱼常见于珊瑚丰富的潟湖岩礁海域。通常单独或成对出现。白天在礁石上游动，夜间在岩礁洞穴或礁石下方休息。主要摄食软体动物、鱼类、海胆类、甲壳类及其他无脊椎动物。由于也会摄食多种有毒动物，如海胆、棘冠海星、海兔等，因此有些个体体内会积累毒素。性情温顺，易于接近。眼后具两道黑色条纹形似眉毛，因此常称之为"苏眉"；又因其额头高高隆起，形似拿破仑的帽子，又称为"拿破仑"。常见个体全长60cm左右，最大体长达229cm，最大体重达191kg。

【地理分布】

分布于印度—太平洋区，西至红海、南非，东至土阿莫土群岛，北至琉球群岛，南至新喀里多尼亚。我国主要分布于南海及台湾海域。

【资源状况】

中大型鱼类，为隆头鱼科中的大型种类。其肉质细腻鲜嫩，属名贵海洋食用鱼类，价格昂贵，经济价值极高，但也因此被过度捕捞，导致其种群数量严重下降，甚至在有些地区已经消失。同时，由于其体型巨大、色彩艳丽，且易于接近，具有较高的观赏价值，是著名的观赏鱼，常见于大型水族馆。

目前波纹唇鱼是《濒危野生动植物种国际贸易公约》保护物种，其商业贸易已经受到严格限制。IUCN红色名录将其评估为濒危（EN）等级。

雌鱼

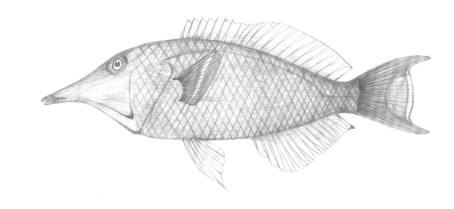

115. 杂色尖嘴鱼 *Gomphosus varius* Lacepède, 1801

【英文名】bird wrasse

【别名】三色尖嘴鱼、突吻鹦鲷、尖嘴龙、鸭嘴龙

【分类地位】鲈形目Perciformes

隆头鱼科Labridae

【主要形态特征】

背鳍Ⅷ-13；臀鳍Ⅲ-11；胸鳍15；腹鳍Ⅰ-5。侧线鳞26~27。

体呈长形，侧扁。头长，尖形。吻延长呈管状。眼侧上位，眼间隔雌鱼略凸，雄鱼圆凸。鼻孔2个，前鼻孔具小短管，后鼻孔较大，呈圆形，前缘具圆形瓣膜。口前位。唇较厚，内侧具纵褶。上下颌齿各1行，短锥形，排列紧密；上颌前端具1对略向后弯的犬齿，口角无犬齿。前鳃盖骨仅部分后缘及后下角的膜片呈游离。鳃盖膜与峡部相连。鳃耙短小而尖。

体被中大圆鳞。头部除鳃盖上方外均裸露无鳞。侧线完全。

背鳍连续，鳍棘部低于鳍条部，最后鳍棘最长。臀鳍第三鳍棘最长，鳍条部与背鳍同形。胸鳍三角形。腹鳍短小。幼鱼尾鳍圆形；雌性成鱼尾鳍截形，雄性成鱼尾鳍上下叶延长。

幼鱼吻不突出，体侧具2条暗褐色纵带。雄性成鱼体呈深蓝绿色，鳃盖后方具一淡绿色长方形大斑；各鳍淡绿色，胸鳍中部具色暗的带，尾鳍后缘淡绿色，呈半月形。雌性成鱼体前部呈黄褐色，后部呈黑褐色；头背侧橘红色，腹侧淡红色；眼后具1~2条黑色细纹；体侧鳞片具黑褐色垂直线纹；臀鳍具1纵行黄色斑点，尾鳍后缘黄色。

【生物学特性】

珊瑚礁鱼类。喜栖息于珊瑚礁围绕的环礁、向海礁坡及潟湖礁区，幼鱼常集成小群在珊瑚上层水体嬉戏，成鱼则在礁区周围活动。可利用管状的长吻捕食岩缝中的小鱼、小虾、海星及软体动物等。配对产卵。最大体长达30cm。

【地理分布】

分布于印度—太平洋区，西至科科斯群岛，东至夏威夷群岛、马克萨斯群岛及土阿莫土群岛，北至日本南部，南至豪勋爵岛及拉帕岛。我国主要分布于南海及台湾海域。

【资源状况】

小型鱼类，常以潜水、钩钓等方式捕获，全年均可渔获。体型独特，体色艳丽多变，是较受欢迎的观赏鱼，常见于水族馆。

116.黑鳍厚唇鱼 *Hemigymnus melapterus* (Bloch, 1791)

【英文名】blackeye thicklip

【别名】黑鳍半裸鱼、黑白龙、黑鳍鹦鲷

【分类地位】鲈形目Perciformes
　　　　　　隆头鱼科Labridae

【主要形态特征】

背鳍Ⅸ-10~11；臀鳍Ⅲ-11；胸鳍14；腹鳍Ⅰ-5。侧线鳞27~28。

体呈长椭圆形，侧扁。头颇高。吻颇长，前端钝圆。眼侧位而高，眼间隔略圆凸。鼻孔2个，前鼻孔具小短管，后鼻孔呈卵圆形。口前位，可向前伸出。上下颌齿各1行，锥形，前端各具1对向前的大犬齿。唇甚厚，上唇内侧具纵褶，下唇具中沟而分成左右两叶。前鳃盖骨边缘光滑无锯齿。鳃盖膜愈合，与峡部相连。鳃耙粗，侧扁而尖。

体被大圆鳞。头部仅颊部后下方具埋于皮下的小鳞。侧线完全。

背鳍连续，鳍棘尖硬，鳍条部后缘略呈尖形。臀鳍第三鳍棘最长，鳍条部与背鳍同形。胸鳍圆形。腹鳍第一鳍条延长。尾鳍近截形或略呈圆形。

体侧以背鳍起点与臀鳍起点连线为界，前部色淡，后部色暗；眼部周边具辐射状暗红色斑带，眼后上方具一黑色大斑块；尾鳍呈暗褐色。幼鱼体侧色暗的区域前方具一白色宽斜带，尾柄及尾鳍橘黄色。

【生物学特性】

暖水性中下层鱼类。喜栖息于潮下带礁滩、潟湖及向海珊瑚礁区。幼鱼常在近岸的珊瑚丛中活动，成鱼则出现在较深海域的珊瑚礁坡及沙石混合区。可利用肥厚的唇部撞开底层泥沙，捕食其中的小型无脊椎动物，如小虾、多毛类、软体动物及海星等。配对产卵。最大体长达37cm。

【地理分布】

分布于印度—太平洋区，西至红海、东非，东至密克罗尼西亚、萨摩亚群岛及法属波利尼西亚，北至琉球群岛，南至大堡礁海域。我国主要分布于南海及台湾海域。

【资源状况】

中小型鱼类，我国沿海地区较常见，可供食用。体色鲜艳，可作为观赏鱼。

幼鱼

233

117.裂唇鱼 *Labroides dimidiatus*（Valenciennes, 1839）

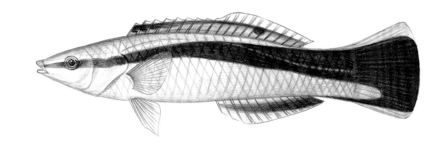

【英文名】bluestreak cleaner wrasse

【别名】蓝带裂唇鲷、鱼医生

【分类地位】鲈形目Perciformes

　　　　　隆头鱼科Labridae

【主要形态特征】

背鳍Ⅸ-11；臀鳍Ⅲ-10；胸鳍13；腹鳍Ⅰ-5。

体延长，侧扁。头颇小，略尖长。吻颇短尖。眼较小，侧位而高，眼间隔略凸。鼻孔2个，前鼻孔具短管，后鼻孔部分被瓣膜遮蔽。口小，前位。齿小，略呈锥形，上下颌前部各具数行齿，呈带状排列，向后渐成1行；前端各具1对犬齿。唇颇厚，上唇内侧正中具浅沟，将其分为2瓣；下唇分为左右2叶，叶间中央部分不发达，呈细窄带状。前鳃盖骨边缘无锯齿。鳃盖膜与峡部相连。

体被小圆鳞。侧线完全。

背鳍连续，起点约在鳃盖后缘上方；鳍棘短而尖硬，最后鳍棘最长；鳍条部较高，后缘略尖。臀鳍起点约在背鳍第二鳍条下方，略高于背鳍，后缘略尖。胸鳍宽圆。腹鳍较短。尾鳍后缘略呈圆形。

体呈灰白色至浅蓝色。体侧具一蓝黑色纵带，自吻端经眼部至尾鳍末端，纵带前部窄于眼径，向后渐宽，占据尾鳍大部，其上下部呈蓝白色。背鳍及臀鳍具黑色纵带，基底和边缘浅蓝色；胸鳍及腹鳍灰白色。

【近似种】

纵带盾齿鳚（*Aspidontus taeniatus*）与本种外形极相似，其体色及行为也高度模仿本种，以惊人相似的动作靠近其他鱼类，并迅速啄食其鳍条、皮肤或鳞片，在对方意识到受骗前快速游回洞穴中。有过经验的鱼可识别真假，进而对其进行追逐。

【生物学特性】

珊瑚礁鱼类。喜栖息于珊瑚丰富的潟湖、潮下带礁滩及向海珊瑚礁区，栖息深度在40m以内。主要以其他鱼类身上的寄生生物（如桡足类等）及黏液为食，是"清洁性"鱼类，可以将大型鱼类，如隆头鱼科、石斑鱼科、刺盖鱼科等鱼类的皮肤、鳃盖内及口腔内的寄生生物啄食清理。大型鱼类会通过特定体色或动作主动要求其进行清洁，因此被称为"鱼医生"。配对产卵。最大全长达14cm。

【地理分布】

分布于印度—太平洋区，西至红海、东非及波斯湾，东至太平洋的莱恩群岛、马克萨斯群岛及迪西岛，北至日本南部，南至豪勋爵岛及拉帕岛。我国主要分布于南海及台湾海域。

【资源状况】

小型鱼类，我国沿海地区习见，无食用价值。体色艳丽，是知名的观赏鱼，极受水族爱好者欢迎。

118. 双线尖唇鱼 *Oxycheilinus digramma* (Lacepède, 1801)

【英文名】cheeklined wrasse

【别名】多线唇鱼、双线龙、双线鹦鲷

【分类地位】鲈形目 Perciformes
隆头鱼科 Labridae

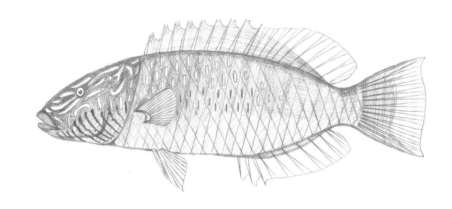

【主要形态特征】

背鳍IX-10；臀鳍III-8；胸鳍12；腹鳍 I-5。侧线鳞14~16+7~9。

体略呈长椭圆形，侧扁。头较大，头背缘略呈直线状。吻较长，前端略尖。眼侧位而高，眼间隔圆凸。鼻孔2个，甚小，前鼻孔具小短管，后鼻孔边缘略隆起。口大，前位，略可向前伸出。上下颌齿各1行，锥形，前端各具1对大犬齿。唇厚，唇褶发达。前鳃盖骨边缘光滑。鳃盖膜不与峡部相连。鳃耙硬而细长。

体被大圆鳞。颊部具鳞2行，前鳃盖骨边缘无鳞区甚宽，其他鳃盖各骨均被大鳞。背鳍及臀鳍鳞鞘甚低。侧线中断。

随个体生长及生活环境差异，体色多变，通常头及体背侧橄榄绿色，腹侧淡红褐色，或通体橘红色至暗褐色。头部具许多浅红色小点及线纹，头侧下部具7~8条深色平行斜纹。体侧中部鳞片均具一紫黑色垂直线纹。背鳍及臀鳍颜色与体色相同，鳍条后部色淡；尾鳍鳍条绿色，鳍膜黄色。

【生物学特性】

珊瑚礁鱼类。喜栖息于珊瑚繁茂的潟湖和向海的岩礁区。幼鱼喜生活在有遮蔽的珊瑚礁斜坡海域或珊瑚丛中。常混游于一群羊鱼科鱼类中，而且可根据羊鱼的体色改变自己的体色，伺机掠夺羊鱼的猎物。主要摄食小鱼。配对产卵。最大体长达40cm。

【地理分布】

分布于印度—太平洋区，自红海、东非至马绍尔群岛及萨摩亚群岛。我国主要分布于南海及台湾海域。

【资源状况】

中小型鱼类，可供食用，但食用价值不高，主要作为观赏鱼出售。

雄鱼

119. 长鳍高体盔鱼 *Pteragogus aurigarius* (Richardson, 1845)

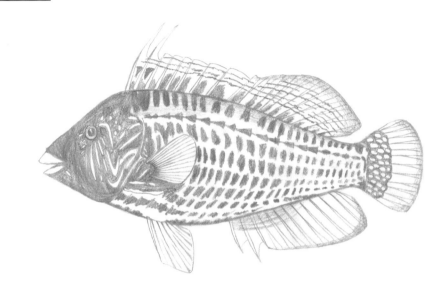

【英文名】cocktail wrasse

【别名】屠氏鱼、长鳍鹦鲷、长棘锯盖鱼、荔枝鱼、黄莺鱼

【分类地位】鲈形目Perciformes
　　　　　　隆头鱼科Labridae

【主要形态特征】

背鳍IX-11；臀鳍III-9；胸鳍12~13；腹鳍I-5。侧线鳞23~24。

体略呈长椭圆形，侧扁。头颇大，头背缘略斜，在眼上方稍凹下。吻颇长，前端钝尖。眼中大，侧位而高，眼间隔平坦或稍凸。鼻孔2个，前鼻孔具一小短管，后鼻孔卵圆形。口颇大，前位，可向前方伸出。上下颌各具1行尖锐的锥形齿，前端各具2对犬齿。唇颇厚，内侧具纵褶。前鳃盖骨后缘具细锯齿。鳃盖膜愈合，不与峡部相连。鳃耙短尖。

体被大圆鳞。颊部、鳃盖骨及间鳃盖骨均被大鳞；背鳍和臀鳍具鳞鞘，尾鳍基具数枚长形大鳞。侧线完全。

背鳍连续，鳍棘颇尖硬，雄鱼第一、第二鳍棘呈丝状延长；鳍条部稍高于鳍棘部。臀鳍鳍条部形似背鳍。胸鳍圆形。腹鳍较短。尾鳍圆形。

雄鱼体呈紫褐色，体侧鳞片具色浅的纵纹，眼部及颊部具短线纹，鳃盖具一黑色眼斑；雌鱼体呈红褐色，体侧鳞片具色暗的斑纹或消失，鳃盖暗斑不甚明显。

【生物学特性】

暖水性中下层鱼类。喜栖息于岩礁、珊瑚礁区，尤其是海藻繁茂丛生的海域。游泳缓慢，时停时游。夜间在岩石下方或海藻丛中休息。最大体长达17cm。

【地理分布】

分布于西北太平洋区，自日本南部至澳大利亚。我国主要分布于南海和台湾海域。

【资源状况】

小型鱼类，食用价值不高。体色鲜艳，可作为观赏鱼。

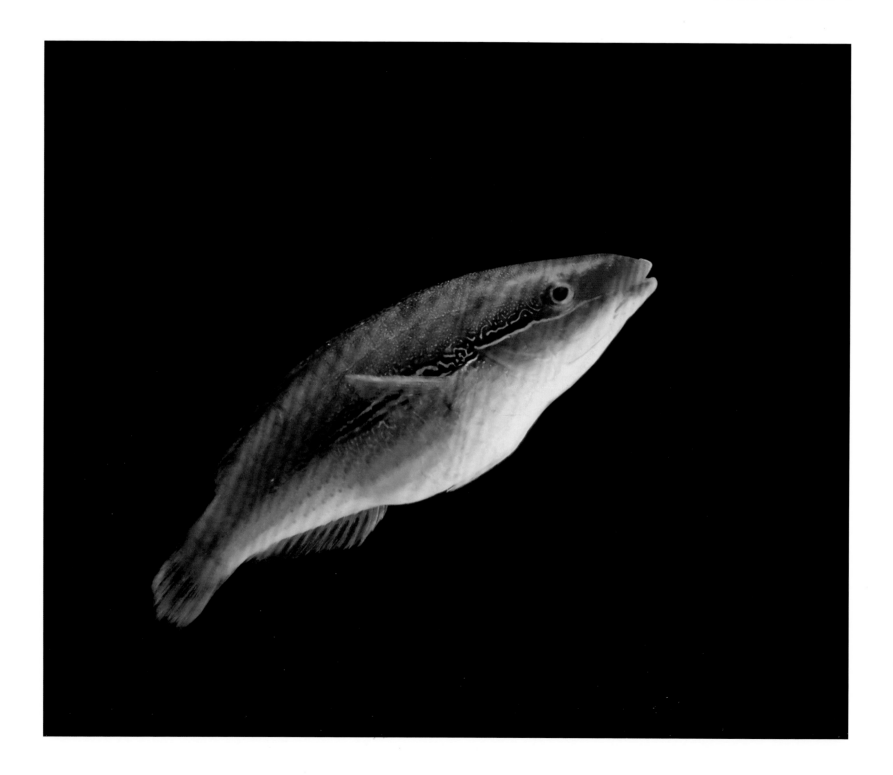

120．断带紫胸鱼 *Stethojulis interrupta* (Bleeker, 1851)

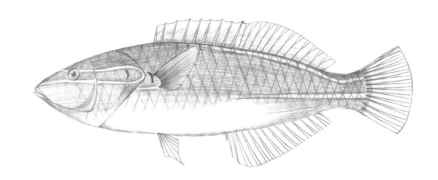

【英文名】cutribbon wrasse

【别名】美体紫胸鱼、断纹紫胸鱼、断纹龙、断纹鹦鲷

【分类地位】鲈形目Perciformes
　　　　　　隆头鱼科Labridae

【主要形态特征】

背鳍IX-11；臀鳍III-11；胸鳍13；腹鳍I-5。侧线鳞25~26。

体延长，侧扁。头略尖长。吻较长。眼侧位而高，眼间隔略凸。鼻孔2个，前鼻孔具短管，后鼻孔为前缘鼻瓣所蔽。口小，前位，口裂水平状。上下颌齿各1行，稍侧扁而略呈门齿状；前端无犬齿，仅口角处具一犬齿。唇颇厚，内侧具纵褶。前鳃盖骨边缘无锯齿。鳃盖膜与峡部相连。鳃耙粗短。

体被中大圆鳞，胸部鳞片较体侧略大。头部除后部背面外，裸露无鳞。侧线完全。

背鳍连续，鳍棘细而尖硬，向后渐长；鳍条稍高于鳍棘，后缘略尖。臀鳍第一鳍棘细小，鳍条部与背鳍同形。胸鳍短于头长。腹鳍短小。尾鳍圆形。

雌鱼体背侧红褐色，腹侧浅褐色；自眼下缘向后经胸鳍基至体侧中后部具一暗紫色纵带，纵带上下侧各具一蓝白色线纹，下侧线纹向前延伸至口角；体侧下方具4~5纵列紫黑色小点。雄鱼体背侧暗绿色至蓝灰色，腹侧灰黄色；两眼间具一淡蓝色环纹，向后延伸至鳃盖后缘；自吻端经眼下缘至胸鳍基具一淡蓝色纵纹；自鳃孔向后经胸鳍基下缘至尾鳍具一淡蓝色纵带，纵带常在胸鳍后方中断8~9枚鳞片；眼上缘向后沿背鳍基底至尾鳍上缘具一浅蓝色弧带；胸鳍基底上方具一红斑。

【生物学特性】

珊瑚礁鱼类。喜栖息于沙石混合的珊瑚礁区。主要以在沙泥中搜寻小型底栖无脊椎动物为食。配对产卵。最大全长达13cm。

【地理分布】

分布于印度—西太平洋区，西至红海、东非，东至巴布亚新几内亚，北至日本，南至豪勋爵岛。我国主要分布于南海及台湾海域。

【资源状况】

小型鱼类，无食用价值。体色鲜艳，可作为观赏鱼。

121. 新月锦鱼 *Thalassoma lunare* (Linnaeus, 1758)

【英文名】moon wrasse

【别名】青衣、红衣、花衣、月斑叶鲷

【分类地位】鲈形目Perciformes

隆头鱼科Labridae

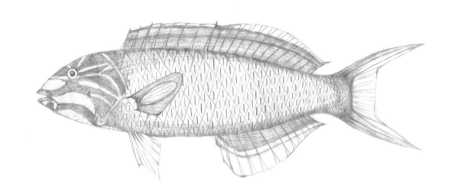

【主要形态特征】

背鳍Ⅷ-13；臀鳍Ⅲ-11；胸鳍15；腹鳍Ⅰ-5。侧线鳞25~28。

体呈长形，侧扁。头较小而低。吻颇长，前端钝圆。眼小，侧位而高，眼间隔圆凸。鼻孔2个，前鼻孔具小短管，后鼻孔卵圆形且为瓣片所遮蔽。口小，前位，可向前伸出。唇颇厚，内侧具纵褶。上下颌各具1行齿，锥形；前端各具1对犬齿，口角无犬齿。鳃盖膜与峡部相连。鳃耙短尖。

体被中大圆鳞。头部仅鳃盖上部具少数鳞片。背鳍和臀鳍具鳞鞘。侧线完全。

背鳍连续，鳍棘细而尖硬，最后鳍棘最长；鳍条部略高于鳍棘部，后缘略尖。臀鳍第三鳍棘最长，鳍条部形似背鳍。胸鳍略短，似三角形。腹鳍尖形。成鱼尾鳍上下叶呈丝状延长，后缘呈新月形；幼鱼尾鳍后缘近截形。

体呈蓝绿色，体侧各鳞具紫红色垂直线纹，头部具多条紫红色带纹；背鳍及臀鳍蓝绿色，边缘黄绿色，中部具紫红色纵带；胸鳍蓝绿色，上部具一紫红色长斑；尾鳍上下缘蓝绿色，具红色新月形弧纹，其余部分橘黄色。幼鱼背鳍基底中部及尾柄处各具一黑斑。

【生物学特性】

珊瑚礁鱼类。喜栖息于潟湖及向海珊瑚礁区，有时也进入河口水域。常单独或成群活动。主要摄食小型底栖无脊椎动物和鱼卵。雌雄同体，具性转变现象，先雌后雄。在群体中具有优势的雌鱼会转变为雄鱼，具有攻击性，并守护群体中的其他雌鱼。最大全长达45cm。

【地理分布】

分布于印度—太平洋区，西至红海、东非，东至莱恩群岛，北至日本南部，南至豪勋爵岛及新西兰北部。我国主要分布于南海及台湾海域。

【资源状况】

中小型鱼类，个体较小，食用价值不高，但体色鲜艳，是较受欢迎的观赏鱼。

雌鱼

122. 眼斑鲸鹦嘴鱼 *Cetoscarus ocellatus* (Valenciennes, 1840)

【英文名】spotted parrotfish

【别名】双色鲸鹦嘴鱼、二色大鹦嘴鱼、青衣、青鹦哥鱼、鹦哥鱼

【分类地位】鲈形目Perciformes

鹦嘴鱼科Scaridae

【主要形态特征】

背鳍IX-10；臀鳍III-9；胸鳍II-12；腹鳍I-5。侧线鳞18+5~6。

体呈长椭圆形，侧扁。头大，头背缘倾斜，前额不隆起。吻颇长，前端钝圆。鼻孔2个，前鼻孔甚小，后鼻孔较大。眼小，眼间隔宽而平坦。口前位。上下颌齿愈合成齿板，表面粗糙，呈颗粒状突起，切缘亦具粒状突。左右上咽骨各具2行臼状齿，外行齿基部具1行退化齿；下咽骨齿盘长大于宽。唇几包被齿板，仅切缘外露。鳃盖膜与峡部相连。鳃耙短而分支。

体被大圆鳞，背鳍起点前方中央具鳞片5~7个，颊部鳞片3行。侧线中断。

背鳍连续，无凹刻，起点约在第二侧线鳞上方，鳍棘柔软。臀鳍起点约在背鳍第一鳍条下方。胸鳍颇宽。腹鳍短小。幼鱼尾鳍圆形，成鱼上下叶延长而后缘深凹。

体色艳丽多变。幼鱼体呈白色，头部具大红斑，红斑前后缘黑色，背鳍前部具镶橙缘的黑色眼斑。雄性成鱼体呈蓝绿色，各鳞片具橙黄色边缘，头体散布橙黄色斑点；自口角经胸鳍基向后至臀鳍起点具一橙黄色细带，细带下方纯净蓝绿色；尾鳍具蓝绿色新月形弧带，其前后各具橙黄色弧带。雌性成鱼体呈红褐色，各鳞片边缘紫黑色，背侧自头后至尾柄具宽阔纵带；眼橙黄色；各鳍红褐色。

【近似种】

本种与双色鲸鹦嘴鱼（*C. bicolor*）极为相似，但是双色鲸鹦嘴鱼仅分布于红海沿岸地区，为当地特有种。因此，国内过去记录的双色鲸鹦嘴鱼、二色大鹦嘴鱼（*Chlorurus bicolor*）可能实为本种。根据其学名，暂将其中文名拟为眼斑鲸鹦嘴鱼。

【生物学特性】

珊瑚礁鱼类。喜栖息于水质清澈的潟湖和向海的珊瑚礁区，栖息水深在30m以内。雄性成鱼具有领域性，行一夫多妻制，一个群体由一尾雄鱼及一群雌鱼组成；而幼鱼常单独活动，喜栖息于珊瑚或海藻丛生的海域。主要啃食珊瑚及底栖藻类。繁殖期间配对产卵。生长过程中具性转变现象，群体中个体最大的雌鱼会性转变为雄鱼。最大体长达80cm。

【地理分布】

分布于印度—太平洋区，西至索马里及南非沿岸，东至土阿莫土群岛，北至日本南部，南至澳大利亚。我国主要分布于南海及台湾海域。

【资源状况】

中大型鱼类，我国沿海地区习见。肉质细嫩鲜美，具有较高的食用价值。常以延绳钓、钩钓、流刺网及笼具等捕获。由于色彩鲜艳，且雌鱼和雄鱼差异显著，常作为观赏鱼在水族馆展示。

《中国物种红色名录》将其列为濒危（EN）等级。

雌鱼

雄鱼

123.蓝头绿鹦嘴鱼 *Chlorurus sordidus* (Forsskål, 1775)

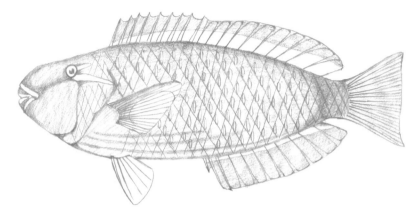

【英文名】daisy parrotfish

【别名】红牙鹦嘴鱼、灰鹦嘴鱼、蓝头绿鹦哥鱼、青尾鹦哥、青衣

【分类地位】鲈形目Perciformes

鹦嘴鱼科Scaridae

【主要形态特征】

背鳍IX-10；臀鳍III-9；胸鳍II-13~14；腹鳍I-5。侧线鳞16~20+4~5。

体呈长椭圆形，侧扁。头大，头背缘斜度小。吻颇长，前端钝圆。鼻孔2个，距离较近，均较小。眼侧位而高，眼间隔圆凸。口前位。上下颌齿愈合为齿板，表面光滑，切缘呈钝锯齿状，口角附近或具1枚小犬齿。左右上咽骨各具1行臼状齿，外侧基部具1行退化齿；下咽骨齿盘长大于宽。唇颇窄，齿板大部外露。鳃盖膜与峡部相连。鳃耙短而尖细。

体被大圆鳞，背鳍起点前方中央具鳞片4个，颊部鳞片2行。侧线中断。

背鳍连续，无凹刻，起点约在鳃盖后上方，鳍棘柔软。臀鳍起点约在背鳍第一鳍条下方。胸鳍颇宽，后缘圆弧形。腹鳍短小。幼鱼尾鳍圆形，成鱼截形。

体色艳丽多变，在不同环境条件、发育状况、个体规格及性别下体色均不相同。幼鱼体呈棕褐色，体侧具数条白色纵带。雄性成鱼体呈黄绿色，腹部具3条平行蓝绿色纵带；头侧吻部及眼部具多条深绿色带纹，有时颊部具橙色大斑；齿板蓝绿色；背鳍橙色，边缘及基底绿色，而臀鳍绿色，基底橙色。雌性成鱼体呈棕褐色，背、腹侧呈酒红色；齿板白色；尾鳍基部具暗斑；胸鳍前部红褐色，后部透明，其余各鳍红褐色。

【生物学特性】

珊瑚礁鱼类。栖息范围广泛且环境多变，体色亦复杂多变，可能有不同亚种。成鱼喜栖息于珊瑚丛生的浅海礁滩、潟湖及向海珊瑚礁区，幼鱼则常出现在礁滩和潟湖的碎石区。稚鱼、幼鱼常集成大群，在索饵区和休息区之间长距离移动；而成鱼常单独活动。主要摄食底栖藻类。繁殖期间配对产卵。生长过程中具有性转变现象，初期阶段为雌性，终期阶段可转变为雄性。最大全长达40cm。

【地理分布】

分布于印度—太平洋区，西至红海、南非，东至夏威夷群岛、莱恩群岛及迪西岛，北至琉球群岛，南至澳大利亚新南威尔士、豪勋爵岛及拉帕岛。我国主要分布于南海及台湾海域。

【资源状况】

中小型鱼类，我国沿海地区非常常见的鹦嘴鱼之一，肉质细嫩鲜美，具有较高的食用价值。常以延绳钓、钩钓、流刺网及笼具等捕获，全年均可渔获，夏季数量较多。由于体色艳丽，且复杂多变，常作为观赏鱼在水族馆展示。

幼鱼

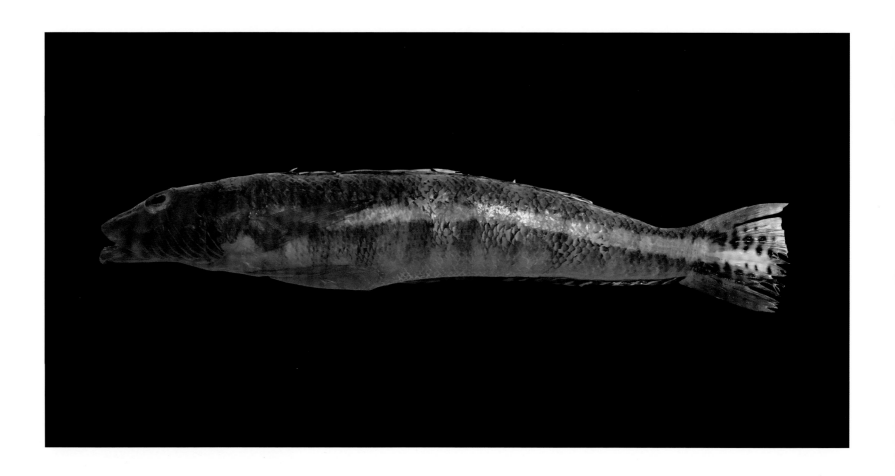

124.黄纹拟鲈 *Parapercis xanthozona* (Bleeker, 1849)

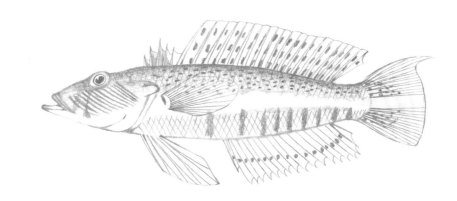

【英文名】yellowbar sandperch

【别名】黄纹脸鲈形鲺、红带拟鲈、举目鱼、雨伞闩

【分类地位】鲈形目Perciformes

　　　　　拟鲈科Pinguipedidae

【主要形态特征】

　　背鳍Ⅴ-21；臀鳍Ⅰ-17~18；胸鳍16~17；腹鳍Ⅰ-5。侧线鳞59~62。

　　体呈长圆柱形，后部稍侧扁；尾柄侧扁而短高。头小而稍平扁，呈钝锥状。吻稍细长。眼中大，圆凸，位于头背缘，眼间隔窄而平坦。鼻孔2个，分离，前鼻孔后缘具皮质突起。口稍大，前位，略倾斜。前颌骨形成口上缘，上颌骨不外露。上下颌齿呈绒毛状齿带，外行齿较大，前端及附近具数枚犬齿；犁骨齿呈月牙形，腭骨无齿。前鳃盖骨边缘无锯齿。鳃孔宽大。

　　体被细小栉鳞。侧线完全，前部稍高，后部侧中位。

　　背鳍连续，鳍棘部与鳍条部间具深凹刻，起点位于胸鳍基后上方。臀鳍始于第五至第六鳍条下方，与背鳍鳍条部同形。背鳍及臀鳍基底较长，后端略达尾鳍基。胸鳍侧位，长圆形。腹鳍喉位。尾鳍截形。

　　体呈黄褐色。体侧自胸鳍基后方至尾鳍末端具1条白色纵带，另有8~10条深褐色横斑与白带相交。头部眼后方具7~10个斑点，颊部具9~11条黄色细斜纹。背鳍鳍条部具3纵列黑色斑点；臀鳍鳍条部具1纵列黑色斑点；尾鳍中央具数个黑色小斑点。

【生物学特性】

　　暖水性底层鱼类。喜栖息于潟湖、内湾等沙砾底的浅海区。主要以鱼类及底栖甲壳类为食。最大全长达23cm。

【地理分布】

　　分布于印度—西太平洋区，西至东非，东至斐济，北至日本南部，南至澳大利亚北部。我国主要分布于南海及台湾海域。

【资源状况】

　　小型鱼类，可供食用。数量较少，常为底拖网作业兼捕，一般作为杂鱼处理，经济价值较低。

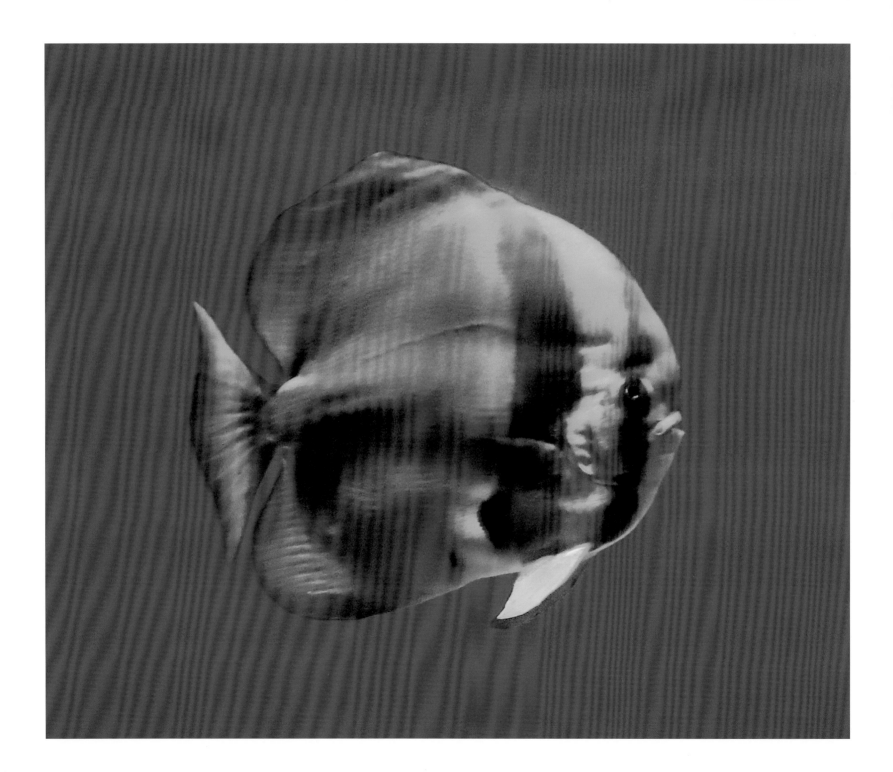

125.圆燕鱼 *Platax orbicularis* (Forsskål, 1775)

【英文名】orbicular batfish

【别名】圆眼燕鱼、蝙蝠鱼、圆海燕

【分类地位】鲈形目Perciformes

白鲳科Ephippidae

【主要形态特征】

背鳍Ⅴ-34~39；臀鳍Ⅲ-25~29；胸鳍16~17；腹鳍Ⅰ-5。侧线鳞44~52。

体甚侧扁而高，略呈菱形。头部甚短而高，头背缘陡高，略呈直线状。吻颇短，前端钝圆。眼侧位而高，眼间隔稍圆凸。鼻孔2个，距离远，前鼻孔圆形，后鼻孔裂孔状。口小，前位。上下颌齿细窄而侧扁，具3个尖锐齿尖，中央尖稍长于侧尖，呈宽带状排列；犁骨及腭骨无齿。鳃孔狭长。鳃盖膜连于峡部。鳃耙短尖。

体被小栉鳞。侧线完全。

背鳍鳍棘部与鳍条部相连，鳍棘部基底甚短，鳍棘多为皮肤遮蔽。臀鳍与背鳍相对。背鳍及臀鳍前部鳍条均甚长，幼鱼背鳍及臀鳍呈镰形，随个体生长渐短而钝圆。胸鳍短圆。腹鳍甚延长。尾鳍略呈双凹。

成鱼体呈褐色，体侧具2~3条黑色横带，背鳍、臀鳍及尾鳍边缘黑色；幼鱼呈棕褐色，体侧具不规则斑点或斑块，背鳍及臀鳍基底后端具不规则黑斑，尾鳍基底具一褐色横带，其余部分无色。

【生物学特性】

暖水性中上层鱼类。幼鱼喜栖息于浅海潟湖、红树林及河口水域，常拟态成枯叶，漂在水面的漂浮物下，常单独或集成小群活动。成鱼则栖息于较深的潟湖、海峡、向海珊瑚礁区及礁外斜坡上，常成对或集成一大群活动。日行性鱼类。杂食性，主要以藻类、无脊椎动物及小鱼为食。最大全长达60cm。

【地理分布】

分布于印度—太平洋区，西至红海、东非及波斯湾，东至土阿莫土群岛，北至日本南部，南至澳大利亚北部及新喀里多尼亚。我国主要分布于南海及台湾海域。

【资源状况】

中小型鱼类，数量较少，常以围网、拖网及延绳钓捕获，可供食用。可作为观赏鱼，常见于水族馆。目前已有人工养殖。

126.银色篮子鱼 *Siganus argenteus* (Quoy *et* Gaimard, 1825)

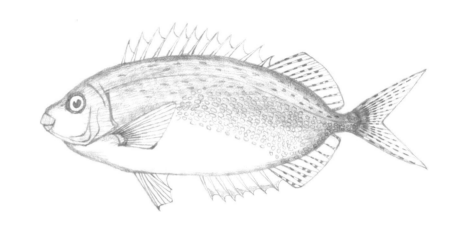

【英文名】streamlined spinefoot

【别名】钝吻篮子鱼、银臭肚鱼

【分类地位】鲈形目Perciformes

篮子鱼科Siganidae

【主要形态特征】

背鳍Ⅰ，ⅩⅢ-10；臀鳍Ⅶ-9；胸鳍17~18；腹鳍Ⅰ-3-Ⅰ。侧线鳞170~200。

体呈长圆形，侧扁；尾柄细长。头小，头背缘和腹缘微凸。吻三角形突出，不形成吻管，前端钝圆。眼中大，侧上位，眼间隔宽而微凸。鼻孔2个，前鼻孔圆形，后缘具尖长鼻瓣向后可达后鼻孔，后鼻孔长圆形。口小，前下位。上下颌各具尖锐细齿1行。唇发达。鳃孔宽而斜裂。鳃盖膜与峡部相连。鳃耙退化。

体被薄小圆鳞，埋于皮下。侧线完全。

背鳍鳍棘部与鳍条部相连，具凹刻；鳍棘尖锐，背鳍前方具一埋于皮下的向前小棘，鳍条部边缘长圆形。臀鳍鳍条部与背鳍鳍条部相对，同形。胸鳍圆刀形。腹鳍短于胸鳍。尾鳍深叉形。

体背侧蓝灰色，腹侧银色；体侧密布黄色斑点，鳃盖后缘具一黑色短带。幼鱼体侧下部常具多条不明显的棕褐色纵斑纹，斑纹断续呈波浪状。个体应激时体色可变为暗褐色。

【生物学特性】

暖水性岩礁鱼类。喜栖息于沿海的潟湖、岩礁及珊瑚礁区，常集成小群在礁区周围活动。幼鱼则常集群生活在近海的海面上，并朝礁区迁移。主要摄食底栖藻类等。各鳍鳍棘具毒腺，人被刺后会产生剧痛，属刺毒鱼类。常见个体全长25cm左右，最大全长达40cm。

【地理分布】

分布于印度—太平洋区，西至红海、东非，东至皮特凯恩群岛，北至日本南部，南至澳大利亚。我国主要分布于南海及台湾海域。

【资源状况】

中小型鱼类，可供食用，常以钩钓、围网、流刺网等捕获，全年均可渔获。

127. 凹吻篮子鱼 *Siganus corallinus* (Valenciennes, 1835)

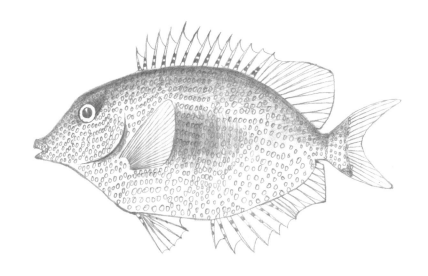

【英文名】blue-spotted spinefoot

【别名】四带篮子鱼、凹吻臭肚鱼

【分类地位】鲈形目Perciformes

篮子鱼科Siganidae

【主要形态特征】

背鳍Ⅱ，XⅢ-10；臀鳍Ⅶ-9；胸鳍16；腹鳍Ⅰ-3-Ⅰ。侧线鳞162~173。

体呈长椭圆形，侧扁；尾柄宽短。头小，头背缘和腹缘均明显内凹。吻长三角形突出，不形成吻管，前端钝圆。眼大，侧上位，眼间隔宽而微凸。鼻孔2个，前鼻孔圆形，后缘具细小鼻瓣，后鼻孔长圆形。口小，前下位。上下颌各具细长尖齿1行；犁骨、腭骨及舌上无齿。唇发达。鳃孔宽而斜裂。鳃盖膜与峡部相连。鳃耙退化。

体被薄小圆鳞，埋于皮下。侧线完全。

背鳍鳍棘部与鳍条部相连，无凹刻；鳍棘尖锐，背鳍前方具一埋于皮下的向前小棘，鳍条部边缘尖突。臀鳍鳍条部与背鳍鳍条部同形。胸鳍圆刀形。腹鳍短于胸鳍。尾鳍深叉形。

体呈黄褐色至棕褐色。体侧散布亮蓝色或暗黑色小斑点，有时斑点愈合成短纹，其中头部、胸部、腹部及臀鳍基部通常斑点密集，体侧其余部位通常斑点稀疏。各鳍棕黄色。

【生物学特性】

暖水性岩礁鱼类。喜栖息于珊瑚丛生的潟湖区，幼鱼常见于浅海的海藻床和珊瑚礁区。主要以底栖藻类为食。鳍棘粗壮具毒腺，属刺毒鱼类。常见个体全长20cm左右，最大体长达35cm。

【地理分布】

分布于印度—西太平洋区，西至塞舌尔、马尔代夫及安达曼海，东至瓦努阿图及新喀里多尼亚，北至琉球群岛及小笠原诸岛，南至澳大利亚。我国主要分布于南海海域。

【资源状况】

小型鱼类，可供食用，资源状况不明。

128.点篮子鱼 *Siganus guttatus* (Bloch, 1787)

【英文名】orange-spotted spinefoot

【别名】星篮子鱼、点斑篮子鱼、星斑臭肚鱼

【分类地位】鲈形目Perciformes
篮子鱼科Siganidae

【主要形态特征】

背鳍Ⅰ，ⅩⅢ-10；臀鳍Ⅶ-9；胸鳍16；腹鳍Ⅰ-3-Ⅰ。侧线鳞142。

体呈长椭圆形，侧扁；尾柄宽短。头小，头背缘和腹缘微凸。吻三角形突出，不形成吻管，前端钝圆。眼中大，侧上位，眼间隔宽而微凸。鼻孔2个，前鼻孔圆形，鼻瓣呈不明显环状突起，后鼻孔长圆形。口小，前下位。上下颌各具细长尖齿1行；犁骨、腭骨及舌上无齿。唇发达。鳃孔宽而斜裂。鳃盖膜与峡部相连。鳃耙退化。

体被薄小圆鳞，埋于皮下。侧线完全。

背鳍鳍棘部与鳍条部相连，无明显凹刻；鳍棘尖锐，背鳍前方具一埋于皮下的向前小棘，鳍条部边缘尖角状突出。臀鳍鳍条部与背鳍鳍条部相对，同形。胸鳍圆刀形。腹鳍短于胸鳍。尾鳍微凹。

体背部暗褐色，腹部色淡。头侧自吻部至鳃盖边缘具许多蓝色蠕虫状斑纹，体侧散布许多金黄色斑点，背鳍基底后下方具一橙黄色鞍状斑。各鳍浅黄色至灰褐色。

【生物学特性】

暖水性岩礁鱼类。喜栖息于近海珊瑚礁区、岩礁区、红树林及河口水域，可耐低盐，常随潮汐进出河口低盐水域。主要在夜间活动及觅食，这一习性与篮子鱼科其他种类不同。杂食性偏植食性鱼类，主要以礁石上的藻类及小型维管束植物为食。鳍棘具毒腺，人被刺伤后会产生剧痛，属刺毒鱼类。常见个体全长20~30cm，最大全长达42cm。

【地理分布】

分布于东印度洋—西太平洋区，西至安达曼群岛，东至帕劳，北至日本南部，南至巴布亚新几内亚及澳大利亚北部。我国主要分布于南海及台湾海域。

【资源状况】

中小型鱼类，我国沿海地区较常见。肉味鲜美，可供食用，常以钩钓、围网、拖网、定置网等捕获，全年均可渔获。由于点篮子鱼可耐低盐，且喜食藻类，可在养殖水体中进行混养，预防藻类暴发，具有良好的生态应用价值。此外，点篮子鱼还具有一定的药用价值。目前在我国南方等地具有一定的养殖规模。

129. 眼带篮子鱼 *Siganus puellus* (Schlegel, 1852)

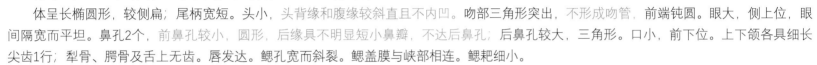

【英文名】masked spinefoot

【别名】眼带臭肚鱼、蓝纹篮子鱼

【分类地位】鲈形目Perciformes

篮子鱼科Siganidae

【主要形态特征】

背鳍Ⅰ，XIII-10；臀鳍VII-9；胸鳍15；腹鳍Ⅰ-3-Ⅰ。侧线鳞168~172。

体呈长椭圆形，较侧扁；尾柄宽短。头小，头背缘和腹缘较斜直且不内凹。吻部三角形突出，不形成吻管，前端钝圆。眼大，侧上位，眼间隔宽而平坦。鼻孔2个，前鼻孔较小，圆形，后缘具不明显短小鼻瓣，不达后鼻孔；后鼻孔较大，三角形。口小，前下位。上下颌各具细长尖齿1行；犁骨、腭骨及舌上无齿。唇发达。鳃孔宽而斜裂。鳃盖膜与峡部相连。鳃耙细小。

体被薄而细小圆鳞，埋于皮下。侧线完全。

背鳍鳍棘部与鳍条部相连，无凹刻；鳍棘尖锐，背鳍前方具一埋于皮下的向前小棘，鳍条部边缘尖突。臀鳍鳍条部与背鳍鳍条部同形。胸鳍圆刀形。腹鳍短于胸鳍。尾鳍分叉。

体呈橙黄色，背侧色深。头侧具一黑色宽斜带，自背鳍起点贯穿眼部至额部；斜带眼上部分具深色斑点。鳃盖边缘具亮蓝色宽带。体侧具多条亮蓝色断续波浪状细纹，细纹在胸鳍附近横向排列，其后呈纵向排列，腹部呈网纹排列。各鳍橙黄色。

【生物学特性】

暖水性岩礁鱼类。喜栖息于水质清澈的浅水潟湖或向海珊瑚礁区。常集群活动，白天觅食，夜间在水体底层休息。杂食性，幼鱼主要摄食丝状藻类，成鱼以藻类及小型附着性底栖无脊椎动物为食。鳍棘具毒腺，属刺毒鱼类。常见个体全长18~20cm，最大全长达38cm。

【地理分布】

分布于印度—西太平洋区，西至科科斯群岛，东至所罗门群岛及马绍尔群岛，北至琉球群岛，南至大堡礁南部及新喀里多尼亚。我国主要分布于南海及台湾南部海域。

【资源状况】

小型鱼类，沿海地区较常见，但数量较少，经济价值不高。可供食用，常以钩钓、拖网、围网等捕获，全年均可渔获。体色艳丽，可作为观赏鱼，在水族行业具有一定的商业价值。

《中国物种红色名录》将其列为易危（VU）等级。

130.斑篮子鱼 *Siganus punctatus* **(Schneider *et* Forster, 1801)**

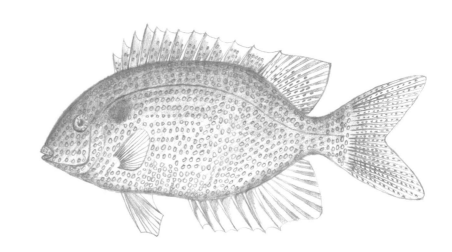

【英文名】goldspotted spinefoot

【别名】金点篮子鱼、斑臭肚鱼

【分类地位】鲈形目Perciformes
篮子鱼科Siganidae

【主要形态特征】

背鳍 I , XIII-10; 臀鳍VII-9; 胸鳍16; 腹鳍 I -3- I 。侧线鳞191。

体呈长椭圆形, 侧扁; 尾柄宽短。头小, 头背缘和腹缘斜直且稍隆起。吻部三角形突出, 不形成吻管, 前端钝圆。眼小, 侧上位, 眼间隔宽而稍隆起。鼻孔2个, 前鼻孔圆形, 鼻瓣不明显, 后鼻孔长圆形。口小, 前下位。上下颌各具细长尖齿1行; 犁骨、腭骨和舌上无齿。唇发达。鳃孔宽而斜裂。鳃盖膜与峡部相连。鳃耙细小。

体被薄而细小圆鳞, 埋于皮下。侧线完全。

背鳍鳍棘部与鳍条部相连, 无凹刻; 鳍棘尖锐, 背鳍前方具一埋于皮下的向前小棘, 鳍条部边缘尖角状突出。臀鳍鳍条部与背鳍鳍条部相对, 同形。胸鳍圆刀形。腹鳍短于胸鳍。尾鳍深叉形。

头体均呈棕褐色。头侧及体侧密布棕红色或金黄色的小斑点。鳃盖后上方具一稍大于眼径的黑色圆斑。各鳍棕褐色。

【生物学特性】

暖水性岩礁鱼类。喜栖息于水质清澈的潟湖或向海的珊瑚礁区。幼鱼喜集群活动, 成鱼则成对生活。白天觅食, 夜间在底层休息。主要以底栖藻类为食。在新月或满月时成对产卵。鳍棘具毒腺, 属刺毒鱼类。常见个体全长30cm左右, 最大全长达40cm。

【地理分布】

分布于西太平洋区, 西至科科斯群岛, 东至帕劳及加罗林群岛, 北至琉球群岛及小笠原诸岛, 南至澳大利亚。我国主要分布于南海及台湾南部海域。

【资源状况】

中小型鱼类, 可供食用。常以钩钓、拖网、围网等捕获, 全年均可渔获, 但数量较少。

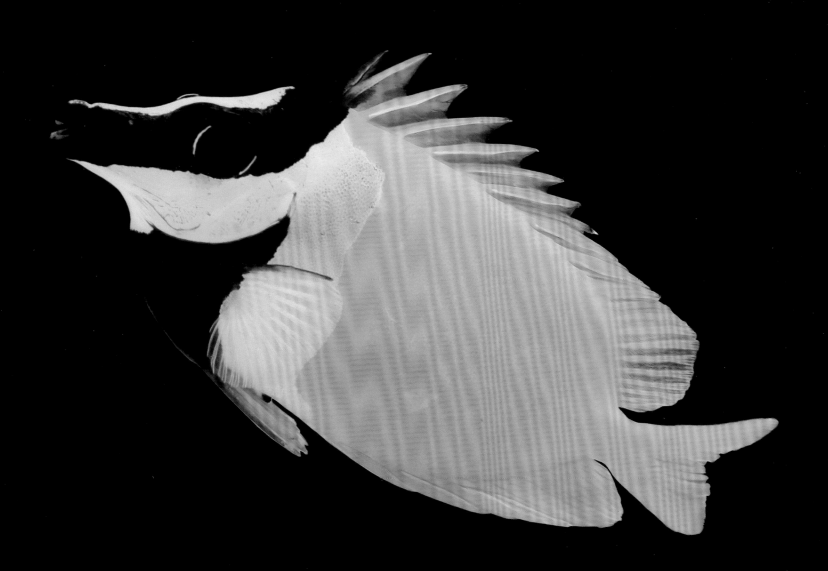

131. 狐篮子鱼 *Siganus vulpinus* (Schlegel *et* Müller, 1845)

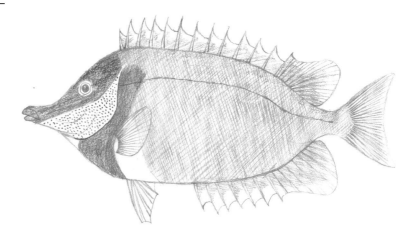

【英文名】foxface

【别名】狐面篮子鱼、狐狸鱼

【分类地位】鲈形目Perciformes
　　　　　　篮子鱼科Siganidae

【主要形态特征】

背鳍Ⅰ，ⅩⅢ-10；臀鳍Ⅶ-9；胸鳍16；腹鳍Ⅰ-3-Ⅰ。侧线鳞138~143。

体呈长椭圆形，颇侧扁；尾柄宽短。头小，尖突，头背缘和腹缘均明显内凹。吻长而尖突，形成吻管。眼中大，位于头背缘，眼间隔浅凹。鼻孔2个，前鼻孔圆形，后缘具环状细小鼻瓣，后鼻孔裂缝状。口小，前下位。上下颌各具细长尖齿1行；犁骨、腭骨及舌上无齿。唇发达。鳃孔宽而斜裂。鳃盖膜与峡部相连。鳃耙细弱。

体被薄而细小圆鳞，埋于皮下。侧线完全。

背鳍鳍棘部与鳍条部相连，无凹刻；鳍棘尖锐，背鳍前方具一埋于皮下的向前小棘，鳍条部边缘角状突出。臀鳍鳍条部与背鳍鳍条部同形。胸鳍圆刀形。腹鳍短于胸鳍。尾鳍浅叉形或内凹。

体呈黄色。头部自背鳍起点向前贯穿眼部至吻端具一黑色宽斜带，胸鳍前缘向下至腹鳍前方的胸部黑褐色，头部及胸部其余部位白色。各鳍黄色或色淡。

【生物学特性】

暖水性岩礁鱼类。喜栖息于珊瑚丛生的潟湖或向海珊瑚礁区。成鱼常单独或成对活动，幼鱼则喜集群在珊瑚间游动。主要以附着藻类为食。鳍棘具毒腺，属刺毒鱼类。常见个体全长20cm左右，最大全长达25cm。

【地理分布】

分布于西太平洋区，西至印度尼西亚，东至加罗林群岛及瓦努阿图，北至菲律宾，南至澳大利亚及新喀里多尼亚。我国主要分布于南海及台湾海域。

【资源状况】

小型鱼类，沿海地区较常见，常以钩钓、拖网、围网等捕获，全年均可渔获。体色鲜艳，是极受欢迎的观赏鱼，在水族行业具有较高的商业价值。

《中国物种红色名录》将其列为易危（VU）等级。

132.角镰鱼 *Zanclus cornutus* (Linnaeus, 1758)

【英文名】moorish idol

【别名】角蝶鱼、镰鱼、吉哥

【分类地位】鲈形目Perciformes

镰鱼科Zanclidae

【主要形态特征】

背鳍VII-41；臀鳍III-35；胸鳍18；腹鳍I-5。

体侧扁而高，几呈圆形；尾柄短而高，无棘。头短，前端颇尖。吻向前突出，呈管状。眼间隔微凹入，眼前上方两侧各具1枚圆锥形骨质棘。口小，前位。上下颌齿尖细，呈刷毛状，各2行；犁骨齿绒毛状，腭骨及舌上无齿。鳃盖膜与峡部相连。鳃耙细弱。

体被梳状鳞片，鳞片粗糙，排列紧密牢固。侧线完全。

背鳍鳍棘部与鳍条部相连，第一、第二鳍棘短而坚硬，其余鳍棘均延长而弱，其中第三鳍棘最长，延长呈丝状；鳍条部基底甚长，高度较低。臀鳍前部鳍条较长，后部呈垂直线状。胸鳍位高。腹鳍尖长。尾鳍微凹。

体呈白色至黄色，体侧具2条黑色宽横带：第一条自背鳍第二鳍棘向下经眼部、胸鳍基至腹鳍；第二条自背鳍前部鳍条至臀鳍前部鳍条，此带后缘具1条白色细横线纹。吻上方具一边缘黑色的三角形黄斑。尾鳍黑色，具新月形白色后缘。

【生物学特性】

暖水性岩礁鱼类。喜栖息于潟湖、礁滩及水质清澈的岩礁和珊瑚礁区。常集成小群在礁区游动。主要以小型底栖动物为食。最大全长达23cm。

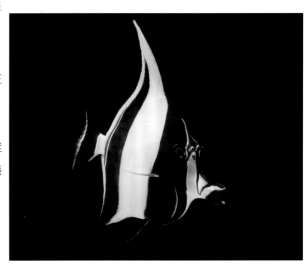

【地理分布】

分布于印度—太平洋区，西至东非，东至拉帕岛及迪西岛，北至日本南部和夏威夷群岛，南至豪勋爵岛；东太平洋自加利福尼亚湾南部至秘鲁也有分布。我国主要分布于南海及台湾海域。

【资源状况】

小型鱼类，无食用价值，是极受欢迎的观赏鱼，常见于水族馆。

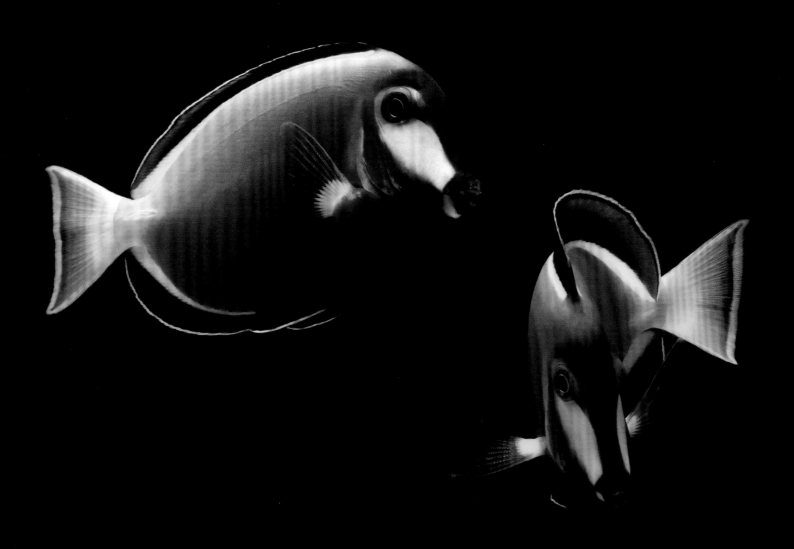

133. 日本刺尾鱼 *Acanthurus japonicus* (Linnaeus, 1758)

【英文名】Japan surgeonfish

【别名】日本刺尾鲷、花倒吊

【分类地位】鲈形目Perciformes

　　　　　　刺尾鱼科Acanthuridae

【主要形态特征】

　　背鳍IX-28~31；臀鳍III-26~29；胸鳍16；腹鳍I-5。

　　体侧扁而高，呈卵圆形。尾柄两侧各具一平卧于沟中的向前尖棘，略可竖起。头短而高，头背缘眼前方圆凸，眼下方至吻端凹下。吻颇长，向前突出。眼侧位而高，眼间隔宽圆。鼻孔2个，前鼻孔较大，后缘具高瓣膜；后鼻孔较小，卵圆形。口小，前位。上下颌齿各1行，短宽而侧扁，不可活动，切缘截形而具钝锯齿。眼前方具一浅沟。鳃盖膜连于峡部。鳃耙短而细弱。

　　体被细小粗栉鳞。侧线完全。

　　背鳍起点位于鳃盖后缘上方，连续无凹刻，鳍棘尖锐，第一鳍棘几埋于皮下；鳍条部外缘圆形。臀鳍起点位于背鳍最后鳍棘下方，形似背鳍。胸鳍近三角形。腹鳍稍短。尾鳍略内凹或近截形。

　　体呈黑褐色。头侧具一白色宽斜斑带，自上颌至眼下缘；下颌另具一白色半环纹。背鳍和臀鳍边缘蓝色，基底各具一橘黄色弧带，向后渐宽；背鳍鳍条部近边缘另具一橘红色弧带；胸鳍基部黄色；尾鳍基部具白色横带，边缘蓝色。尾柄橘黄色，尖棘亦橘黄色。

【生物学特性】

　　珊瑚礁鱼类。喜栖息于水质清澈的潟湖或向海的珊瑚礁区，栖息深度在20m以内。幼鱼活动在水体表层至3m水深处。常集成小群或大群游动，有时也单独活动。主要摄食藻类。最大全长达21cm。

【地理分布】

　　分布于西太平洋区，包括中国、日本、菲律宾、马来西亚及印度尼西亚等沿岸海域。中国主要分布于南海及台湾海域。

【资源状况】

　　小型鱼类，常以流刺网、延绳钓等捕获，主要作为观赏鱼出售。

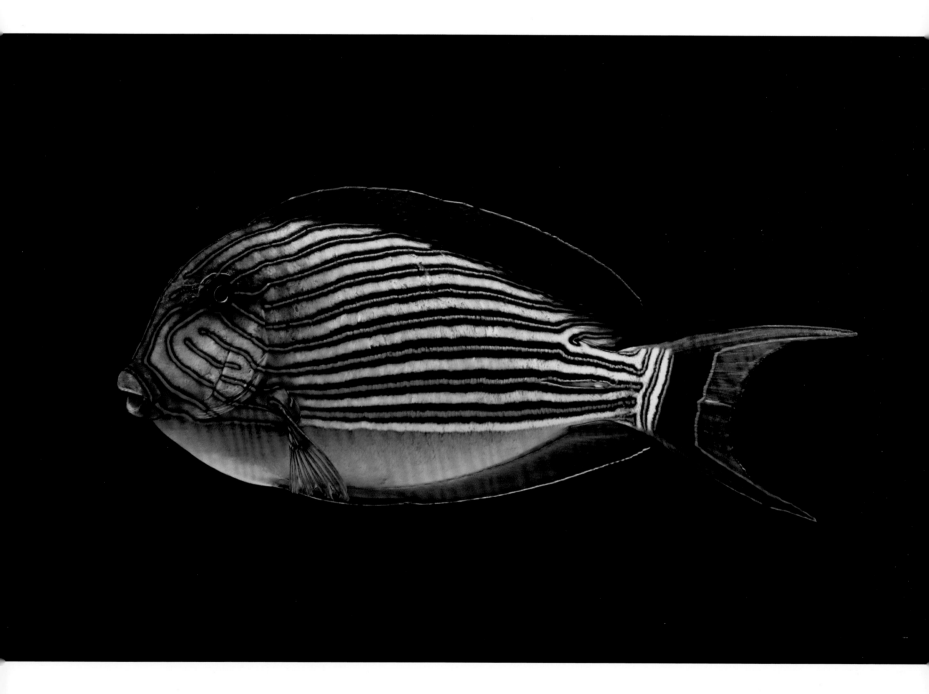

134.纵带刺尾鱼 *Acanthurus lineatus* (Linnaeus, 1758)

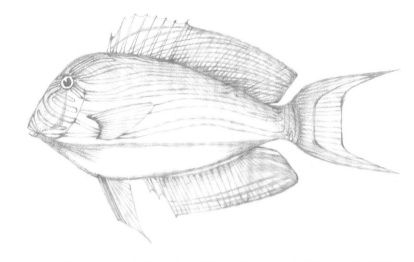

【英文名】lined surgeonfish

【别名】线纹刺尾鲷、纹倒吊、彩虹倒吊

【分类地位】鲈形目Perciformes

　　　　　　刺尾鱼科Acanthuridae

【主要形态特征】

背鳍Ⅸ-22~24；臀鳍Ⅲ-18~21；胸鳍14；腹鳍Ⅰ-5。

体侧扁，呈长卵圆形。尾柄两侧各具一平卧于沟中的向前尖棘，略可竖起。头短而高，头背缘眼上方圆凸，眼下方至吻端斜直。吻钝圆，不突出。眼小，侧位而高，眼间隔圆凸。鼻孔2个，均为圆形，前鼻孔稍大，后缘具瓣膜。口小，前位。上下颌齿各1行，侧扁，不可活动，边缘深锯齿状。眼前方具一浅沟。鳃盖膜连于峡部。鳃耙细长。

体被小弱栉鳞。侧线完全。

背鳍起点位于鳃孔上方，连续无凹刻，鳍棘尖锐，第一鳍棘埋于皮下；鳍条部后缘尖角形。臀鳍起点位于背鳍最后鳍棘下方，形似背鳍。胸鳍近三角形。腹鳍尖形。尾鳍上下叶延长，后缘深凹呈弯月形。

头部及体侧上部黄色，具8~11条镶黑缘的蓝灰色纵带，尾柄后端具1条同色横带；体侧下部蓝紫色至粉色。背鳍、臀鳍边缘蓝色；腹鳍橘黄色，前缘黑色；尾鳍暗褐色，后部具一蓝色半月斑，斑前后缘色淡。

【生物学特性】

暖水性岩礁鱼类。喜栖息于向海的珊瑚礁、岩礁的拂浪区，栖息深度在15m以内。几乎不停地移动。具有强烈的领域性，常由1尾雄鱼控制一群雌鱼及界限分明的领地。成鱼常集群游动，幼鱼则单独活动。植食性为主，偶尔也捕食甲壳类。尾柄棘具毒腺，人被刺伤后会引起剧痛。常见个体全长25cm左右，最大全长达38cm。

【地理分布】

分布于印度—太平洋区，西至东非，东至夏威夷群岛、马克萨斯群岛及土阿莫土群岛，北至日本南部，南至大堡礁及新喀里多尼亚。我国主要分布于南海及台湾海域。

【资源状况】

中小型鱼类，肉质鲜美，可供食用，常以流刺网、延绳钓等捕获。体色及条纹艳丽，是较受欢迎的观赏鱼。

135.黑尾刺尾鱼 *Acanthurus nigricauda* Duncker *et* Mohr, 1929

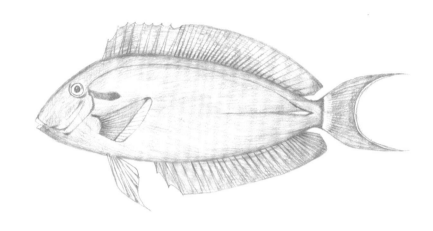

【英文名】epaulette surgeonfish

【别名】黑斑刺尾鱼、黑尾刺尾鲷、倒吊

【分类地位】鲈形目Perciformes
　　　　　　刺尾鱼科Acanthuridae

【主要形态特征】

背鳍IX-25~28；臀鳍III-23~26；胸鳍17；腹鳍I-5。

体侧扁而高，呈长椭圆形。尾柄两侧各具一平卧于沟中的向前尖棘，略可竖起。头较小，头背缘弧状下斜。眼较小，侧位而高，眼间隔圆凸。鼻孔2个，前鼻孔圆形，大于后鼻孔，后缘具瓣膜；后鼻孔卵圆形。口小，前下位。上下颌齿各1行，侧扁，呈叶状，不可活动，边缘钝锯齿状。眼前方具一浅沟。鳃盖膜连于峡部。鳃耙侧扁。

体被细小弱栉鳞。侧线完全。

背鳍起点位于鳃孔上方，连续无凹刻，鳍棘尖锐，第一鳍棘埋于皮下；鳍条部后缘尖角形。臀鳍起点位于背鳍后部鳍棘下方，形似背鳍。胸鳍近三角形。腹鳍尖形。尾鳍上下叶延长，后缘深凹，呈弯月形。

体呈灰褐色。眼正后方自鳃盖上角至胸鳍中部具一黑色长斑，尾柄棘前方具1条黑色短纵线。背鳍及臀鳍褐色，边缘淡蓝色，背鳍基底具1条紫色弧纹；尾鳍褐色，基部具白色弧带。尾柄尖棘黑褐色。

【近似种】

本种常被误鉴为肩斑刺尾鱼（*A. gahhm*），但是肩斑刺尾鱼仅分布于红海及亚丁湾沿岸地区，为当地特有种，因此我国分布的实为本种。

【生物学特性】

暖水性岩礁鱼类。喜栖息于水质清澈的潟湖或向海的珊瑚礁区，栖息深度在30m以内。常单独或集成小群活动。主要摄食藻类和小型无脊椎动物，偏好在海湾和潟湖的沙质底海域索饵。最大全长达40cm。

【地理分布】

分布于印度—太平洋区，西至东非，东至土阿莫土群岛，北至琉球群岛，南至大堡礁以南海域。我国主要分布于南海及台湾东部海域。

【资源状况】

中小型鱼类，可供食用，常以流刺网、延绳钓等捕获。可作为观赏鱼。

136. 褐斑刺尾鱼 *Acanthurus nigrofuscus* (Forsskål, 1775)

【英文名】brown surgeonfish

【别名】双斑刺尾鱼、斑面倒吊、黑面倒吊

【分类地位】鲈形目Perciformes

刺尾鱼科Acanthuridae

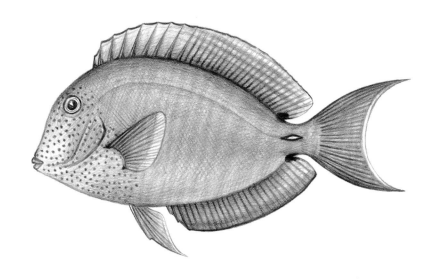

【主要形态特征】

背鳍Ⅸ-24~25；臀鳍Ⅲ-22~24；胸鳍16；腹鳍Ⅰ-5。

体呈卵圆形，甚侧扁。尾柄两侧各具一平卧于沟中的向前尖棘，略可竖起。头短而高，头背缘在眼前方略凸，在吻部略凹。吻颇长，前端钝尖。眼侧位而甚高，眼间隔略圆凸。鼻孔2个，前鼻孔较大，后缘瓣膜颇高；后鼻孔呈长裂缝状。口小，前位。上下颌齿各1行，略宽而侧扁，不可活动，切缘具钝锯齿。眼前方具一浅沟。鳃盖膜连于峡部。鳃耙尖细。

体被细小栉鳞。侧线完全。

背鳍起点位于鳃孔上方，连续无凹刻，鳍棘尖锐，第一鳍棘最短，常埋于皮下，最后鳍棘最长；鳍条部略高，后缘钝尖。臀鳍起点位于背鳍第七鳍棘下方，形似背鳍。胸鳍近三角形。腹鳍尖形。尾鳍上下叶延长，后缘深凹，呈新月形。

体呈黄褐色至紫褐色，体侧无明显纵线纹，有时密布深色波纹。头部及胸部散布橘黄色小圆点。背鳍及臀鳍棕褐色至紫褐色，边缘淡蓝色，基底后部各具一黑斑；尾鳍暗紫色，边缘白色。尾柄尖棘紫黑色。

【生物学特性】

暖水性岩礁鱼类。喜栖息于潟湖浅滩或向海礁石的坚硬基质上，栖息深度在25m以内。成鱼通常集成小群活动，有时也会在岛屿周围集成大群；幼鱼常混居在其他鱼类的集群中。主要以丝状藻类为食。集群产卵。最大全长达21cm。

【地理分布】

分布于印度—太平洋区，西至红海、南非，东至夏威夷群岛及土阿莫土群岛，北至日本南部，南至大堡礁南部海域、新喀里多尼亚及拉帕岛。我国主要分布于南海及台湾海域。

【资源状况】

小型鱼类，浅海礁区习见，肉质鲜美，可供食用。常以流刺网、延绳钓等捕获。体色及斑点亮丽，可作为观赏鱼，常见于水族馆。

137.橙斑刺尾鱼 *Acanthurus olivaceus* **Bloch** *et* **Schneider, 1801**

【英文名】orangespot surgeonfish

【别名】一字刺尾鲷、红印倒吊、一字倒吊

【分类地位】鲈形目Perciformes
刺尾鱼科Acanthuridae

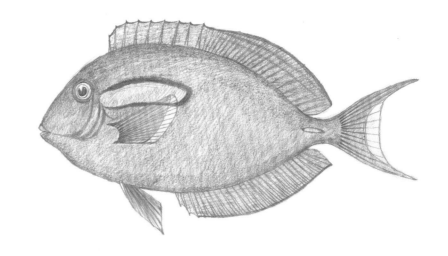

【主要形态特征】

背鳍Ⅸ-23~25；臀鳍Ⅲ-22~24；胸鳍15；腹鳍Ⅰ-5。

体侧扁而高，略呈椭圆形。尾柄两侧各具一平卧于沟中的向前尖棘，略可竖起。头短而高，头背缘眼上方圆凸，眼下方至吻端斜直。眼小，侧位而高，眼间隔凸起。鼻孔2个，前鼻孔大于后鼻孔，圆形，后缘瓣膜甚高；后鼻孔小裂缝状。口小，前位。上下颌齿各1行，侧扁，不可活动，边缘钝锯齿状。眼前方具一浅沟。鳃盖膜连于峡部。鳃耙细长而尖。

体被细小弱栉鳞，沿背鳍及臀鳍基部具密集小鳞。侧线完全。

背鳍起点位于鳃孔上方，连续无凹刻，鳍棘尖锐，第一鳍棘埋于皮下；鳍条部后缘尖角形。臀鳍起点位于背鳍第八鳍棘下方，形似背鳍。胸鳍近三角形。腹鳍尖形。尾鳍上下叶延长，后缘深凹，呈弯月形。

体呈草绿色至橄榄绿色（成鱼）或浅黄色（幼鱼）。肩部具一边缘深绿色的长指状橙色斑，自鳃孔上角至胸鳍后端。背鳍及臀鳍边缘蓝色，基底具一橙色弧纹；尾鳍散布深褐色圆点，后缘具月牙形白斑。尾柄尖棘深蓝色。

【生物学特性】

暖水性岩礁鱼类。成鱼喜栖息于沙石混合的向海珊瑚礁区，栖息水深在9~46m；幼鱼则喜栖息于遮蔽的内湾或潟湖，栖息深度在水体表层至水深3m左右。单独或集成小群活动。主要摄食附着性藻类及有机碎屑等。最大全长达35cm。

【地理分布】

分布于太平洋区，西至圣诞岛及科科斯群岛，东至夏威夷群岛及土阿莫土群岛，北至日本，南至豪勋爵岛。我国主要分布于南海及台湾海域。

【资源状况】

中小型鱼类，肉质鲜美，可供食用，常以流刺网、延绳钓等捕获，是较受欢迎的观赏鱼。

138. 横带刺尾鱼 *Acanthurus triostegus* (Linnaeus, 1758)

【英文名】convict surgeonfish

【别名】绿刺尾鲷、条纹刺尾鱼

【分类地位】鲈形目Perciformes

刺尾鱼科Acanthuridae

【主要形态特征】

背鳍IX-22~24；臀鳍III-18~21；胸鳍14；腹鳍 I -5。

体侧扁，呈长圆形。尾柄两侧各具一平卧于沟中的向前尖棘，略可竖起。头短而高，头背缘在眼前方较圆凸，在吻部凹下。吻颇长，前端钝尖。眼侧位而高，眼间隔圆凸。鼻孔2个，前鼻孔较大，后缘瓣膜颇高；后鼻孔略呈卵圆形。口小，前位。上下颌齿各1行，颇宽而侧扁，不可活动，分叶呈深锯齿状。眼前方具一浅沟。鳃盖膜连于峡部。鳃耙细弱而尖。

体被细小栉鳞。侧线完全。

背鳍起点位于鳃孔上方，连续无凹刻，鳍棘尖锐，第一鳍棘最短；鳍条部后缘圆形。臀鳍起点位于背鳍最后鳍棘下方，形似背鳍。胸鳍近三角形。腹鳍尖形。尾鳍稍凹或近截形。

体呈黄绿色，具金属光泽，腹侧白色，两种颜色分界处具一波状黑色纵纹。体侧具5条黑色窄横带，其中第一条为眼带；头背侧自眼间隔至吻端另有一黑色窄带。尾柄背侧具一黑色鞍状短带，腹侧具一黑点。各鳍黄绿色或色淡。

【生物学特性】

暖水性岩礁鱼类。成鱼喜栖息于潟湖和向海的珊瑚礁区，幼鱼则喜栖息于岩池区。通常不集群，但在觅食时会集群以抵抗其他具有领域性的鱼类攻击。常在有淡水径流的区域觅食。主要以丝状藻类为食。集群产卵。常见个体全长17cm左右，最大全长达27cm。

【地理分布】

分布于印度—太平洋区，西至红海、东非，东至法属波利尼西亚及夏威夷群岛，北至日本南部，南至澳大利亚；东太平洋分布于加利福尼亚湾南部至巴拿马沿岸海域。我国主要分布于南海及台湾海域。

【资源状况】

小型鱼类，肉质鲜美，可供食用，常以流刺网、延绳钓等捕获。可作为观赏鱼。

139. 栉齿刺尾鱼 *Ctenochaetus striatus* (Quoy *et* Gaimard, 1825)

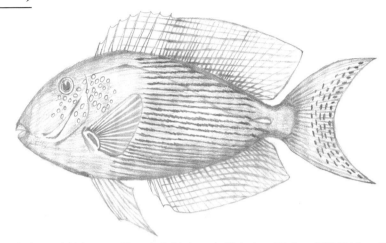

【英文名】striated surgeonfish

【别名】涟纹栉齿刺尾鲷、正吊、倒吊

【分类地位】鲈形目Perciformes
　　　　　　刺尾鱼科Acanthuridae

【主要形态特征】

背鳍Ⅷ-28~30；臀鳍Ⅲ-26；胸鳍16；腹鳍Ⅰ-5。

体侧扁而高，呈椭圆形。尾柄两侧各具一平卧于沟中的向前尖棘，略可竖起。头较短，眼前至吻端斜直。吻稍突出。眼小，侧位而高，眼间隔圆凸。鼻孔2个，前鼻孔圆形，后缘瓣膜颇高；后鼻孔长裂缝状，小于前鼻孔。口小，前位。上下颌齿各1行，细长可活动，具柄状部，齿端一侧膨大呈扁平状，此侧边缘具锯齿。眼前方具一浅沟。鳃盖膜连于峡部。鳃耙尖细稠密。

体被细小弱栉鳞，沿背鳍、臀鳍基底具密集小鳞。侧线完全，位高。

背鳍起点位于鳃孔上方，鳍棘尖锐，第一鳍棘甚短且为皮肤所遮蔽；鳍条部后缘尖角形。臀鳍起点位于背鳍后部鳍棘下方，第一鳍棘亦短而埋于皮下，鳍条部与背鳍鳍条部同形。胸鳍近三角形。腹鳍尖形。尾鳍新月形。

体呈土黄色至暗褐色。体侧具多条密集排列的蓝色波状纵线，头部散布橙黄色小斑点。背鳍、臀鳍具4~5条暗黄色纵线，尾鳍边缘褐色。尾柄尖棘杏黄色。

【近似种】

本种与双斑栉齿刺尾鱼（*C. binotatus*）相似，主要区别为：后者背鳍及臀鳍基底后部各具一黑斑，后者背鳍鳍条数24~27。

【生物学特性】

暖水性岩礁鱼类。喜栖息于潟湖、岩礁及向海的珊瑚礁区，栖息水深在30m以内。可单独活动，也常与同种或不同种的鱼类集成小群或大群活动。主要摄食蓝藻、绿藻、硅藻等藻类及小型无脊椎动物。集群产卵。常见个体全长18cm左右，最大全长达26cm。

【地理分布】

分布于印度—太平洋区，西至红海、东非，东至法属波利尼西亚，北至日本南部，南至澳大利亚。我国主要分布于南海及台湾海域。

【资源状况】

小型鱼类，肉质鲜美，可供食用，常以流刺网、延绳钓等捕获。也可作为观赏鱼。

140.六棘鼻鱼 *Naso hexacanthus* (Bleeker, 1855)

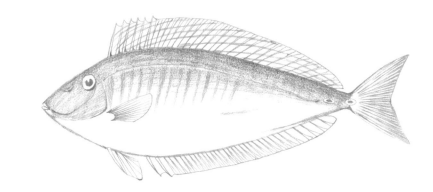

【英文名】sleek unicornfish

【别名】小齿双板盾尾鱼

【分类地位】鲈形目Perciformes

刺尾鱼科Acanthuridae

【主要形态特征】

背鳍Ⅵ-27~29；臀鳍Ⅱ-28~29；胸鳍17；腹鳍Ⅰ-3。

体侧扁，呈长卵圆形。尾柄两侧各具2个圆形盾状骨板，板上具锐嵴。头中大，额部稍凸起，但无角状或瘤状突起。吻较长，前端钝圆。眼较大，眼间隔宽而圆凸。鼻孔2个，圆形，前鼻孔稍大且后缘具瓣膜。口小，前位。上下颌齿各1行，齿较短小，侧扁而尖锐。眼前具一较深眼前沟。鳃盖膜连于峡部。鳃耙短小。

体被细小栉鳞，皮肤粗糙。侧线完全。

背鳍起点在鳃孔上方，连续无凹刻，鳍棘尖长强壮，第一鳍棘尤甚。臀鳍起点约在背鳍第二至第三鳍棘下方，形似背鳍。胸鳍短于头长。腹鳍短于胸鳍。尾鳍凹形。

体背侧暗褐色或蓝灰色，腹侧黄褐色。体侧无斑纹。唇白色。尾柄盾板黑褐色。

【生物学特性】

暖水性岩礁鱼类。喜栖息于水质清澈的潟湖和向海的外围礁石区斜坡海域。栖息深度一般在10~137m，最深可达150m。成鱼常集成大群在礁区游动。主要以浮游动物为食，偶尔也摄食丝状红藻。成对产卵。常见个体全长50cm左右，最大叉长达75cm。

【地理分布】

分布于印度—太平洋区，西至红海、东非，东至夏威夷群岛、马克萨斯群岛及迪西岛，北至日本南部，南至豪勋爵岛。我国主要分布于南海及台湾海域。

【资源状况】

中型鱼类，兼具观赏价值及食用价值，常以流刺网、延绳钓等捕获，但数量不多，经济价值不高。

141. 颊吻鼻鱼 *Naso lituratus* (Forster, 1801)

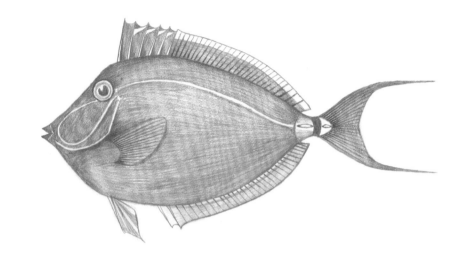

【英文名】orangespine unicornfish

【别名】颊纹双板盾尾鱼、黑背鼻鱼

【分类地位】鲈形目Perciformes

刺尾鱼科Acanthuridae

【主要形态特征】

背鳍VI-27~29；臀鳍II-28~29；胸鳍17；腹鳍I-3。

体高而侧扁，略呈卵圆形。尾柄两侧各具2个固着的盾形骨板，其上具尖端向前的锐嵴。头短，头背缘几呈直线下斜，额部无角状或瘤状突起。吻颇长，前端呈圆锥状。眼小，侧位而高，眼间隔宽平。鼻孔2个，前鼻孔圆形且具瓣片，后鼻孔长卵圆形。口小，前位。上下颌齿各1行，稍侧扁。眼前方具一较深眼前沟。鳃盖膜连于峡部。鳃耙甚短。

体被细小弱栉鳞，皮肤粗糙。侧线完全。

背鳍起点在鳃孔上方，连续无凹刻；鳍棘粗壮，第一鳍棘尤甚；鳍条部低于鳍棘部，后缘为锐角。臀鳍第一鳍棘粗壮，鳍条部与背鳍同形。胸鳍小于头长。腹鳍短小。尾鳍新月形，雄性成鱼上下叶延长如丝。

体呈灰褐色。眼部上方具一黄色斑块，自眼下缘经吻端至颊部具一黄色弧纹。唇部橘黄色。背鳍内侧黑色，外侧白色；臀鳍黄褐色。尾柄盾板橘黄色。

【生物学特性】

暖水性岩礁鱼类。喜栖息于向海的珊瑚礁区、岩礁区和石砾质底的潟湖，栖息深度一般在5~30m，最深可达90m。主要以叶状褐藻为食。成对产卵。最大体长达46cm。

【地理分布】

分布于太平洋区，西至马来半岛、印度尼西亚，东至夏威夷群岛、法属波利尼西亚及皮特凯恩群岛，北至日本南部，南至大堡礁及新喀里多尼亚。我国主要分布于南海及台湾海域。

【资源状况】

中小型鱼类，肉质鲜美，可剥皮后食用。常以流刺网、延绳钓等捕获。体色及斑纹鲜艳，具有一定的观赏价值，常作为观赏鱼见于水族馆。

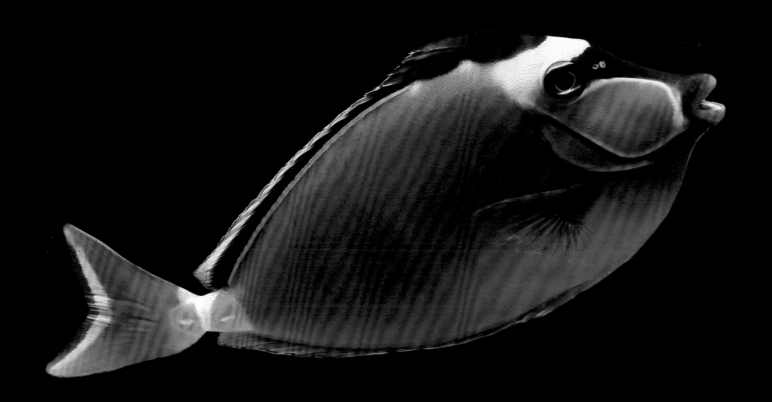

雌鱼

142. 丝尾鼻鱼 *Naso vlamingii* (Valenciennes, 1835)

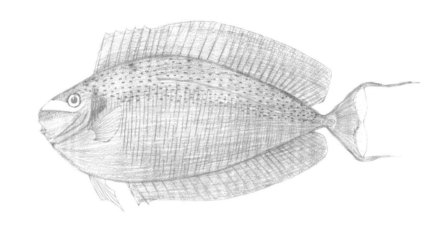

【英文名】bignose unicornfish

【别名】高鼻鱼、丝条盾尾鱼

【分类地位】鲈形目Perciformes

　　　　　　刺尾鱼科Acanthuridae

【主要形态特征】

　　背鳍Ⅵ-24~26；臀鳍Ⅱ-25~28；胸鳍18；腹鳍Ⅰ-3。

　　体侧扁，略呈椭圆形。尾柄两侧各具2个圆形盾状骨板，板上具尖端向前的强棘。头较小，额部具瘤状突，稍超出吻端。吻较长，前端钝圆。眼侧位而高，眼间隔宽而圆凸。鼻孔2个，圆形，前鼻孔具瓣膜。口小，前位。上下颌齿各1行，甚细短。眼前具一较深眼前沟。鳃盖膜连于峡部。鳃耙短小。

　　体被细小栉鳞，皮肤粗糙。侧线完全。

　　背鳍起点约在鳃孔上方稍前，连续无凹刻，鳍棘细长而尖。臀鳍起点约在背鳍后部鳍棘下方，鳍棘坚硬，形似背鳍。胸鳍小于头长。腹鳍短小。尾鳍截形，上下叶延长如丝。

　　体呈灰褐色。头部散布暗蓝色小斑点，眼前具蓝紫色纵带斑，吻部蓝色。体侧具许多暗蓝色细长横纹，横纹下方至腹部断为点状，而上方散布暗蓝色小斑点。背鳍及臀鳍边缘蓝色；尾鳍上下叶边缘蓝色。

【生物学特性】

　　暖水性岩礁鱼类。喜栖息于较深的潟湖和向海的珊瑚礁区的斜坡海域，栖息深度在50m以内。通常单独或成对出现。杂食性，主要以浮游动物为食。最大全长达60cm。

【地理分布】

　　广泛分布于印度—太平洋区，西至东非，东至科隆群岛，北至日本南部，南至大堡礁南部及新喀里多尼亚。我国主要分布于南海及台湾海域。

【资源状况】

　　中小型鱼类，肉质鲜美，可剥皮后食用。常以流刺网、延绳钓等捕获。体色及斑纹艳丽，具有一定的观赏价值，常见于水族馆。

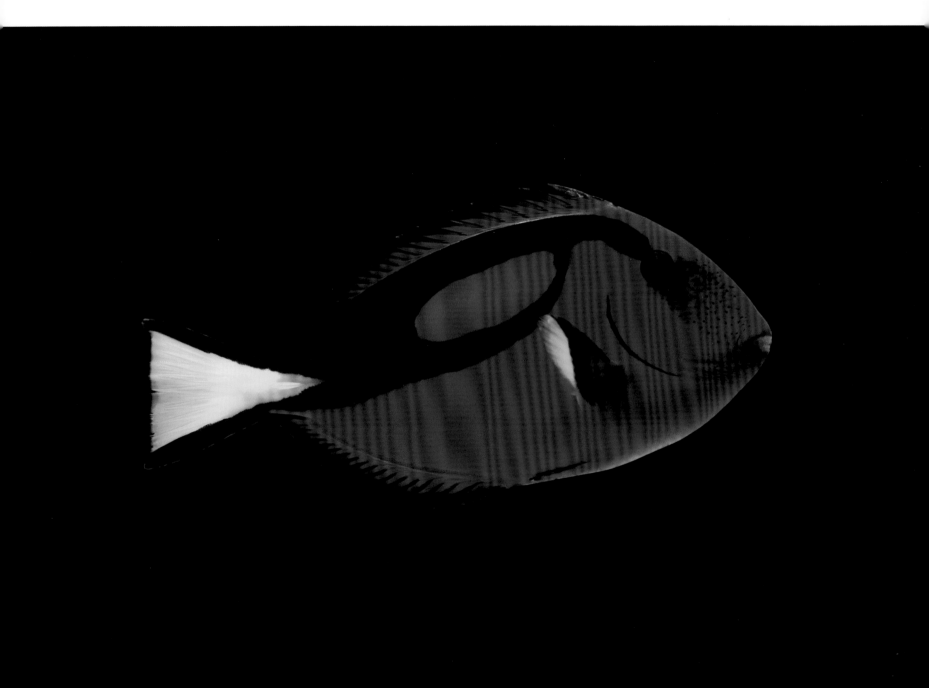

143. 黄尾副刺尾鱼 *Paracanthurus hepatus* (Linnaeus, 1766)

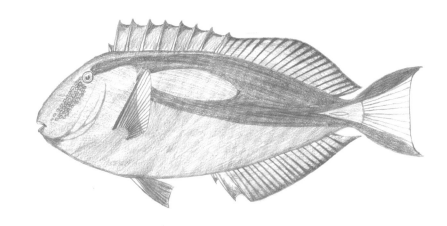

【英文名】palette surgeonfish

【别名】拟刺尾鲷、蓝王唐鱼、蓝倒吊

【分类地位】鲈形目Perciformes

　　　　　　刺尾鱼科Acanthuridae

【主要形态特征】

背鳍IX-19~20；臀鳍III-18~19；胸鳍16；腹鳍I-3。

体侧扁，呈椭圆形。尾柄两侧各具一向前棘，后端固定于皮下，略可竖起。头短而高，头背缘略呈弧状下斜。吻钝圆，不突出。眼小，侧位而高，眼间隔圆凸。鼻孔2个。口小，前位。上下颌齿平扁，较大且不可活动，边缘锯齿状。鳃盖膜连于峡部。

体被细小弱栉鳞。侧线完全。

背鳍起点位于鳃孔上方，连续无凹刻，鳍棘尖锐，第一鳍棘埋于皮下；鳍条部后缘尖角形。臀鳍起点位于背鳍后部鳍棘下方，形似背鳍。胸鳍近三角形。尾鳍截形，上下缘稍长。

体呈蓝色。头后方的体上半部为黑色，在胸鳍后上方具一椭圆形蓝色斑块，另从眼部向斜后方具一黑带，融入体侧黑色。背鳍及臀鳍蓝色，边缘黑色，背鳍鳍棘橘红色；胸鳍前部蓝色，后部黄色；尾鳍黄色，上下缘黑色。

【生物学特性】

暖水性岩礁鱼类。喜栖息于清澈、有潮流经过的向海礁区，栖息深度在40m以内。成鱼常在距海底1~2m的水层松散集群；稚鱼、幼鱼则聚集在珊瑚枝丫周围，受惊时会迅速躲进珊瑚枝丫间。主要以浮游动物为食，偶尔也摄食藻类。最大全长达31cm。

【地理分布】

分布于印度—太平洋区，西至东非，东至基里巴斯，北至日本南部，南至大堡礁南部、新喀里多尼亚及萨摩亚群岛。我国主要分布于南海及台湾海域。

【资源状况】

中小型鱼类，体色艳丽，是极受欢迎的观赏鱼。易于在水族箱中存活，且可迅速适应新环境并在鱼群中占据主导地位。常见于水族市场及水族馆。

144. 小高鳍刺尾鱼 *Zebrasoma scopas* (Cuvier, 1829)

【英文名】twotone tang

【别名】小高鳍刺尾鲷、三角倒吊

【分类地位】鲈形目Perciformes

　　　　　　刺尾鱼科Acanthuridae

【主要形态特征】

　　背鳍Ⅴ-23~26；臀鳍Ⅲ-19~21；胸鳍14~16；腹鳍Ⅰ-5。

　　体甚高而侧扁。尾柄两侧各具一可活动的尖棘。头短而高，在眼上部稍圆凸，至吻中部凹下。吻颇长，向前呈管状突出。眼侧位而高，眼间隔略圆。鼻孔2个，甚小，圆形，前鼻孔具瓣片。口小，前位。上下颌齿各1行，侧扁而短薄，不可活动，边缘钝齿状。眼前具一浅沟。鳃盖膜连于峡部。鳃耙甚短。

　　体被细小栉鳞，皮肤粗糙；尾柄棘前方具一椭圆形区域，其内密布刚毛状刺突。侧线完全。

　　背鳍起点在鳃孔上方，连续无凹刻；第一鳍棘几包于皮膜内；鳍条部前部鳍条高大，后缘圆形。臀鳍起点在背鳍前部鳍条下方，鳍条部与背鳍同形，但高度稍低。胸鳍短于头长。腹鳍位于胸鳍基后下方。尾鳍稍圆凸。

　　体呈茶褐色，头体散布浅蓝色斑点或短小斑纹；体侧中部具一暗色纵带；尾柄棘白色。幼鱼体前部色浅，后部色深，体侧具多条白色横纹。

【生物学特性】

　　暖水性岩礁鱼类。喜栖息于珊瑚丛生的潟湖和向海的珊瑚礁区，栖息深度在60m以内。成鱼常集群在海藻丛中游动，幼鱼则单独在珊瑚中活动。主要以藻类为食。最大体长达40cm。

【地理分布】

　　分布于印度—太平洋区，西至东非，东至土阿莫土群岛，北至日本南部，南至豪勋爵岛及拉帕岛。我国主要分布于南海及台湾海域。

【资源状况】

　　中小型鱼类，常以流刺网、陷阱等捕获，兼具观赏价值及食用价值，通常作为观赏鱼出售。

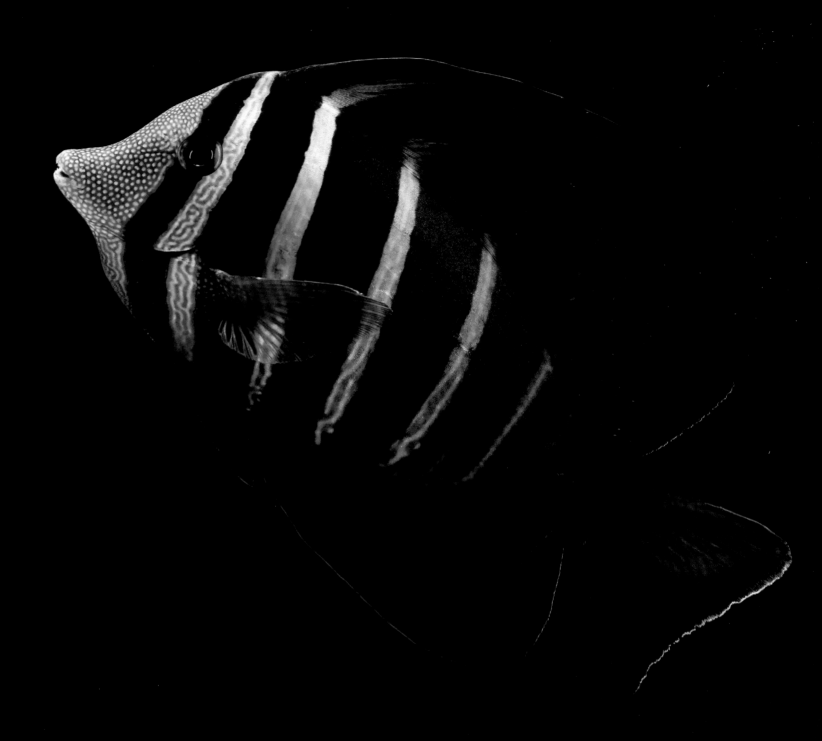

145.横带高鳍刺尾鱼 *Zebrasoma velifer* (Bloch, 1795)

【英文名】sailfin tang

【别名】高鳍刺尾鱼、横带高鳍刺尾鲷、粗皮鱼

【分类地位】鲈形目Perciformes

　　　　　　刺尾鱼科Acanthuridae

【主要形态特征】

背鳍Ⅳ-30~32；臀鳍Ⅲ-24~26；胸鳍15~16；腹鳍Ⅰ-5。

体甚侧扁，呈卵圆形。尾柄两侧各具一可活动的尖棘。头颇短，头背缘陡高，在吻部凹下。吻长，略突出，前端略尖。眼侧位而高，眼间隔略圆。鼻孔2个，极小，前鼻孔具瓣片，后鼻孔细裂状。口小，前位。上下颌齿各1行，侧扁，不可活动，边缘钝齿状。眼前方具一浅沟。鳃盖膜连于峡部。鳃耙稀疏。

体被细小栉鳞，沿背鳍及臀鳍基部具密鳞。侧线完全。

背鳍起点在眼后缘上方，连续无凹刻；鳍棘部基底甚短，第一鳍棘埋于皮下；鳍条部前部鳍条甚高，最长的约与体高相等。臀鳍起点在背鳍第八鳍条下方，鳍条部低于背鳍。胸鳍长于头长。腹鳍位于胸鳍基后下方。尾鳍截形。

体呈暗褐色。吻部、颊部及胸部上方散布淡色小斑点。体侧具5~6条浅黄色横带，横带之间另具数条暗色细带。背鳍及臀鳍具多条斜纹。

【生物学特性】

暖水性岩礁鱼类。喜栖息于水质清澈的潟湖和向海的珊瑚礁区，栖息深度在45m以内。幼鱼常见于较浅且有遮蔽的岩石和珊瑚礁区，有时会出现在较混浊的礁区。主要以大型叶状藻类为食。最大体长达40cm。

【地理分布】

分布于印度—太平洋区，西至红海、东非，东至夏威夷群岛及土阿莫土群岛，北至日本南部，南至大堡礁南部、新喀里多尼亚及拉帕岛。我国主要分布于南海及台湾海域。

【资源状况】

中小型鱼类，肉味鲜美，可供食用，常以流刺网、陷阱等捕获。体色及条纹鲜艳，具有一定的观赏价值，常见于水族馆。

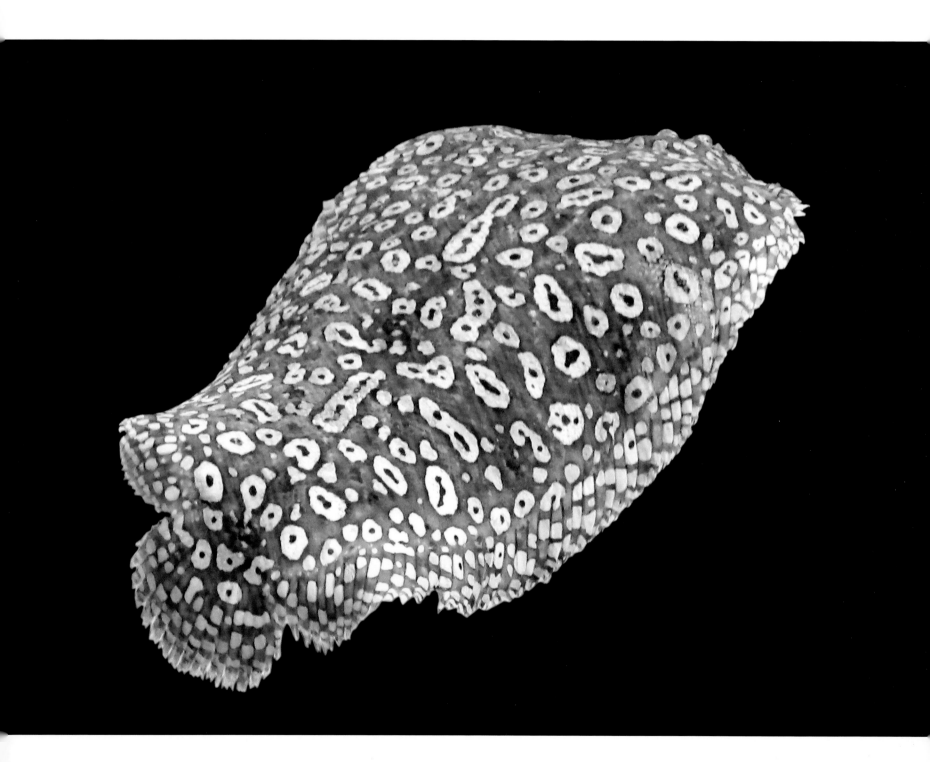

146.眼斑豹鳎 *Pardachirus pavoninus* (Lacepède, 1802)

【英文名】peacock sole

【别名】豹鳎、拟无鳍鳎、南鳎沙

【分类地位】鲽形目Pleuronectiformes

鳎科Soleidae

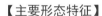

【主要形态特征】

背鳍66~70；臀鳍50~53；胸鳍0；腹鳍5。侧线鳞7~8+77~87。

体呈长圆形，甚侧扁。头短高。吻钝圆，向下稍弯不呈钩状。两眼位于头右侧，下眼约始于上眼中央下方。眼间隔微凹，有鳞。右侧前鼻孔呈粗管状突起，向后不达下眼；后鼻孔无管状突起。左侧前鼻孔位较低，管状突起较长；后鼻孔位于前鼻孔后上方，管状突起较短。口小，歪形，亚前位。口裂向后可达下眼前缘。唇发达，上唇前端具绒毛状突起。上下颌仅左侧具绒毛状细齿，齿群窄带状。

头体两侧被弱栉鳞，头前部下缘及左侧鳞片绒毛状，背鳍、臀鳍无鳞。侧线平直，侧中位。

背鳍始于吻前端背缘，鳍条分支，基部后缘左右各具一小孔。臀鳍始于鳃孔后端稍前下方，形似背鳍，臀鳍鳍条亦分支且具小孔。无胸鳍。右腹鳍始于鳃峡后端，左腹鳍起点略后。尾鳍圆形。

头体右侧呈淡黄褐色，头部、体侧及各鳍具许多大小不等的棕黑色环纹，环纹内色淡且具数个棕褐色小点。头体左侧呈淡黄白色。

【生物学特性】

暖水性底层鱼类。喜栖息于沙泥质底海域。常将身体埋藏在沙中，仅露出双眼观察四周，可随环境略微改变体色。游泳能力不强，以波浪状摆动的方式游动。主要以底栖无脊椎动物为食，尤其是小型甲壳类。皮肤可分泌有毒黏液，可用于驱逐鲨类。常见个体全长12.5cm左右，最大全长达25cm。

【地理分布】

分布于印度—太平洋区，西至斯里兰卡，东至萨摩亚群岛和汤加，北至日本，南至澳大利亚。我国主要分布于南海及台湾海域。

【资源状况】

小型鳎类，皮肤黏液具毒性，不可食用。常以潜水、底拖网、钩钓等捕获，数量少，无经济价值。

《中国物种红色名录》将其列为易危（VU）等级。

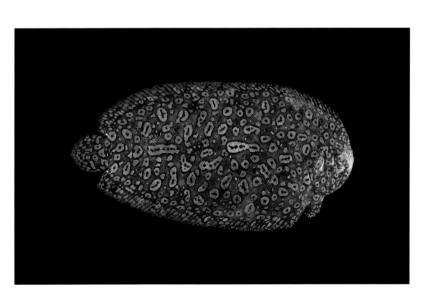

147.绿拟鳞鲀 *Balistoides viridescens* (Bloch *et* Schneider, 1801)

【英文名】titan triggerfish

【别名】褐拟鳞鲀、绿鳞鲀、黄褐炮弹、剥皮鱼

【分类地位】鲀形目Tetraodontiformes
鳞鲀科Balistidae

【主要形态特征】

背鳍Ⅲ，25~26；臀鳍23~24；胸鳍14。体侧鳞30~34横行。

体呈卵圆形，侧扁而高，背缘及腹缘均圆弧形。尾柄短，侧扁。头中等大，短而高。吻稍长大，眼前方、鼻孔下方具一纵凹沟，吻部沿上下唇后方具1圈无鳞光皮，由口角向后延伸达眼前缘下方。眼中大，侧位而高，眼间隔圆凸。鼻孔小，每侧2个。口稍小，前位。上下颌各具1行楔状齿，具凹刻，上颌前端齿尖长。唇肥厚。鳃孔小，稍斜裂。

头体除上下唇及吻部光皮外全部被鳞，鳞中大，多呈菱形，鳞表面具微小钝突起。鳃孔后方具数枚骨板状大鳞。尾柄鳞上具4~6纵行倒向前方的棘突，向前延伸不超过第二背鳍后部。

背鳍2个，第一背鳍始于鳃孔上方稍后，第一鳍棘粗大，前缘具粒状突起，两侧光滑；第二背鳍始于肛门前上方，外缘圆弧形。臀鳍与第二背鳍形似。胸鳍低侧中位，圆刀状。腹鳍棘宽短，可活动，具短棘突。尾鳍圆形。

体呈淡黄褐色，各鳞中央大部具灰黑色小斑，体侧中部微绿色。自眼至胸鳍基附近有一黑褐色斜宽带，向上延伸至眼间隔。颊部黄褐色，上唇及口角深绿色，上唇后方光皮红黑色。第二背鳍下方有灰黑色云状纹。第一背鳍鳍膜具深绿色斑纹，第二背鳍、臀鳍及尾鳍黄褐色，边缘具深绿色宽带，幼鱼无此宽带，鳍上具许多浅绿色小圆点。胸鳍黄褐色。

【近似种】

本种与圆斑拟鳞鲀（*B. conspicillum*）相似，主要区别为：后者颊部完全被鳞，上下唇及吻部后方无光皮；体腹部具大型白色圆斑；体侧鳞39~50横行。

【生物学特性】

暖水性珊瑚礁鱼类。喜栖息于潟湖、向海的珊瑚礁区及有遮蔽的礁坡，栖息水深在50m以内。成鱼常单独或成对在较深的潟湖或礁区斜坡活动，幼鱼则生活在独立的珊瑚枝丫间或浅海沙石混合区。杂食性，主要摄食海胆类、珊瑚、甲壳类、软体动物及管虫等。护卵时具攻击行为，有记录显示雌鱼在护卵期间出现攻击潜水员的行为。最大全长达75cm。

【地理分布】

分布于印度—太平洋区，西至红海及莫桑比克沿岸，东至莱恩群岛和土阿莫土群岛，北至日本南部，南至新喀里多尼亚。我国主要分布于南海及台湾海域。

【资源状况】

中大型鱼类，为最大的鳞鲀科鱼类，可供食用。常以潜水、流刺网、陷阱等捕获，是较受欢迎的观赏鱼，常见于水族馆。

148.红牙鳞鲀 *Odonus niger* (Rüppell, 1836)

【英文名】red-toothed triggerfish

【别名】魔鬼炮弹、红牙板机鲀

【分类地位】鲀形目Tetraodontiformes

鳞鲀科Balistidae

【主要形态特征】

背鳍Ⅲ，33~35；臀鳍28~31；胸鳍14~15。体侧鳞29~36横行。

体呈长椭圆形，侧扁而高，背缘圆弧形。尾柄较细短。头中大，侧扁。吻较长大，眼前方、鼻孔下方具一纵凹沟。眼小，侧位而高，眼间隔宽而突出。鼻孔小，每侧2个。口小，前上位。下颌稍突出。上下颌齿红色，上颌齿2行，外行每侧4枚，其中第二齿强大，呈犬齿状，其余楔状，内行每侧3枚；下颌齿1行，每侧4枚，楔状。唇较薄。鳃孔侧位。

头体除上下唇外全部被鳞，鳞中等大，多呈菱形。鳃孔后方具数枚骨板状大鳞。体侧鳞片较大，鳞上具棘状突起，连成数纵行突起，尾柄及尾鳍基鳞片较小。

背鳍2个，第一背鳍始于鳃孔上方，第一鳍棘粗大，前缘及两侧具细粒状突起；第二背鳍起点在肛门前上方，前部鳍条较长，后部鳍条较短。臀鳍起点在第二背鳍第八至第九鳍条下方，形似第二背鳍。胸鳍短小，圆刀形，低侧中位。腹鳍具一鳍棘，可活动，棘上具粒状突起。尾鳍深叉形，上下缘鳍条十分延长，长度大于头长。

头体呈蓝黑色，头部色稍浅。吻绿蓝色，有蓝纹自吻部延伸至眼。背鳍、臀鳍及腹鳍黑色，尾鳍黑色，后端白色或浅蓝色。

【生物学特性】

暖水性珊瑚礁鱼类。喜栖息于受洋流冲刷的向海礁区，栖息水深在40m以内。成鱼常集群觅食，并随浮游动物游动而作觅食迁移，尤其是海绵幼体；幼鱼则常生活在礁石洞穴或缝隙中。主要以浮游动物和海绵等为食。常见个体全长30cm左右，最大全长达50cm。

【地理分布】

分布于印度—太平洋区，西至红海及南非沿岸，东至马克萨斯群岛及社会群岛，北至日本南部，南至澳大利亚大堡礁南部及新喀里多尼亚海域。我国主要分布于南海及台湾海域。

【资源状况】

中小型鱼类，可供食用。常以潜水、流刺网、陷阱等捕获，是较受欢迎的观赏鱼，常见于水族馆。

149．黄边副鳞鲀 *Pseudobalistes flavimarginatus* (Rüppell, 1829)

【英文名】yellowmargin triggerfish

【别名】黄缘副鳞鲀、黄副鳞鲀、黄边鳞鲀、黄缘炮弹

【分类地位】鲀形目Tetraodontiformes

鳞鲀科Balistidae

【主要形态特征】

背鳍Ⅲ，24~26；臀鳍23~25；胸鳍14~15。体侧鳞33横行。

体呈卵圆形，背缘和腹缘圆突。尾柄短，侧扁。头中大，眼下方具3条纵行皮褶。吻较长大，眼前方、鼻孔下方具一纵凹沟。眼稍小，侧位而高，眼间隔宽而隆起。鼻孔小，每侧2个。口小，前位。上下颌齿锥状，上颌齿2行，外行每侧4枚，内行每侧3枚，上颌中央2齿特别长大；下颌齿1行，每侧4枚，下颌中央2齿也特别长大。唇肥厚。鳃孔侧位。

头体大部分被鳞，鳞较大，多为菱形，鳞片上具粒状突起，其中口周和颊部大部分裸露无鳞，颊部后上方有5行小鳞隐于皮下。鳃孔后方具数枚骨板状大鳞。尾部鳞片上具6行棘突，中间2行棘突数量最多。第二背鳍和臀鳍基部具3行小而扁平的鳞片。

背鳍2个，第一背鳍起点在鳃孔上方，第一鳍棘粗大，前缘具粒状突起；第二背鳍始于肛门前上方。臀鳍始于第二背鳍第六至第七鳍条下方，形似第二背鳍。第二背鳍和臀鳍外缘圆弧形，前方鳍条不明显高出。胸鳍短圆形，低侧中位。腹鳍棘短，具粒状突起。尾鳍新月形。

体呈褐色，体侧鳞上有深绿色斑点。第一背鳍黑褐色，第二背鳍、臀鳍、胸鳍及尾鳍基部深绿色，边缘浅黄色。

【近似种】

本种与褐副鳞鲀（*P. fuscus*）相似，主要区别为：褐副鳞鲀尾部后方无棘突，其第二背鳍及臀鳍前方鳍条明显高出。

【生物学特性】

暖水性珊瑚礁鱼类。喜栖息于潟湖、珊瑚礁区及河口水域，栖息水深在50m以内。一般单独或成对活动。幼鱼常集成小群，而成鱼除筑巢外常单独活动。杂食性，主要摄食珊瑚、软体动物、甲壳动物、有孔虫、被囊动物及海胆类等。繁殖期间，雄鱼迁移至产卵场筑巢，随后雌鱼到达与雄鱼交配，产后亲鱼均有护卵行为。最大全长达60cm。

【地理分布】

分布于印度—太平洋区，西起红海至南非沿岸，向东经过印度尼西亚至土阿莫土群岛，北至日本南部，南至萨摩亚群岛。我国主要分布于南海及台湾海域。

【资源状况】

中大型鱼类，可供食用。常以潜水、流刺网、陷阱等捕获，是较受欢迎的观赏鱼，常见于水族馆。

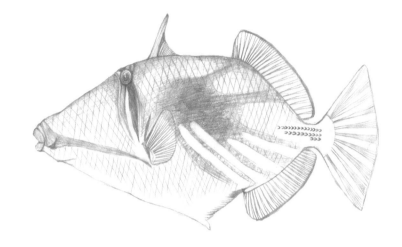

150. 叉斑锉鳞鲀 *Rhinecanthus aculeatus* (Linnaeus, 1758)

【英文名】white-banded triggerfish

【别名】叉斑钩鳞鲀、尖吻棘鲀、黑纹炮弹

【分类地位】鲀形目Tetraodontiformes
　　　　　　鳞鲀科Balistidae

【主要形态特征】

背鳍Ⅲ，23~25；臀鳍21~23；胸鳍12~14。体侧鳞35~37横行。

体呈长椭圆形，侧扁，背缘圆弧形。尾柄短，侧扁。头长大。吻甚长大，尖锥状，眼前方无纵凹沟。眼小，侧位而高，眼间隔宽，微凸。鼻孔小，每侧2个。口小，前位。上下颌齿楔状，具凹刻；上颌齿2行，外行每侧4枚，内行每侧2枚；下颌齿1行，每侧4枚。唇肥厚。鳃孔侧位。

头体除上下唇及吻前缘外全部被鳞，鳞中大，多为菱形。鳃孔后方具数枚骨板状大鳞。尾部具3纵行向前倒的黑色小钩状棘，下方1行棘数明显少于上方2行。

背鳍2个，第一背鳍位于鳃孔上方或稍后，第一鳍棘较粗大，棘上具细粒状突起，第二鳍棘细尖，第三鳍棘甚短，纳于背鳍鳍沟；第二背鳍始于肛门上方。臀鳍起点稍后于第二背鳍起点，形似第二背鳍。胸鳍短圆形。腹鳍棘短，可活动，棘上具细粒状突起。尾鳍截形。

体背部黄褐色，腹部白色。体侧具一大型不规则黑斑，自鳃孔延伸至尾柄，此斑向后上方分出2条宽叉纹，向后下方分出4条带状斑纹。眼下方具一镶蓝细纹的黑褐色条纹伸达胸鳍基部，条纹前方另有一蓝色细纹。眼间隔蓝色，上有3条褐色横纹。上唇上方具一蓝色横纹环绕，自口角有一橘红色条纹延伸至胸鳍基下方。第一背鳍黑褐色，第二背鳍、臀鳍、胸鳍和尾鳍浅灰色。

【近似种】

本种与大斑锉鳞鲀（*R. verrucosus*）相似，主要区别为：后者尾柄3纵行小棘中，最上1行棘数明显少于下方2行；体腹侧具一椭圆形大黑斑。

【生物学特性】

暖水性珊瑚礁鱼类。喜栖息于浅水潟湖及潮下带礁滩海域，栖息水深在50m以内。幼鱼常躲藏在碎石堆间。具有较强领域性。杂食性，主要摄食藻类、软体动物、甲壳动物、蠕虫、海胆类、鱼类、珊瑚、被囊动物、鱼卵及碎屑等。常见个体全长15cm左右，最大全长达30cm。

【地理分布】

分布于印度—太平洋区，西至红海及南非沿岸，东至夏威夷群岛、马克萨斯群岛以及土阿莫土群岛，北至日本南部，南至豪勋爵岛；东大西洋分布于塞内加尔至南非沿岸。我国主要分布于南海及台湾海域。

【资源状况】

小型鱼类，可供食用。常以潜水、流刺网、陷阱等捕获。由于其外观可爱，斑纹绚丽，是极受欢迎的观赏鱼，常见于水族馆。

151.棘尾前孔鲀 *Cantherhines dumerilii* (Hollard, 1854)

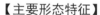

【英文名】whitespotted filefish

【别名】杜氏刺鼻单棘鲀、剥皮鱼、粗皮狄

【分类地位】鲀形目Tetraodontiformes

　　　　　单角鲀科Monacanthidae

【主要形态特征】

背鳍Ⅱ，36~37；臀鳍31~32；胸鳍15。

体呈长椭圆形，侧扁而高。尾柄短而高。头较大，侧扁。吻长大，背缘稍凹入。眼较小，侧位而高，眼间隔隆起。鼻孔小，每侧2个。口小，前位。上下颌齿较强，呈楔状，上颌齿2行，外行每侧3枚，内行每侧2枚；下颌齿1行，每侧3枚。唇厚。鳃孔斜裂，位于眼后半部下方，下端的位置与眼中央相对。

鳞细小，头体除唇外全部被鳞，每鳞基板上具低矮鳞棘，尾部鳞棘弱而长。尾柄无刚毛，具2对棘尖向前的强逆行棘。

背鳍2个，第一背鳍2枚鳍棘，第一鳍棘较强大，位于眼中央前方，棘四周密布粗粒状突起，后缘具2列棘状突起，侧缘具1列棘状突起，鳍棘可纳入背中沟内，第二鳍棘短小，隐于皮下；第二背鳍起点位于肛门上方。臀鳍起点位于第二背鳍第七至第九鳍条下方，形似第二背鳍。胸鳍短，圆形。腹鳍合成1枚鳍棘，由3对特化鳞组成，不能活动。尾鳍圆形。

体呈灰褐色，体侧自胸鳍后至尾柄具10~12条不明显褐色横带，后部稍显著。唇内缘褐色，外缘白色。眼橘红色，眼周具1圈狭细的白色皮膜。第二背鳍、臀鳍及胸鳍橘红色，尾鳍黑色，边缘黄色。

【生物学特性】

暖水性珊瑚礁鱼类。喜栖息于水深35m以内的外海礁区，常见于大洋中岛屿附近海域。幼鱼营大洋性生活，常见于漂游物体下；成鱼通常单独或成对生活。主要摄食珊瑚枝丫的尖端、藻类、海绵、海胆及软体动物等。常见个体全长25cm左右，最大全长达38cm。

【地理分布】

分布于印度—太平洋区，西至东非，东至法属波利尼西亚，北至日本和夏威夷群岛，南至澳大利亚大堡礁海域；东太平洋分布于墨西哥至哥伦比亚沿岸。我国主要分布于南海及台湾海域。

【资源状况】

中小型鱼类，无经济价值。可作为观赏鱼，常见于水族馆。

152.黑斑叉鼻鲀 *Arothron nigropunctatus* (Bloch *et* Schneider, 1801)

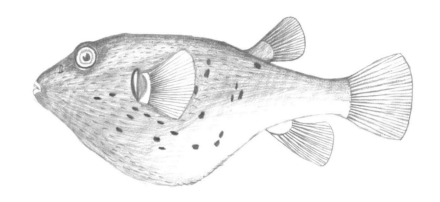

【英文名】blackspotted puffer

【别名】黑点河鲀、污斑河鲀、狗头

【分类地位】鲀形目Tetraodontiformes

鲀科Tetraodontidae

【主要形态特征】

背鳍10；臀鳍11；胸鳍18~19。

体呈卵圆形，头胸部粗圆，向后渐细。尾柄粗短，侧扁。体腹侧下缘无纵行皮褶。头中大，背缘弧形。吻短，圆钝。眼中大，侧上位，眼间隔宽平。无鼻孔，每侧具一深叉状皮质鼻突起。口小，前位。上下颌各具2个喙状大牙板，中央缝显著。唇发达，两端向上弯曲。鳃孔中大，弧形，侧中位。鳃膜白色。

头体除吻端、鳃孔周围及尾柄后部外，密被细刺，头顶和腹部刺较长。侧线显著，侧上位。

背鳍1个，位于肛门上方，圆刀形。臀鳍起点稍后于背鳍起点下方，形似背鳍。无腹鳍。胸鳍长宽，扇形。尾鳍宽大，亚圆形。具气囊，腹部可迅速膨大。

体色多变，通常头体背面棕褐色，腹面色浅。体侧和腹面散布不规则且大小不一的黑色斑点，其中多数斑点大于瞳孔。背鳍和臀鳍黑褐色，胸鳍浅褐色，尾鳍深褐色。各鳍成鱼色深，幼鱼色浅。

【生物学特性】

暖水性岩礁鱼类。喜栖息于珊瑚丛生的礁区。常单独或成对活动。杂食性，主要摄食珊瑚、海藻、海绵、软体动物及鱼类。卵巢、肝脏具剧毒，皮、肉、精巢也具毒性。最大全长达33cm。

【地理分布】

分布于印度—太平洋区，西至红海、东非，东至密克罗尼西亚及萨摩亚群岛，北至日本南部，南至澳大利亚新南威尔士。我国主要分布于南海及台湾海域。

【资源状况】

中小型鱼类，具剧毒，不可食用。天然产量低，不常见。可作为观赏鱼，常见于水族馆。

153.网纹叉鼻鲀 *Arothron reticularis* (**Bloch** *et* **Schneider, 1801**)

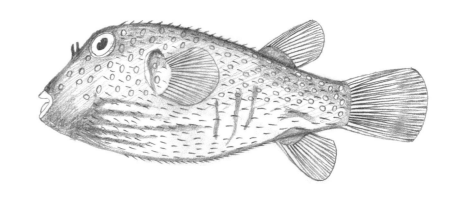

【英文名】reticulated pufferfish

【别名】刺规、乌规、花规

【分类地位】鲀形目Tetraodontiformes
鲀科Tetraodontidae

【主要形态特征】

背鳍10；臀鳍9~10；胸鳍17~18。

体呈圆筒形，稍延长，前部粗圆，后部渐细。尾柄短而高，侧扁。体腹侧下缘无纵走皮褶。头较大。吻短而圆钝，背缘微凹。眼较小，侧上位，眼间隔宽而微凹。无鼻孔，每侧具一深叉状皮质鼻突起。口小，前位。上下颌各具2个喙状大牙板，中央缝显著。唇发达。鳃孔中大，弧形，侧中位。

头体除吻端、鳃孔周围及尾柄外，均被强刺，刺露于皮外。侧线显著，侧上位。

背鳍1个，位于肛门上方，圆刀形。臀鳍起点位于背鳍末端下方，形似背鳍。无腹鳍。胸鳍宽短，扇形。尾鳍宽大，亚圆形。具气囊，腹部可迅速膨大。

体呈灰白色至黑色。头体至尾鳍密布许多不规则的白色条纹，或长或短，部分连续，呈条纹状，部分不连续，呈点斑状，背部条纹间具小点。幼鱼背侧密布白色斑点，不具条纹。背鳍、臀鳍和胸鳍黄褐色，尾鳍黑褐色。

【生物学特性】

暖水性底层鱼类。喜栖息于沙质底或海藻丛生的浅海珊瑚礁区，也见于河口水域。单独活动。幼鱼常出现于红树林区，甚至进入江河下游；成鱼则常在较深水域，白天停留在泥地上。主要摄食珊瑚、软体动物及其他底栖无脊椎动物。毒性不明。最大体长达45cm。

【地理分布】

分布于印度—西太平洋区，自印度向东经印度尼西亚，至新几内亚岛，北至日本南部，南至澳大利亚北部。我国主要分布于南海及台湾南部海域。

【资源状况】

中小型鱼类，毒性不明，不宜食用。天然产量低，不常见。可作为观赏鱼，常见于水族馆。

形 态 检 索 图

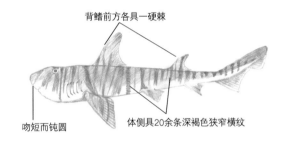

背鳍前方各具一硬棘

体侧具20余条深褐色狭窄横纹

吻短而钝圆

1. 狭纹虎鲨 *Heterodontus zebra*

尾鳍较长，约为头长的1.6倍

前鼻瓣部具一尖长鼻须　中央齿头稍延长

2. 长尾光鳞鲨 *Nebrius ferrugineus*

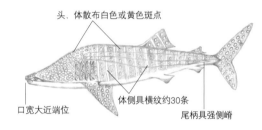

头、体散布白色或黄色斑点

体侧具横纹约30条

口宽大近端位　　尾柄具强侧嵴

3. 鲸鲨 *Rhincodon typus*

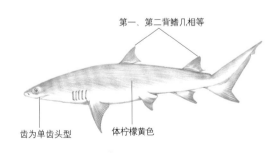

第一、第二背鳍几相等

齿为单齿头型　体柠檬黄色

4. 尖鳍柠檬鲨 *Negaprion acutidens*

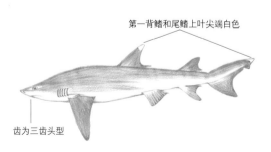

第一背鳍和尾鳍上叶尖端白色

齿为三齿头型

5. 灰三齿鲨 *Triaenodon obesus*

第一背鳍起点位于腹鳍起点稍前方

吻宽短，背视半圆形　体侧和鳍散布白色斑点

6. 圆犁头鳐 *Rhina ancylostoma*

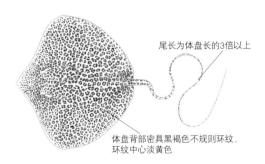

尾长为体盘长的3倍以上

体盘背部密具黑褐色不规则环纹，
环纹中心淡黄色

7. 豹纹窄尾魟 *Himantura leoparda*

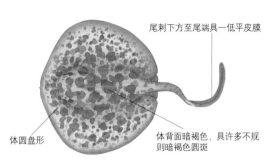

尾刺下方至尾端具一低平皮膜

体圆盘形

体背面暗褐色，具许多不规
则暗褐色圆斑

8. 迈氏拟条尾魟 *Taeniurops meyeni*

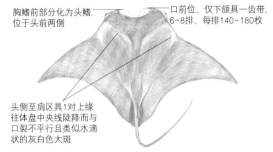

胸鳍前部分化为头鳍，
位于头前两侧

口前位，仅下颌具一齿带，
6~8排，每排140~180枚

头侧至肩区具1对上缘
往体盘中央线陡降而与
口裂不平行且类似水滴
状的灰白色大斑

9. 阿氏前口蝠鲼 *Manta alfredi*

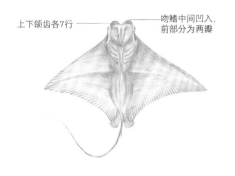

上下颌齿各7行

吻鳍中间凹入，
前部分为两瓣

10. 爪哇牛鼻鲼 *Rhinoptera javanica*

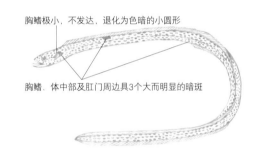

胸鳍极小，不发达，退化为色暗的小圆形

胸鳍. 体中部及肛门周边具3个大而明显的暗斑

11. 哈氏异康吉鳗 *Heteroconger hassi*

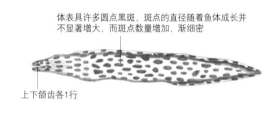

体表具许多圆点黑斑，斑点的直径随着鱼体成长并
不显著增大，而斑点数量增加，渐细密

上下颌齿各1行

12. 魔斑裸胸鳝 *Gymnothorax isingteena*

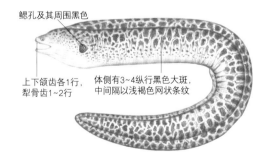

鳃孔及其周围黑色

上下颌齿各1行，
犁骨齿1~2行

体侧有3~4纵行黑色大斑，
中间隔以浅褐色网状条纹

13. 爪哇裸胸鳝 *Gymnothorax javanicus*

体布满较粗的黄白色网状纹或波状纹，波纹较
粗且不规则，延伸到背鳍、臀鳍和尾鳍

14. 波纹裸胸鳝 *Gymnothorax undulatus*

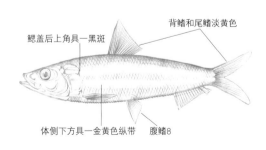

鳃盖后上角具一黑斑

背鳍和尾鳍淡黄色

体侧下方具一金黄色纵带

腹鳍8

15. 黄泽小沙丁鱼 *Sardinella lemuru*

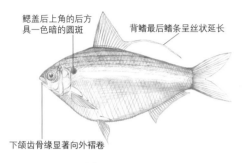

鳃盖后上角的后方
具一色暗的圆斑

背鳍最后鳍条呈丝状延长

下颌齿骨缘显著向外褶卷

16. 圆吻海鲦 *Nematalosa nasus*

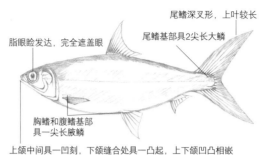

尾鳍深叉形，上叶较长

尾鳍基部具2尖长大鳞

脂眼睑发达，完全遮盖眼

胸鳍和腹鳍基部
具一尖长腋鳞

上颌中间具一凹刻，下颌缝合处具一凸起，上下颌凹凸相嵌

17. 遮目鱼 *Chanos chanos*

背鳍、腹部、尾鳍及臀鳍基部
具多个有色淡的边缘的黑色圆斑

第一鳍棘特化为吻触手

体侧具许多褐色圆斑

18. 白斑躄鱼 *Antennarius pictus*

背鳍、胸鳍上部及尾鳍边缘具黑色小点

体侧具一银白色纵带

19. 南洋美银汉鱼 *Atherinomorus lacunosus*

胸鳍长大，呈翅状

胸鳍不分支鳍条1

口小，上颌不延长

胸鳍中部透明区大

20. 弓头唇须飞鱼 *Cheilopogon arcticeps*

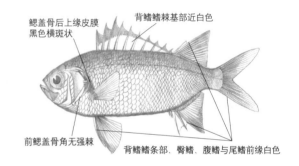

鳃盖骨后上缘皮膜
黑色横斑状

背鳍鳍棘基部近白色

前鳃盖骨角无强棘

背鳍鳍条部、臀鳍、腹鳍与尾鳍前缘白色

21. 白边锯鳞鱼 *Myripristis murdjan*

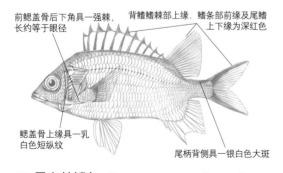

前鳃盖骨后下角具一强棘，
长约等于眼径

背鳍鳍棘部上缘、鳍条部前缘及尾鳍
上下缘为深红色

鳃盖骨上缘具一乳
白色短纵纹

尾柄背侧具一银白色大斑

22. 尾斑棘鳞鱼 *Sargocentron caudimaculatum*

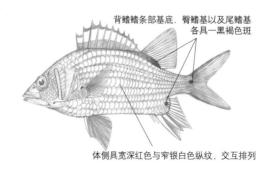

背鳍鳍条部基底、臀鳍基以及尾鳍基
各具一黑褐色斑

体侧具宽深红色与窄银白色纵纹，交互排列

23. 角棘鳞鱼 *Sargocentron cornutum*

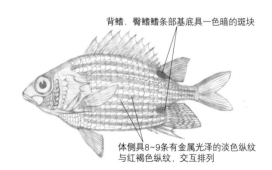

背鳍、臀鳍鳍条部基底具一色暗的斑块

体侧具8~9条有金属光泽的淡色纵纹
与红褐色纵纹，交互排列

24. 点带棘鳞鱼 *Sargocentron rubrum*

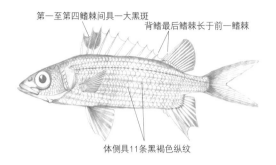

第一至第四鳍棘间具一大黑斑
背鳍最后鳍棘长于前一鳍棘
体侧具11条黑褐色纵纹

25. 莎姆新东洋鳂 *Neoniphon sammara*

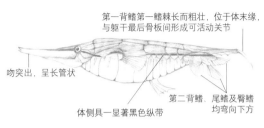

第一背鳍第一鳍棘长而粗壮，位于体末缘，与躯干最后骨板间形成可活动关节
吻突出，呈长管状
第二背鳍、尾鳍及臀鳍均弯向下方
体侧具一显著黑色纵带

26. 条纹虾鱼 *Aeoliscus strigatus*

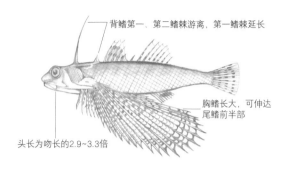

背鳍第一、第二鳍棘游离，第一鳍棘延长
胸鳍长大，可伸达尾鳍前半部
头长为吻长的2.9~3.3倍

27. 东方豹鲂鮄 *Dactyloptena orientalis*

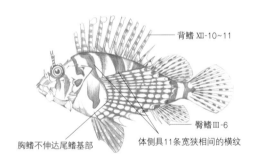

背鳍 XIII-10~11
臀鳍 III-6
胸鳍不伸达尾鳍基部
体侧具11条宽狭相间的横纹

28. 花斑短鳍蓑鲉 *Dendrochirus zebra*

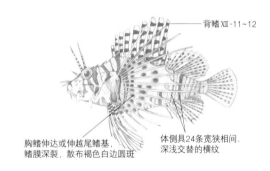

背鳍 XIII-11~12
胸鳍伸达或伸越尾鳍基，鳍膜深裂，散布褐色白边圆斑
体侧具24条宽狭相间，深浅交替的横纹

29. 触角蓑鲉 *Pterois antennata*

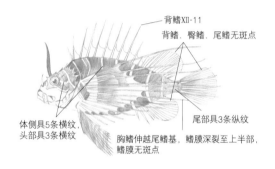

背鳍XII-11
背鳍、臀鳍、尾鳍无斑点
体侧具5条横纹，头部具3条横纹
尾部具3条纵纹
胸鳍伸越尾鳍基，鳍膜深裂至上半部，鳍膜无斑点

30. 辐蓑鲉 *Pterois radiata*

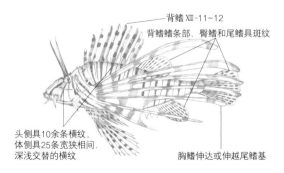

背鳍 XIII-11~12
背鳍鳍条部、臀鳍和尾鳍具斑纹
头侧具10余条横纹，体侧具25条宽狭相间，深浅交替的横纹
胸鳍伸达或伸越尾鳍基

31. 魔鬼蓑鲉 *Pterois volitans*

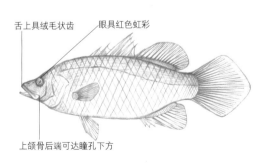

舌上具绒毛状齿
眼具红色虹彩
上颌骨后端可达瞳孔下方

32. 红眼沙鲈 *Psammoperca waigiensis*

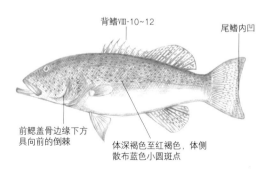

背鳍VIII-10~12
尾鳍内凹
前鳃盖骨边缘下方具向前的倒棘
体深褐色至红褐色，体侧散布蓝色小圆斑点

33. 豹纹鳃棘鲈 *Plectropomus leopardus*

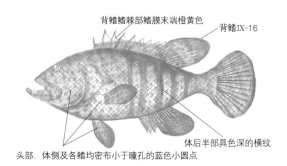

背鳍鳍棘部鳍膜末端橙黄色
背鳍Ⅸ-16
头部、体侧及各鳍均密布小于瞳孔的蓝色小圆点
体后半部具色深的横纹

34. 斑点九棘鲈 *Cephalopholis argus*

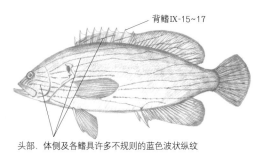

背鳍Ⅸ-15~17
头部、体侧及各鳍具许多不规则的蓝色波状纵纹

35. 蓝线九棘鲈 *Cephalopholis formosa*

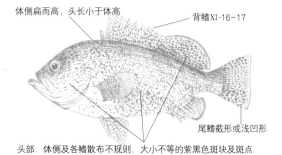

体侧扁而高，头长小于体高
背鳍Ⅺ-16~17
尾鳍截形或浅凹形
头部、体侧及各鳍散布不规则、大小不等的紫黑色斑块及斑点

36. 蓝鳍石斑鱼 *Epinephelus cyanopodus*

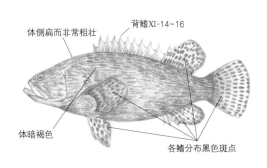

体侧扁而非常粗壮
背鳍Ⅺ-14~16
体暗褐色
各鳍分布黑色斑点

37. 鞍带石斑鱼 *Epinephelus lanceolatus*

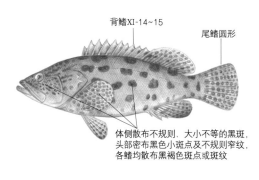

背鳍Ⅺ-14~15
尾鳍圆形
体侧散布不规则、大小不等的黑斑，头部密布黑色小斑点及不规则窄纹，各鳍均散布黑褐色斑点或斑纹

38. 蓝身大石斑鱼 *Epinephelus tukula*

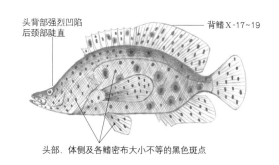

头背部强烈凹陷后颈部陡直
背鳍Ⅹ-17~19
头部、体侧及各鳍密布大小不等的黑色斑点

39. 驼背鲈 *Cromileptes altivelis*

背鳍Ⅺ-14~16
腭骨无齿
头部、体侧、背鳍及尾鳍基部散布橘红色斑点
体侧具3~5条不连续的白色纵带

40. 白线光腭鲈 *Anyperodon leucogrammicus*

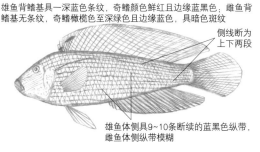

雄鱼背鳍基具一深蓝色条纹，奇鳍颜色鲜红且边缘蓝黑色；雌鱼背鳍基无条纹，奇鳍橄榄色至深绿色且边缘蓝色，具暗色斑纹
侧线断为上下两段
雄鱼体侧具9~10条断续的蓝黑色纵带，雌鱼体侧纵带模糊

41. 圆眼戴氏鱼 *Labracinus cyclophthalmus*

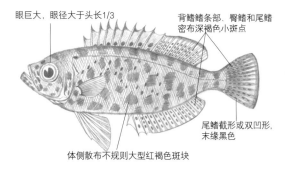

眼巨大，眼径大于头长1/3
背鳍鳍条部、臀鳍和尾鳍密布深褐色小斑点
尾鳍截形或双凹形，末缘黑色
体侧散布不规则大型红褐色斑块

42. 灰鳍异大眼鲷 *Heteropriacanthus cruentatus*

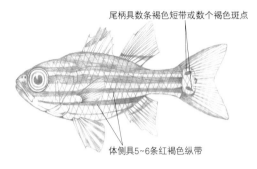

尾柄具数条褐色短带或数个褐色斑点

体侧具5~6条红褐色纵带

43. 裂带鹦天竺鲷 *Ostorhinchus compressus*

头部具2条蓝白色细纵带，贯穿眼部

尾柄基部具一大黑斑

44. 斑柄鹦天竺鲷 *Ostorhinchus fleurieu*

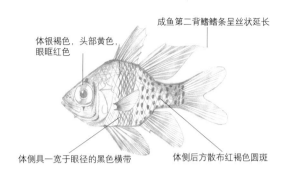

成鱼第二背鳍鳍条呈丝状延长

体银褐色，头部黄色，眼眶红色

体侧具一宽于眼径的黑色横带

体侧后方散布红褐色圆斑

45. 丝鳍圆天竺鲷 *Sphaeramia nematoptera*

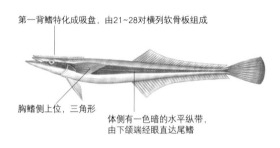

第一背鳍特化成吸盘，由21~28对横列软骨板组成

胸鳍侧上位，三角形

体侧有一色暗的水平纵带，由下颌端经眼直达尾鳍

46. 䲟 *Echeneis naucrates*

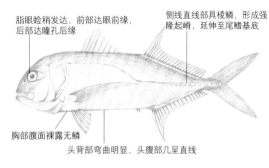

脂眼睑稍发达，前部达眼前缘，后部达瞳孔后缘

侧线直线部具棱鳞，形成强隆起嵴，延伸至尾鳍基底

胸部腹面裸露无鳞

头背部弯曲明显，头腹部几呈直线

47. 珍鲹 *Caranx ignobilis*

尾鳍边缘浅黑色

上下颌、犁骨及腭骨均无齿

头部、体侧及各鳍黄色，体侧具7~11条宽窄相间的黑色横带

48. 黄鹂无齿鲹 *Gnathanodon speciosus*

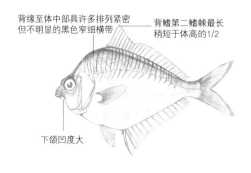

背缘至体中部具许多排列紧密但不明显的黑色窄细横带

背鳍第二鳍棘最长稍短于体高的1/2

下颌凹度大

49. 短棘鲾 *Leiognathus equulus*

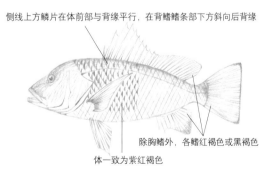

侧线上方鳞片在体前部与背缘平行，在背鳍鳍条部下方斜向后背缘

除胸鳍外，各鳍红褐色或黑褐色

体一致为紫红褐色

50. 紫红笛鲷 *Lutjanus argentimaculatus*

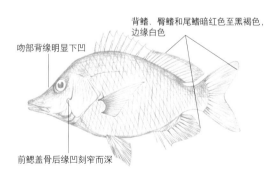

背鳍、臀鳍和尾鳍暗红色至黑褐色，边缘白色

吻部背缘明显下凹

前鳃盖骨后缘凹刻窄而深

51. 隆背笛鲷 *Lutjanus gibbus*

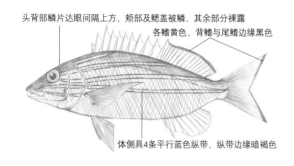

头背部鳞片达眼间隔上方，颊部及鳃盖被鳞，其余部分裸露

各鳍黄色，背鳍与尾鳍边缘黑色

体侧具4条平行蓝色纵带，纵带边缘暗褐色

52. 四线笛鲷 *Lutjanus kasmira*

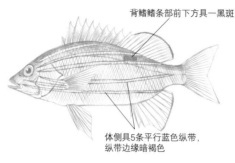

背鳍鳍条部前下方具一黑斑

体侧具5条平行蓝色纵带，纵带边缘暗褐色

53. 五线笛鲷 *Lutjanus quinquelineatus*

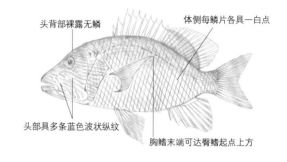

头背部裸露无鳞

体侧每鳞片各具一白点

头部具多条蓝色波状纵纹

胸鳍末端可达臀鳍起点上方

54. 蓝点笛鲷 *Lutjanus rivulatus*

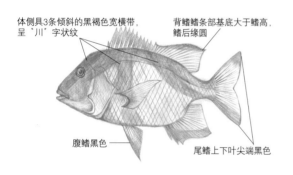

体侧具3条倾斜的黑褐色宽横带，呈"川"字状纹

背鳍鳍条部基底大于鳍高，鳍后缘圆

腹鳍黑色

尾鳍上下叶尖端黑色

55. 千年笛鲷 *Lutjanus sebae*

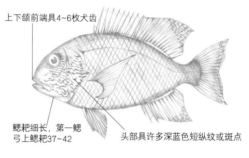

上下颌前端具4~6枚犬齿

鳃耙细长，第一鳃弓上鳃耙37~42

头部具许多深蓝色短纵纹或斑点

56. 斑点羽鳃笛鲷 *Macolor macularis*

尾鳍深分叉，上下叶末端黑色

体侧具2条金黄色纵带

背鳍及臀鳍基底上方一半的区域均被鳞

57. 双带鳞鳍梅鲷 *Pterocaesio digramma*

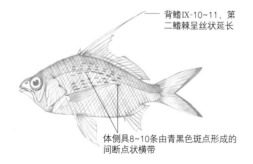

背鳍Ⅸ-10~11，第二鳍棘呈丝状延长

体侧具8~10条由青黑色斑点形成的间断点状横带

58. 长棘银鲈 *Gerres filamentosus*

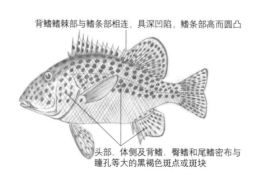

背鳍鳍棘部与鳍条部相连，具深凹陷，鳍条部高而圆凸

头部、体侧及背鳍、臀鳍和尾鳍密布与瞳孔等大的黑褐色斑点或斑块

59. 斑胡椒鲷 *Plectorhinchus chaetodonoides*

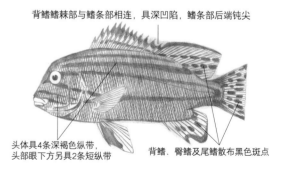

背鳍鳍棘部与鳍条部相连，具深凹陷，鳍条部后端钝尖

头体具4条深褐色纵带，头部眼下方另具2条短纵带

背鳍、臀鳍及尾鳍散布黑色斑点

60. 四带胡椒鲷 *Plectorhinchus diagrammus*

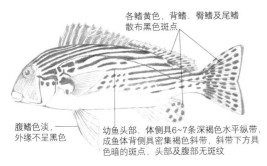

各鳍黄色，背鳍、臀鳍及尾鳍散布黑色斑点

腹鳍色淡，外缘不呈黑色

幼鱼头部，体侧具6~7条深褐色水平纵带，成鱼体背侧具密集褐色斜带，斜带下方具色暗的斑点，头部及腹部无斑纹

61. 条纹胡椒鲷 *Plectorhinchus lineatus*

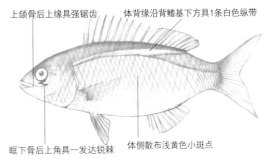

上颌骨后上缘具强锯齿

体背缘沿背鳍基下方具1条白色纵带

眶下骨后上角具一发达锐棘

体侧散布浅黄色小斑点

62. 齿颌眶棘鲈 *Scolopsis ciliata*

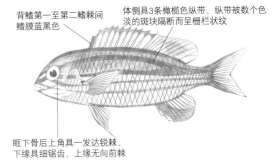

背鳍第一至第二鳍棘间鳍膜蓝黑色

体侧具3条橄榄色纵带，纵带被数个色淡的斑块隔断而呈栅栏状纹

眶下骨后上角具一发达锐棘，下缘具细锯齿，上缘无向前棘

63. 线纹眶棘鲈 *Scolopsis lineata*

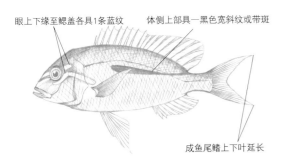

眼上下缘至鳃盖各具1条蓝纹

体侧上部具一黑色宽斜纹或带斑

成鱼尾鳍上下叶延长

64. 单带眶棘鲈 *Scolopsis monogramma*

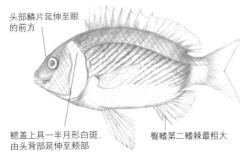

头部鳞片延伸至眼的前方

鳃盖上具一半月形白斑，由头背部延伸至颊部

臀鳍第二鳍棘最粗大

65. 伏氏眶棘鲈 *Scolopsis vosmeri*

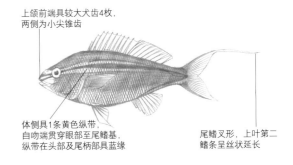

上颌前端具较大犬齿4枚，两侧为小尖锥齿

体侧具1条黄色纵带，自吻端贯穿眼部至尾鳍基，纵带在头部及尾柄部具蓝缘

尾鳍叉形，上叶第二鳍条呈丝状延长

66. 线尾锥齿鲷 *Pentapodus setosus*

背鳍中部鳍棘与侧线间有鳞5~5.5行

眼前方具3条放射状蓝色斜纹

体侧各鳞片上均具一亮蓝色小点

67. 星斑裸颊鲷 *Lethrinus nebulosus*

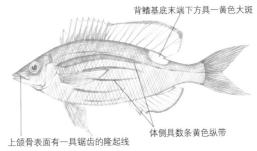

背鳍基底末端下方具一黄色大斑

上颌骨表面有一具锯齿的隆起线

体侧具数条黄色纵带

68. 金带齿颌鲷 *Gnathodentex aureolineatus*

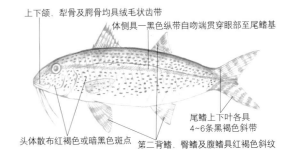

上下颌、犁骨及腭骨均具绒毛状齿带

体侧具一黑色纵带自吻端贯穿眼部至尾鳍基

头体散布红褐色或暗黑色斑点

第二背鳍、臀鳍及腹鳍具红褐色斜纹

尾鳍上下叶各具4~6条黑褐色斜带

69. 黑斑绯鲤 *Upeneus tragula*

315

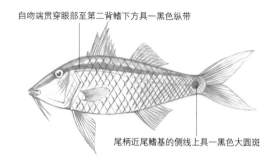

自吻端贯穿眼部至第二背鳍下方具一黑色纵带

尾柄近尾鳍基的侧线上具一黑色大圆斑

70. 条斑副绯鲤 *Parupeneus barberinus*

颏部具1对长须

体呈橘红色

体侧具1条黄色宽纵带，自眼后至尾鳍基部

71. 黄带副绯鲤 *Parupeneus chrysopleuron*

第二背鳍后方具一色浅的斑块或不明显

颏部具须1对，后端伸至眼后缘下方

尾柄中部背侧具一暗褐色鞍状斑

体侧具2条浅黄色纵带，自眼后至第二背鳍后下方

72. 短须副绯鲤 *Parupeneus ciliatus*

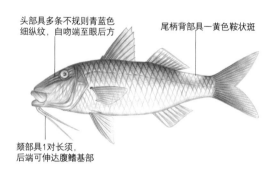

头部具多条不规则青蓝色细纵纹，自吻端至眼后方

尾柄背部一黄色鞍状斑

颏部具1对长须，后端伸达腹鳍基部

73. 圆口副绯鲤 *Parupeneus cyclostomus*

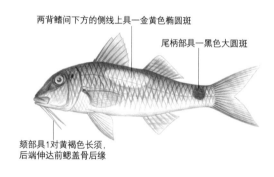

两背鳍间下方的侧线上具一金黄色椭圆斑

尾柄部具一黑色大圆斑

颏部具1对黄褐色长须，后端伸达前鳃盖骨后缘

74. 印度副绯鲤 *Parupeneus indicus*

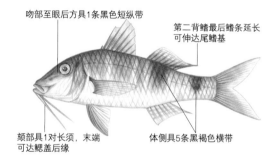

吻部至眼后方具1条黑色短纵带

第二背鳍最后鳍条延长可伸达尾鳍基

颏部具1对长须，末端可达鳃盖后缘

体侧具5条黑褐色横带

75. 多带副绯鲤 *Parupeneus multifasciatus*

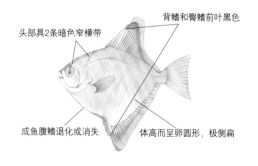

头部具2条暗色窄横带

背鳍和臀鳍前叶黑色

成鱼腹鳍退化或消失

体高而呈卵圆形，极侧扁

76. 银大眼鲳 *Monodactylus argenteus*

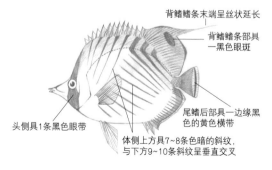

背鳍鳍条末端呈丝状延长

背鳍鳍条部具一黑色眼斑

头侧具1条黑色眼带

尾鳍后部具一边缘黑色的黄色横带

体侧上方具7~8条色暗的斜纹，与下方9~10条斜纹呈垂直交叉

77. 丝蝴蝶鱼 *Chaetodon auriga*

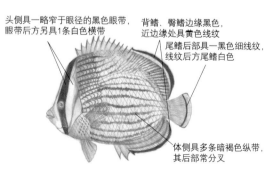

头侧具一略窄于眼径的黑色眼带，眼带后方另具1条白色横带

背鳍、臀鳍边缘黑色，近边缘处具黄色线纹

尾鳍后部具一黑色细线纹，线纹后方尾鳍白色

体侧具多条暗褐色纵带，其后部常分叉

78. 叉纹蝴蝶鱼 *Chaetodon auripes*

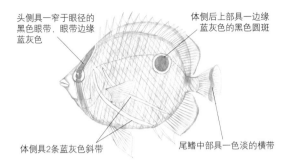

头侧具一窄于眼径的
黑色眼带，眼带边缘
蓝灰色

体侧后上部具一边缘
蓝灰色的黑色圆斑

体侧具2条蓝灰色斜带

尾鳍中部具一色淡的横带

79. 双丝蝴蝶鱼 *Chaetodon bennetti*

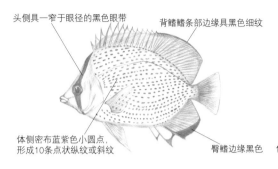

头侧具一窄于眼径的黑色眼带

背鳍鳍条部边缘具黑色细纹

体侧密布蓝紫色小圆点，
形成10条点状纵纹或斜纹

臀鳍边缘黑色

80. 密点蝴蝶鱼 *Chaetodon citrinellus*

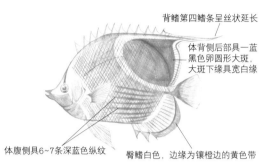

背鳍第四鳍条呈丝状延长

体背侧后部具一蓝
黑色卵圆形大斑，
大斑下缘具宽白缘

体腹侧具6~7条深蓝色纵纹

臀鳍白色，边缘为镶橙边的黄色带

81. 鞭蝴蝶鱼 *Chaetodon ephippium*

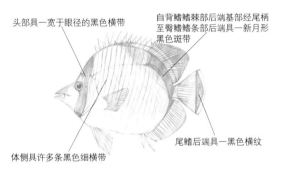

头部具一宽于眼径的黑色横带

自背鳍鳍棘部后端基部经尾柄
至臀鳍鳍条部后端具一新月形
黑色斑带

体侧具许多条黑色细横带

尾鳍后端具一黑色横纹

82. 细纹蝴蝶鱼 *Chaetodon lineolatus*

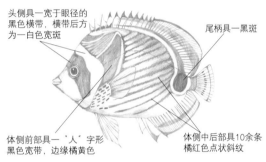

头侧具一宽于眼径的
黑色横带，横带后方
为一白色宽斑

尾柄具一黑斑

体侧前部具一"人"字形
黑色宽带，边缘橘黄色

体侧中后部具10余条
橘红色点状斜纹

83. 新月蝴蝶鱼 *Chaetodon lunula*

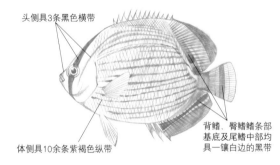

头侧具3条黑色横带

背鳍、臀鳍鳍条部
基底及尾鳍中部均
具一镶白边的黑带

体侧具10余条紫褐色纵带

84. 弓月蝴蝶鱼 *Chaetodon lunulatus*

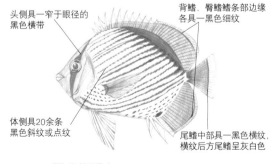

头侧具一窄于眼径的
黑色横带

背鳍、臀鳍鳍条部边缘
各具一黑色细纹

体侧具20余条
黑色斜纹或点纹

尾鳍中部具一黑色横纹，
横纹后方尾鳍呈灰白色

85. 黑背蝴蝶鱼 *Chaetodon melannotus*

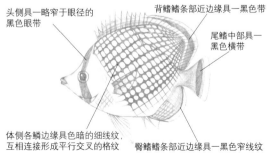

头侧具一略窄于眼径的
黑色眼带

背鳍鳍条部近边缘具一黑色细带

尾鳍中部具一
黑色横带

体侧各鳞边缘具色暗的细线纹，
互相连接形成平行交叉的格纹

臀鳍鳍条部近边缘具一黑色窄线纹

86. 格纹蝴蝶鱼 *Chaetodon rafflesii*

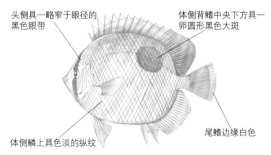

头侧具一略窄于眼径的
黑色眼带

体侧背鳍中央下方具一
卵圆形黑色大斑

体侧鳞上具色淡的纵纹

尾鳍边缘白色

87. 镜斑蝴蝶鱼 *Chaetodon speculum*

317

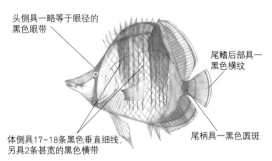

头侧具一略等于眼径的黑色眼带

尾鳍后部具一黑色横纹

体侧具17~18条黑色垂直细线，另具2条甚宽的黑色横带

尾柄具一黑色圆斑

88. 鞍斑蝴蝶鱼 *Chaetodon ulietensis*

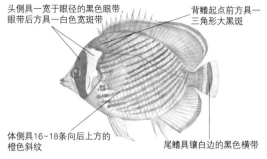

头侧具一宽于眼径的黑色眼带，眼带后方具一白色宽斑带

背鳍起点前方具一三角形大黑斑

体侧具16~18条向后上方的橙色斜纹

尾鳍具镶白边的黑色横带

89. 丽蝴蝶鱼 *Chaetodon wiebeli*

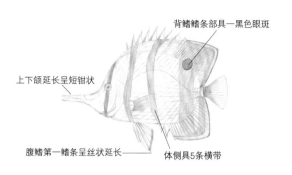

背鳍鳍条部具一黑色眼斑

上下颌延长呈短钳状

腹鳍第一鳍条呈丝状延长

体侧具5条横带

90. 钻嘴鱼 *Chelmon rostratus*

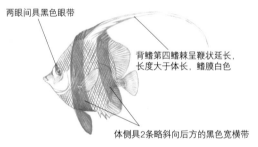

两眼间具黑色眼带

背鳍第四鳍棘呈鞭状延长，长度大于体长，鳍膜白色

体侧具2条略斜向后方的黑色宽横带

91. 马夫鱼 *Heniochus acuminatus*

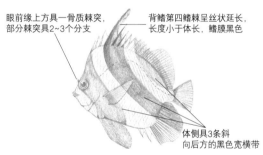

眼前缘上方具一骨质棘突，部分棘突具2~3个分支

背鳍第四鳍棘呈丝状延长，长度小于体长，鳍膜黑色

体侧具3条斜向后方的黑色宽横带

92. 三带马夫鱼 *Heniochus chrysostomus*

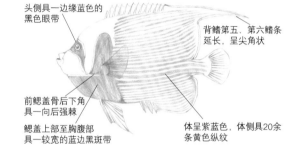

头侧具一边缘蓝色的黑色眼带

背鳍第五、第六鳍条延长，呈尖角状

前鳃盖骨后下角具一向后强棘

鳃盖上部至胸腹部具一较宽的蓝边黑斑带

体呈紫蓝色，体侧具20余条黄色纵纹

93. 主刺盖鱼 *Pomacanthus imperator*

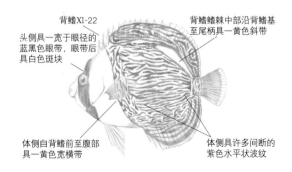

背鳍XI-22

头侧具一宽于眼径的蓝黑色眼带，眼带后具白色斑块

背鳍鳍棘中部沿背鳍基至尾柄具一黄色斜带

体侧自背鳍前至腹部具一黄色宽横带

体侧具许多间断的紫色水平状波纹

94. 眼带荷包鱼 *Chaetodontoplus duboulayi*

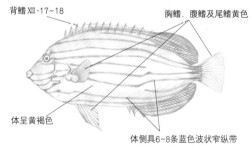

背鳍 XIII-17~18

胸鳍、腹鳍及尾鳍黄色

体呈黄褐色

体侧具6~8条蓝色波状窄纵带

95. 蓝带荷包鱼 *Chaetodontoplus septentrionalis*

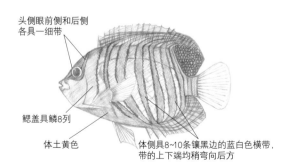

头侧眼前侧和后侧各具一细带

鳃盖具鳞8列

体土黄色

体侧具8~10条镶黑边的蓝白色横带，带的上下端均稍弯向后方

96. 双棘甲尻鱼 *Pygoplites diacanthus*

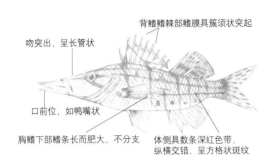

吻突出，呈长管状

背鳍鳍棘部鳍膜具簇须状突起

口前位，如鸭嘴状

胸鳍下部鳍条长而肥大，不分支

体侧具数条深红色带，纵横交错，呈方格状斑纹

97. 尖吻鲻 *Oxycirrhites typus*

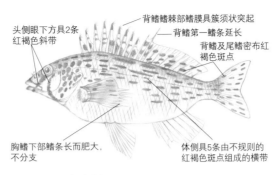

头侧眼下方具2条红褐色斜带

背鳍鳍棘部鳍膜具簇须状突起

背鳍第一鳍条延长

背鳍及尾鳍密布红褐色斑点

胸鳍下部鳍条长而肥大，不分支

体侧具5条由不规则的红褐色斑点组成的横带

98. 鹰金鲻 *Cirrhitichthys falco*

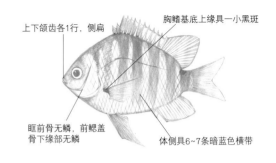

上下颌齿各1行，侧扁

胸鳍基底上缘具一小黑斑

眶前骨无鳞，前鳃盖骨下缘部无鳞

体侧具6~7条暗蓝色横带

99. 孟加拉豆娘鱼 *Abudefduf bengalensis*

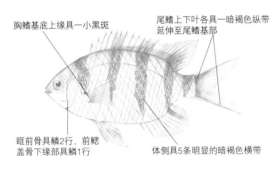

胸鳍基底上缘具一小黑斑

尾鳍上下叶各具一暗褐色纵带延伸至尾鳍基部

眶前骨具鳞2行，前鳃盖骨下缘部具鳞1行

体侧具5条明显的暗褐色横带

100. 六带豆娘鱼 *Abudefduf sexfasciatus*

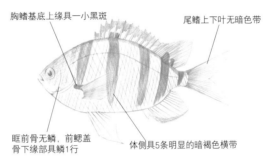

胸鳍基底上缘具一小黑斑

尾鳍上下叶无暗色带

眶前骨无鳞，前鳃盖骨下缘部具鳞1行

体侧具5条明显的暗褐色横带

101. 五带豆娘鱼 *Abudefduf vaigiensis*

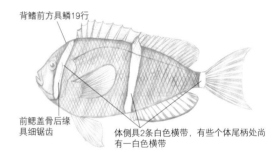

背鳍前方具鳞19行

前鳃盖骨后缘具细锯齿

体侧具2条白色横带，有些个体尾柄处尚有一白色横带

102. 克氏双锯鱼 *Amphiprion clarkii*

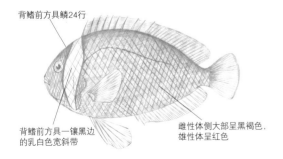

背鳍前方具鳞24行

背鳍前方具一镶黑边的乳白色宽斜带

雌性体侧大部呈黑褐色，雄性体呈红色

103. 白条双锯鱼 *Amphiprion frenatus*

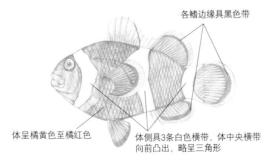

各鳍边缘具黑色带

体呈橘黄色至橘红色

体侧具3条白色横带，体中央横带向前凸出，略呈三角形

104. 眼斑双锯鱼 *Amphiprion ocellaris*

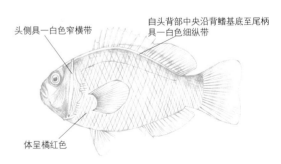

头侧具一白色窄横带

自头背部中央沿背鳍基底至尾柄具一白色细纵带

体呈橘红色

105. 颈环双锯鱼 *Amphiprion perideraion*

下颌缝合处齿较大，稍呈水平状，齿尖向外

背鳍和臀鳍基底无小鳞

吻至眼前具一细纹

眶前骨、眶下骨及各鳃盖骨边缘均光滑无锯齿

头部、体侧及各鳍均呈浅绿色至浅蓝色

106. 蓝绿光鳃雀鲷 *Chromis viridis*

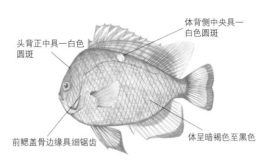

头背正中具一白色圆斑

体背侧中央具一白色圆斑

前鳃盖骨边缘具细锯齿

体呈暗褐色至黑色

107. 三斑宅泥鱼 *Dascyllus trimaculatus*

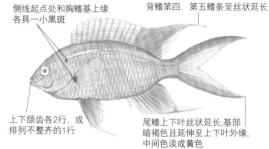

侧线起点处和胸鳍基上缘各具一小黑斑

背鳍第四、第五鳍条呈丝状延长

上下颌齿各2行，或排列不整齐的1行

尾鳍上下叶丝状延长，基部暗褐色且延伸至上下叶外缘，中间色淡或黄色

108. 条尾新雀鲷 *Neopomacentrus taeniurus*

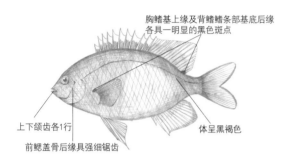

胸鳍基上缘及背鳍鳍条部基底后缘各具一明显的黑色斑点

上下颌齿各1行

前鳃盖骨后缘具强细锯齿

体呈黑褐色

109. 黑眶锯雀鲷 *Stegastes nigricans*

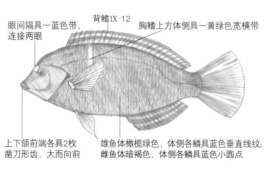

眼间隔具一蓝色带，连接两眼

背鳍Ⅸ-12

胸鳍上方体侧具一黄绿色宽横带

上下颌前端各具2枚凿刀形齿，大而向前

雄鱼体橄榄绿色，体侧各鳞具蓝色垂直线纹；雌鱼体暗褐色，体侧各鳞具蓝色小圆点

110. 荧斑阿南鱼 *Anampses caeruleopunctatus*

唇厚，唇褶发达，口闭时不完全被眶前骨所盖

背鳍Ⅻ-9~10

上下颌前方各具2对大犬齿；口角处具向前犬齿1枚

体前部红褐色，体后部淡黄色，前后斜向分割

胸鳍基部一大黑斑

111. 中胸普提鱼 *Bodianus mesothorax*

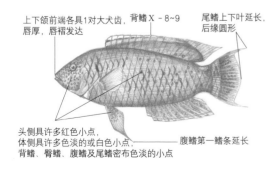

上下颌前端各具1对大犬齿，唇厚，唇褶发达

背鳍Ⅹ-8~9

尾鳍上下叶延长，后缘圆形

头侧具许多红色小点，体侧具许多色淡的或白色小点，背鳍、臀鳍、腹鳍及尾鳍密布色淡的小点

腹鳍第一鳍条延长

112. 绿尾唇鱼 *Cheilinus chlorourus*

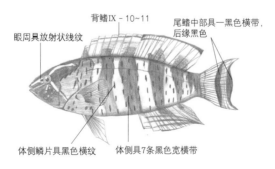

眼周具放射状线纹

背鳍Ⅸ-10~11

尾鳍中部具一黑色横带，后缘黑色

体侧鳞片具黑色横纹

体侧具7条黑色宽横带

113. 横带唇鱼 *Cheilinus fasciatus*

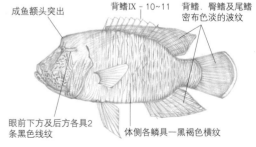

成鱼额头突出

背鳍Ⅸ-10~11

背鳍、臀鳍及尾鳍密布色淡的波纹

眼前下方及后方各具2条黑色线纹

体侧各鳞具一黑褐色横纹

114. 波纹唇鱼 *Cheilinus undulates*

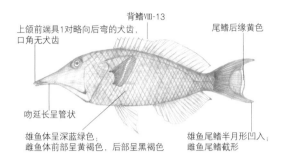

上颌前端具1对略向后弯的犬齿,
口角无犬齿

背鳍Ⅷ-13

尾鳍后缘黄色

吻延长呈管状

雄鱼体呈深蓝绿色;
雌鱼体前部呈黄褐色,后部呈黑褐色

雄鱼尾鳍半月形凹入;
雌鱼尾鳍截形

115. 杂色尖嘴鱼 *Gomphosus varius*

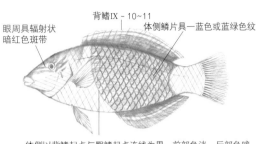

背鳍Ⅸ - 10~11

体侧鳞片具一蓝色或蓝绿色纹

眼周具辐射状
暗红色斑带

体侧以背鳍起点与臀鳍起点连线为界,前部色淡,后部色暗

116. 黑鳍厚唇鱼 *Hemigymnus melapterus*

上唇分为2瓣,
下唇分为2叶

体侧具一蓝黑色纵带,自吻端经眼部至尾
鳍末端

两颌前端各具1对犬齿

臀鳍Ⅲ-10

117. 裂唇鱼 *Labroides dimidiatus*

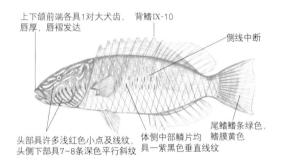

上下颌前端各具1对大犬齿,
唇厚,唇褶发达

背鳍Ⅸ-10

侧线中断

头部具许多浅红色小点及线纹,
头侧下部具7~8条深色平行斜纹

体侧中部鳞片均
具一紫黑色垂直线纹

尾鳍鳍条绿色,
鳍膜黄色

118. 双线尖唇鱼 *Oxycheilinus digramma*

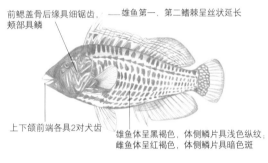

前鳃盖骨后缘具细锯齿,
颊部具鳞

雄鱼第一、第二鳍棘呈丝状延长

上下颌前端各具2对犬齿

雄鱼体呈黑褐色,体侧鳞片具浅色纵纹;
雌鱼体呈红褐色,体侧鳞片具暗色斑

119. 长鳍高体盔鱼 *Pteragogus aurigarius*

雄鱼两眼间具一淡蓝色环纹,自吻端至胸鳍基具一淡蓝色纵纹;
雌鱼自眼下缘向后经胸鳍基至体侧中后部具一暗紫色纵带

上下颌前端无犬齿,
仅口角处具一犬齿

120. 断带紫胸鱼 *Stethojulis interrupta*

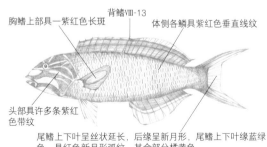

胸鳍上部具一紫红色长斑

背鳍Ⅷ-13

体侧各鳞具紫红色垂直线纹

头部具许多条紫红
色带纹

尾鳍上下叶呈丝状延长,后缘呈新月形,尾鳍上下叶缘蓝绿
色,具红色新月形弧纹,其余部分橘黄色

121. 新月锦鱼 *Thalassoma lunare*

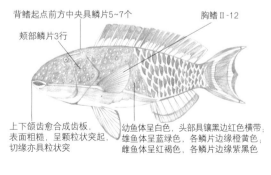

背鳍起点前方中央具鳞片5~7个

胸鳍Ⅱ-12

颊部鳞片3行

上下颌齿愈合成齿板,
表面粗糙,呈颗粒状突起,
切缘亦具粒状突

幼鱼体呈白色,头部具镶黑边红色横带;
雄鱼体呈蓝绿色,各鳞片边缘橙黄色;
雌鱼体呈红褐色,各鳞片边缘紫黑色

122. 眼斑鲸鹦嘴鱼 *Cetoscarus ocellatus*

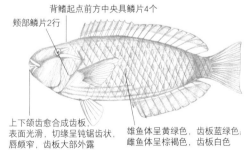

背鳍起点前方中央具鳞片4个

颊部鳞片2行

上下颌齿愈合成齿板,
表面光滑,切缘呈钝锯齿状,
唇颇窄,齿板大部外露

雄鱼体呈黄绿色,齿板蓝绿色;
雌鱼体呈棕褐色,齿板白色

123. 蓝头绿鹦嘴鱼 *Chlorurus sordidus*

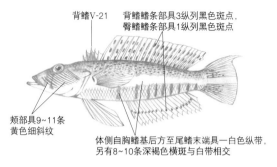

背鳍V-21

背鳍鳍条部具3纵列黑色斑点，臀鳍鳍条部具1纵列黑色斑点

颊部具9~11条黄色细斜纹

体侧自胸鳍基后方至尾鳍末端具一白色纵带，另有8~10条深褐色横斑与白带相交

124. 黄纹拟鲈 _Parapercis xanthozona_

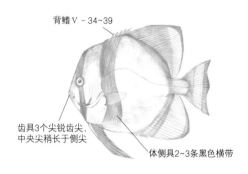

背鳍Ⅴ - 34~39

齿具3个尖锐齿尖，中央尖稍长于侧尖

体侧具2~3条黑色横带

125. 圆燕鱼 _Platax orbicularis_

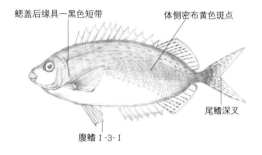

鳃盖后缘具一黑色短带

体侧密布黄色斑点

尾鳍深叉

腹鳍 I -3- I

126. 银色篮子鱼 _Siganus argenteus_

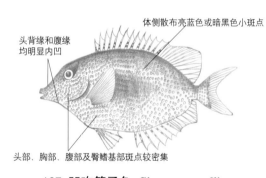

体侧散布亮蓝色或暗黑色小斑点

头背缘和腹缘均明显内凹

头部、胸部、腹部及臀鳍基部斑点较密集

127. 凹吻篮子鱼 _Siganus corallinus_

头侧自吻部至鳃盖边缘具许多蓝色蠕虫状斑纹

背鳍最后鳍棘长于第一鳍棘

背鳍基底后下方具一橙黄色鞍斑

体侧散布许多金黄色斑点

128. 点篮子鱼 _Siganus guttatus_

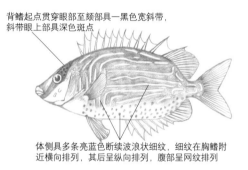

背鳍起点贯穿眼部至颏部具一黑色宽斜带，斜带眼上部具深色斑点

体侧具多条亮蓝色断续波浪状细纹，细纹在胸鳍附近横向排列，其后呈纵向排列，腹部呈网纹排列

129. 眼带篮子鱼 _Siganus puellus_

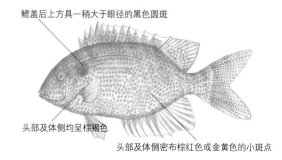

鳃盖后上方具一稍大于眼径的黑色圆斑

头部及体侧均呈棕褐色

头部及体侧密布棕红色或金黄色的小斑点

130. 斑篮子鱼 _Siganus punctatus_

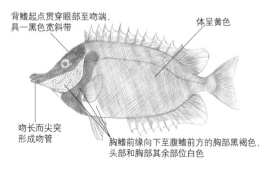

背鳍起点贯穿眼部至吻端，具一黑色宽斜带

体呈黄色

吻长而尖突形成吻管

胸鳍前缘向下至腹鳍前方的胸部黑褐色，头部和胸部其余部位白色

131. 狐篮子鱼 _Siganus vulpinus_

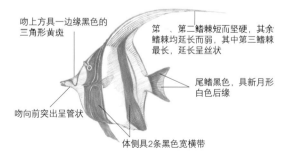

吻上方具一边缘黑色的三角形黄斑

第 、第二鳍棘短而坚硬，其余鳍棘均延长而弱，其中第三鳍棘最长，延长呈丝状

吻向前突出呈管状

尾鳍黑色，具新月形白色后缘

体侧具2条黑色宽横带

132. 角镰鱼 _Zanclus cornutus_

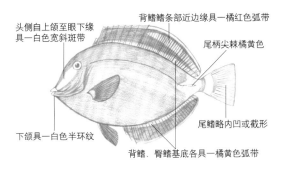

头侧自上颌至眼下缘具一白色宽斜斑带

背鳍鳍条部近边缘具一橘红色弧带

尾柄尖棘橘黄色

尾鳍略内凹或截形

下颌具一白色半环纹

背鳍、臀鳍基底各具一橘黄色弧带

133. 日本刺尾鱼 *Acanthurus japonicus*

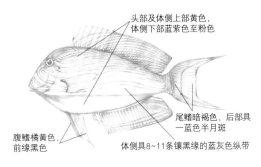

头部及体侧上部黄色，体侧下部蓝紫色至粉色

尾鳍暗褐色，后部具一蓝色半月斑

腹鳍橘黄色，前缘黑色

体侧具8~11条镶黑缘的蓝灰色纵带

134. 纵带刺尾鱼 *Acanthurus lineatus*

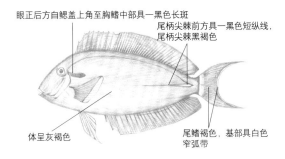

眼正后方自鳃盖上角至胸鳍中部具一黑色长斑

尾柄尖棘前方具一黑色短纵线，尾柄尖棘黑褐色

体呈灰褐色

尾鳍褐色，基部具白色窄弧带

135. 黑尾刺尾鱼 *Acanthurus nigricauda*

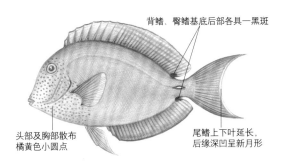

背鳍、臀鳍基底后部各具一黑斑

头部及胸部散布橘黄色小圆点

尾鳍上下叶延长，后缘深凹呈新月形

136. 褐斑刺尾鱼 *Acanthurus nigrofuscus*

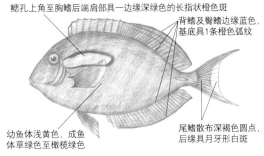

鳃孔上角至胸鳍后端肩部具一边缘深绿色的长指状橙色斑

背鳍及臀鳍边缘蓝色，基底具1条橙色弧纹

幼鱼体浅黄色，成鱼体草绿色至橄榄绿色

尾鳍散布深褐色圆点，后缘具牙形白斑

137. 橙斑刺尾鱼 *Acanthurus olivaceus*

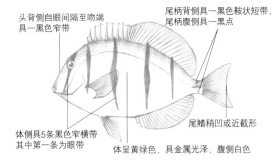

头背侧自眼间隔至吻端具一黑色窄带

尾柄背侧具一黑色鞍状短带，尾柄腹侧具一黑点

体侧具5条黑色窄横带其中第一条为眼带

尾鳍稍凹或近截形

体呈黄绿色，具金属光泽，腹侧白色

138. 横带刺尾鱼 *Acanthurus triostegus*

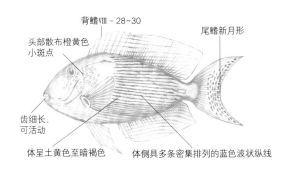

背鳍Ⅷ - 28~30

头部散布橙黄色小斑点

尾鳍新月形

齿细长，可活动

体呈土黄色至暗褐色

体侧具多条密集排列的蓝色波状纵线

139. 栉齿刺尾鱼 *Ctenochaetus striatus*

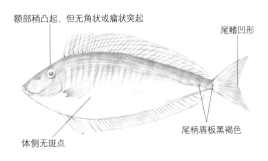

额部稍凸起，但无角状或瘤状突起

尾鳍凹形

尾柄盾板黑褐色

体侧无斑点

140. 六棘鼻鱼 *Naso hexacanthus*

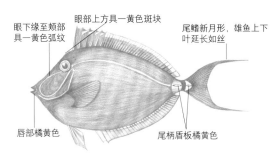

眼下缘至颊部具一黄色弧纹

眼部上方具一黄色斑块

尾鳍新月形，雄鱼上下叶延长如丝

唇部橘黄色

尾柄盾板橘黄色

141. 颊吻鼻鱼 *Naso lituratus*

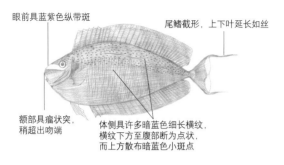

眼前具蓝紫色纵带斑

尾鳍截形，上下叶延长如丝

额部具瘤状突，稍超出吻端

体侧具许多暗蓝色细长横纹，横纹下方至腹部断为点状，而上方散布暗蓝色小斑点

142. 丝尾鼻鱼 *Naso vlamingii*

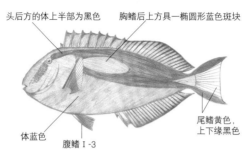

头后方的体上半部为黑色

胸鳍后上方具一椭圆形蓝色斑块

体蓝色

腹鳍Ⅰ-3

尾鳍黄色，上下缘黑色

143. 黄尾副刺尾鱼 *Paracanthurus hepatus*

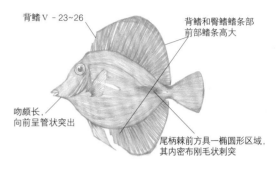

背鳍Ⅴ-23~26

背鳍和臀鳍鳍条部前部鳍条高大

吻颇长，向前呈管状突出

尾柄棘前方具一椭圆形区域，其内密布刚毛状刺突

144. 小高鳍刺尾鱼 *Zebrasoma scopas*

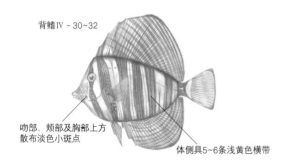

背鳍Ⅳ-30~32

吻部、颊部及胸部上方散布淡色小斑点

体侧具5~6条浅黄色横带

145. 横带高鳍刺尾鱼 *Zebrasoma velifer*

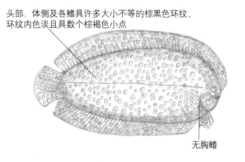

头部、体侧及各鳍具许多大小不等的棕黑色环纹，环纹内色淡且具数个棕褐色小点

无胸鳍

146. 眼斑豹鳎 *Pardachirus pavoninus*

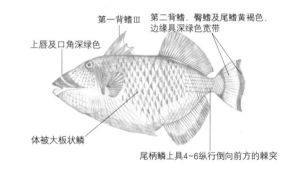

第一背鳍Ⅲ

第二背鳍、臀鳍及尾鳍黄褐色，边缘具深绿色宽带

上唇及口角深绿色

体被大板状鳞

尾柄鳞上具4~6纵行倒向前方的棘突

147. 绿拟鳞鲀 *Balistoides viridescens*

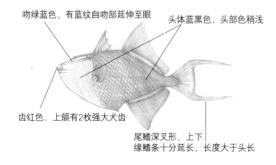

吻绿蓝色，有蓝纹自吻部延伸至眼

头体蓝黑色，头部色稍浅

齿红色，上颌有2枚强大犬齿

尾鳍深叉形，上下缘鳍条十分延长，长度大于头长

148. 红牙鳞鲀 *Odonus niger*

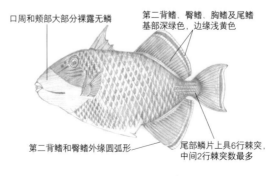

口周和颊部大部分裸露无鳞

第二背鳍、臀鳍、胸鳍及尾鳍基部深绿色，边缘浅黄色

第二背鳍和臀鳍外缘圆弧形

尾部鳞片上具6行棘突，中间2行棘突数最多

149. 黄边副鳞鲀 *Pseudobalistes flavimarginatus*

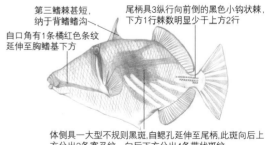

第三鳍棘甚短，纳于背鳍鳍沟

自口角有1条橘红色条纹延伸至胸鳍基下方

尾柄具3纵行向前倒的黑色小钩状棘，下方1行棘数明显少于上方2行

体侧具一大型不规则黑斑，自鳃孔延伸至尾柄，此斑向后上方分出2条宽叉纹，向后下方分出4条带状斑纹

150. 叉斑锉鳞鲀 *Rhinecanthus aculeatus*

体侧自胸鳍后至尾柄具10~12条不明显褐色横带，后部稍显著

尾柄具2对棘尖向前的强逆行棘

腹鳍鳍棘不能活动

151. 棘尾前孔鲀 *Cantherhines dumerilii*

体侧和腹面散布不规则且大小不一的黑色斑点，多数斑点大于瞳孔

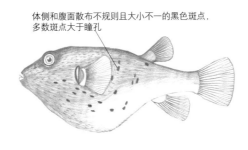

152. 黑斑叉鼻鲀 *Arothron nigropunctatus*

背部条纹间具有小点

背鳍、臀鳍和胸鳍黄褐色，尾鳍黑褐色

头体至尾鳍密布许多不规则的白色条纹，或长或短，部分连续呈条纹状，部分不连续，呈点斑状

153. 网纹叉鼻鲀 *Arothron reticularis*

 **作者简介**

　　庄平，男，理学博士，研究员，博士研究生导师，长期从事鱼类资源保护和河口海湾生态学研究，主持国家重点科技项目 70 余项，获得国家和省部级科技奖励 20 余项。"新世纪百千万人才工程"国家级人选，享受国务院政府特殊津贴，获得农业部"有突出贡献的中青年专家""上海领军人才"等荣誉称号。现任中国水产科学研究院东海水产研究所所长。